허세 없는 기

반영 (2025년 중1 적용)

바쁜 중1을 위한 빠른 중학연산

1권

1학년 1학기

1, 2단원

이지스에듀

지은이 | **임미연**

임미연 선생님은 대치동 학원가의 소문난 명강사로, 15년 넘게 중고등학생에게 수학을 지도하고 있다. 명강사로 이름을 날리기 전에는 동아출판사와 디딤돌에서 중고등 참고서와 교과서를 기획, 개발했다. 이론과 현장을 모두 아우르는 저자로, 학생들이 어려워하는 부분을 잘 알고 학생에 맞는 수준별 맞춤 수업을 하는 것으로도 유명하다. 그동안의 경험을 집대성해 《바쁜 중1을 위한 빠른 중학연산 1권, 2권》, 《바쁜 중1을 위한 빠른 중학도형》, 《바빠 중학수학 총정리》, 《바빠 중학도형 총정리》 등 〈바빠 중학수학〉 시리즈를 집필하였다.

바쁜 친구들이 즐거워지는 **빠**른 학습법 — 바빠 중학수학 시리즈(개정2판)

바쁜 중1을 위한 빠른 중학연산 1권

초판 1쇄 발행 2024년 6월 30일
초판 3쇄 발행 2024년 11월 25일
(2017년 10월에 출간된 개정1판을 새 교과과정이 맞춰 출간한 개정2판입니다.)
지은이 임미연
발행인 이지연 펴낸곳 이지스퍼블리싱(주)
출판사 등록번호 제313-2010-123호 제조국명 대한민국
주소 서울시 마포구 잔다리로 109 이지스 빌딩 5층(우편번호 04003)
대표전화 02-325-1722 팩스 02-326-1723
이지스퍼블리싱 홈페이지 www.easyspub.com 이지스에듀 카페 www.easysedu.co.kr
바빠 아지트 블로그 blog.naver.com/easyspub 인스타그램 @easys_edu
페이스북 www.facebook.com/easyspub2014 이메일 service@easyspub.co.kr

본부장 조은미 기획 및 책임 편집 박지연 | 김현주, 정지연, 이지혜 교정 교열 서은아 전산편집 이츠북스
표지 및 내지 디자인 손한나 일러스트 김학수, 이츠북스 인쇄 보광문화사 독자지원 박애림, 김수경
영업 및 문의 이주동, 김요한(support@easyspub.co.kr) 마케팅 라혜주

ISBN 979-11-6303-599-2 54410
ISBN 979-11-6303-598-5(세트)
가격 13,000원

• **이지스에듀**는 이지스퍼블리싱(주)의 교육 브랜드입니다.
(이지스에듀는 학생들을 탈락시키지 않고 모두 목적지까지 데려가는 책을 만듭니다!)

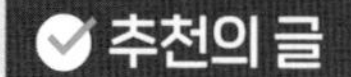

“전국의 명강사들이 박수 치며 추천한 책!”

스스로 공부하기 좋은 허세 없는 기본 문제집!

이 책은 쉽게 해결할 수 있는 연산 문제부터 배치하여 아이들에게 성취감을 줍니다. 또한 명강사에게만 들을 수 있는 꿀팁이 책 안에 담겨 있어서, 수학에 자신이 없는 학생도 혼자 충분히 풀 수 있겠어요! **수학을 어려워하는 친구들에게 자신감을 심어 줄 교재입니다!**

송낙천 원장 | 강남, 서초 최상위에듀학원/ 최상위 수학 저자

‘바빠 중학연산’은 한 학기 내용을 두 권으로 분할해, 영역별 최다 문제가 수록되어 아이들이 문제를 풀면서 스스로 개념을 잡을 수 있겠네요. **예비 중학생부터 중학생까지, 자습용이나 선생님들이 숙제로 내주기에** 최적화된 교재입니다.

최영수 원장 | 대치동 수학의열쇠 본원

‘바빠 중학연산’은 명강사의 비법을 책 속에 담아 개념을 이해하기 쉽고, **연산 속도와 정확성을 높일 수 있도록 문제가 잘 구성**되어 있습니다. 이 책을 통해 심화 수학의 기초가 되는 연산 실력을 완벽하게 쌓을 수 있을 것입니다.

김종명 원장 | 분당 GTG수학 본원

연산 과정을 제대로 밟지 않은 학생은 학년이 올라갈수록 어려움을 겪습니다. 어려운 문제를 풀 수 있다 하더라도, 연산 실수로 문제를 틀리면 아무 소용이 없지요. 이 책은 **학기별로 필요한 연산 문제를 해결할 수 있어, 바쁜 중학생들에게 큰 도움이 될** 것입니다.

송근호 원장 | 용인 송근호수학학원

쉽고 친절한 개념 설명+충분한 연습 문제+시험 문제까지 3박자가 완벽하게 구성된 책이네요! 유형별 문제마다 현장에서 선생님이 학생들에게 들려주는 꿀팁이 탑재되어 있어, 마치 친절한 선생님과 함께 공부하는 것처럼 문제 이해도를 높여 주는 아주 좋은 교재입니다.

한선영 원장 | 파주 한쌤수학학원

‘바빠 중학연산’을 꾸준히 사용하면서 수학을 어려워하는 학생들이 연산 훈련으로 개념을 깨우치는 데에 도움이 많이 되었습니다. **큰 도움을 받은 교재인 만큼 수학에 어려움을 겪고 있는 학생들에게 이 책을 추천**합니다.

김종찬 원장 | 용인죽전 김종찬입시전문학원

각 단원별 **꼼꼼한 개념 정리와 당부하듯 짚어 주는 꿀팁에서 세심함과 정성이 느껴지는 교재**입니다. 늘 더 좋은 교재를 찾기 위해 많은 교재를 찾아보는데 개념과 문제 풀이 두 가지를 다 잡을 수 있는 알짜배기 교재라서 강력 추천합니다.

진명희 원장 | 동두천 MH수학전문학원

수학은 개념을 익힌 후 반드시 충분한 연산 연습이 뒷받침되어야 합니다. ‘바빠 중학연산’은 잘 정돈된 개념 설명과 유형별 연산 문제가 충분히 배치되어 있습니다. 이 책으로 공부한다면 **중학수학 기본기를 완벽하게 숙달시킬 수 있을** 것입니다.

송봉화 원장 | 동탄 로드학원

중1 수학은 중·고등 수학의 기초!

중학수학을 잘하려면 어떻게 공부해야 할까?

■ 중학수학의 기초를 튼튼히 다지고 넘어가라!

수학은 계통성이 강한 과목으로, 중학수학부터 고등수학 과정까지 단원이 연결되어 있습니다. 중학수학 1학년 1학기 과정은 1, 2, 3학년 모두 대수 영역으로, 중1부터 중3까지 내용이 연계됩니다.

특히 **중1 과정의 정수와 유리수, 일차방정식, 그래프와 비례 영역은 중·고등 수학 대수 영역의 기본이 되는 중요한 단원**입니다. 이 책은 중1에서 알아야 할 가장 기본적인 문제에 충실한 책입니다.

그럼 중1 수학을 효율적으로 공부하려면 무엇부터 해야 할까요?

① 쉬운 문제부터 차근차근 푸는 게 낫다.

VS

② 어려운 문제를 많이 접하는 게 낫다.

공부 전문가들은 이렇게 이야기합니다. "학습하기 어려우면 오래 기억하는 데 도움이 된다. 그러나 학습자가 배경 지식이 없다면 그 어려움은 바람직하지 못하게 된다." 배경 지식이 없어서 수학 문제가 너무 어렵다면, 두뇌는 피로감을 이기지 못해 공부를 포기하게 됩니다.

그러니까 수학을 잘하는 학생이라면 ②번이 정답이겠지만, 보통의 학생이라면 ①번이 정답입니다.

■ 연산과 기본 문제로 수학의 기초 체력을 쌓자!

연산은 수학의 기초 체력이라 할 수 있습니다. 중학교 때 다진 기초 실력 위에 고등학교 수학을 쌓아야 하는데, 연산이 힘들다면 고등학교에서도 수학 성적을 올리기 어렵습니다. 또한 기본 문제집부터 시작하는 것이 어려운 문제집을 여러 권 푸는 것보다 오히려 더 빠른 길입니다. 개념 이해와 연산으로 기본을 먼저 다져야, 어려운 문제까지 풀어낼 근력을 키울 수 있습니다!

'바빠 중학연산'은 수학의 기초 체력이 되는 연산과 기본 문제를 풀 수 있는 책으로, 현재 시중에 나온 책 중 선생님 없이 **혼자 풀 수 있도록 설계된 독보적인 책입니다.**

■ 대치동 명강사의 바빠 꿀팁! 선생님이 옆에 있는 것 같다.

기존의 책들은 한 권의 책에 방대한 지식을 모아 놓기만 할 뿐, 그것을 공부할 방법은 알려주지 않았습니다. 그래서 선생님께 의존하는 경우가 많았죠. 그러나 이 책은 선생님이 얼굴을 맞대고 알려주는 것처럼 세세한 공부 팁까지 책 속에 담았습니다.

유튜브 '대치동 임쌤 수학' 개념 강의를 활용하세요!

각 단계의 개념마다 친절한 설명과 함께 대치동 명강사의 **노하우가 담긴 '바빠 꿀팁'**을 수록, 혼자 공부해도 쉽게 이해할 수 있습니다. 또한 이 책의 모든 단계에 **저자 직강 개념 강의 영상**을 제공해 개념 설명을 직접 들을 수 있습니다.

■ 1학기를 두 권으로 구성, 유형별 최다 문제 수록!

개념을 이해했다면 이제 개념이 익숙해질 때까지 문제를 충분히 풀어 봐야 합니다. '바쁜 중1을 위한 빠른 중학연산'은 충분한 연산 훈련을 위해, 쉬운 문제부터 학교 시험 유형까지 **영역별로 최다 문제를 수록**했습니다. 그래서 1학년 1학기 수학을 두 권으로 나누어 구성했습니다.
이 책의 문제를 풀다 보면 머릿속에 유형별 문제풀이 회로가 저절로 그려질 것입니다.

■ 중1 학생 70%가 틀리는 문제, '앗! 실수'와 '출동! ×맨과 ○맨' 코너로 해결!

수학을 잘하는 친구도 연산 실수로 점수가 깎이는 경우가 많습니다. 이 책에서는 연산 실수로 본인 실력보다 낮은 점수를 받지 않도록 특별한 장치를 마련했습니다.
개념 페이지에 있는 **'앗! 실수'** 코너로 중1 학생 70%가 자주 틀리는 실수 포인트를 정리했습니다. 또한 **'출동! ×맨과 ○맨'** 코너로 어떤 계산이 맞고, 틀린지 한눈에 확인할 수 있어, 연산 실수를 획기적으로 줄이는 데 도움을 줍니다.

또한, 매 단계의 마지막에는 **'거저먹는 시험 문제'**를 넣어, 이 책에서 연습한 것만으로도 풀 수 있는 중학 내신 문제를 제시했습니다. 이 책에 나온 문제만 다 풀어도 맞을 수 있는 학교 시험 문제는 많습니다.

이젠 나도 혼자 공부할 수 있다고!

중학생이라면, 스스로 개념을 정리하고 문제 해결 방법을 터득해야 할 때!
'바빠 중학연산'이 바쁜 여러분을 도와드리겠습니다. 이 책으로 중학수학의 기초를 튼튼하게 다져 보세요!

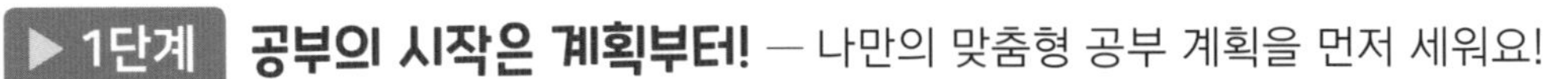

▶ 1단계 공부의 시작은 계획부터! — 나만의 맞춤형 공부 계획을 먼저 세워요!

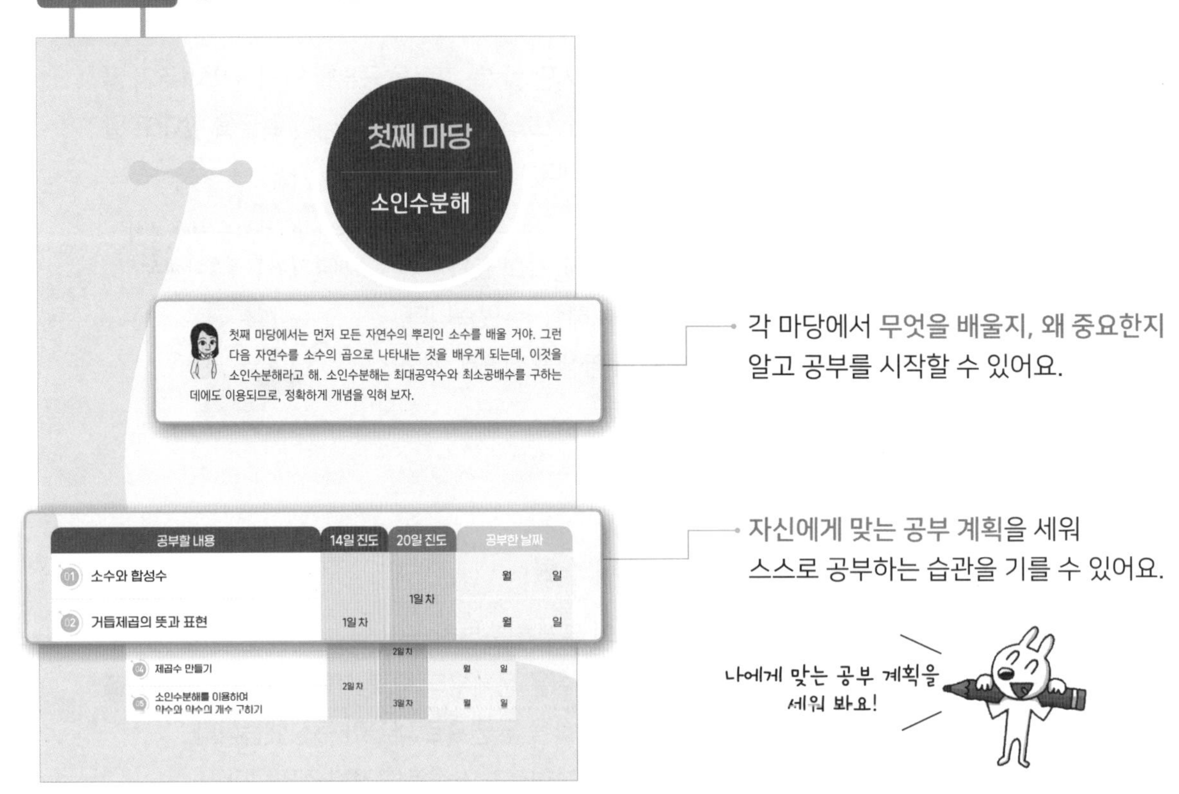

각 마당에서 무엇을 배울지, 왜 중요한지 알고 공부를 시작할 수 있어요.

자신에게 맞는 공부 계획을 세워 스스로 공부하는 습관을 기를 수 있어요.

▶ 2단계 개념을 먼저 이해하자! — 단계마다 친절한 핵심 개념 설명이 있어요!

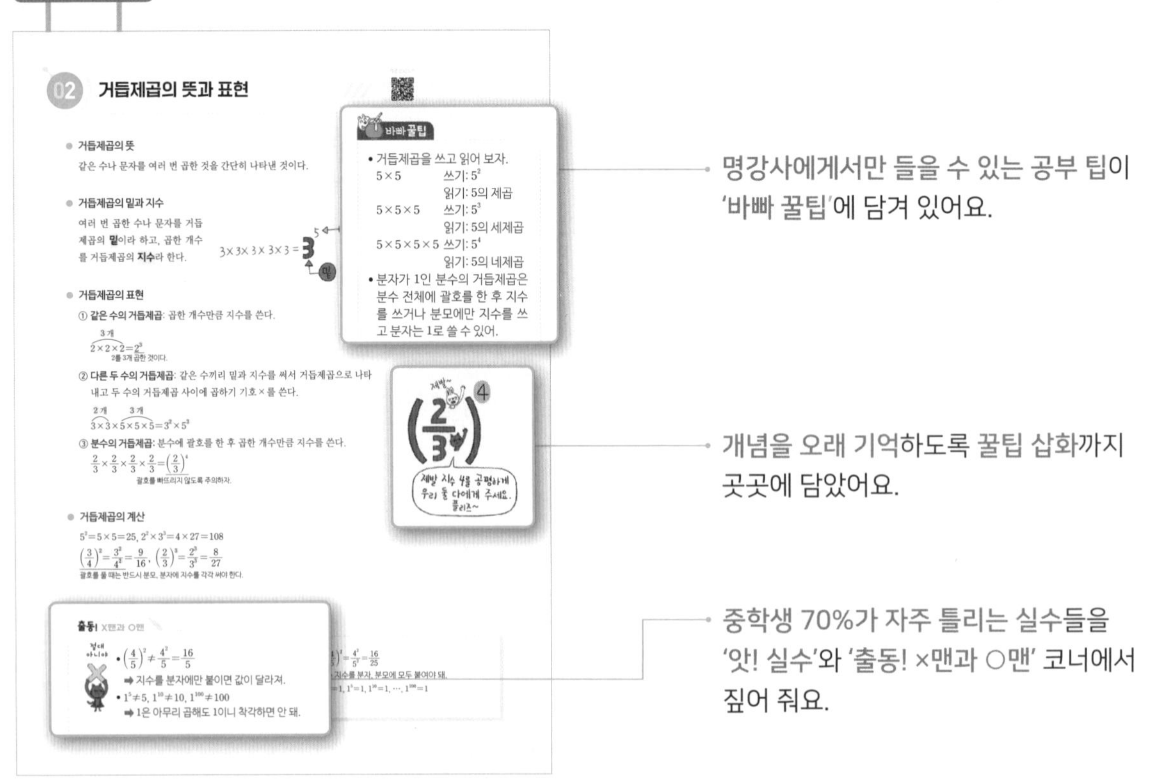

명강사에게서만 들을 수 있는 공부 팁이 '바빠 꿀팁'에 담겨 있어요.

개념을 오래 기억하도록 꿀팁 삽화까지 곳곳에 담았어요.

중학생 70%가 자주 틀리는 실수들을 '앗! 실수'와 '출동! ×맨과 ○맨' 코너에서 짚어 줘요.

▶3단계 체계적인 훈련! — 쉬운 문제부터 유형별로 풀다 보면 개념이 잡혀요!

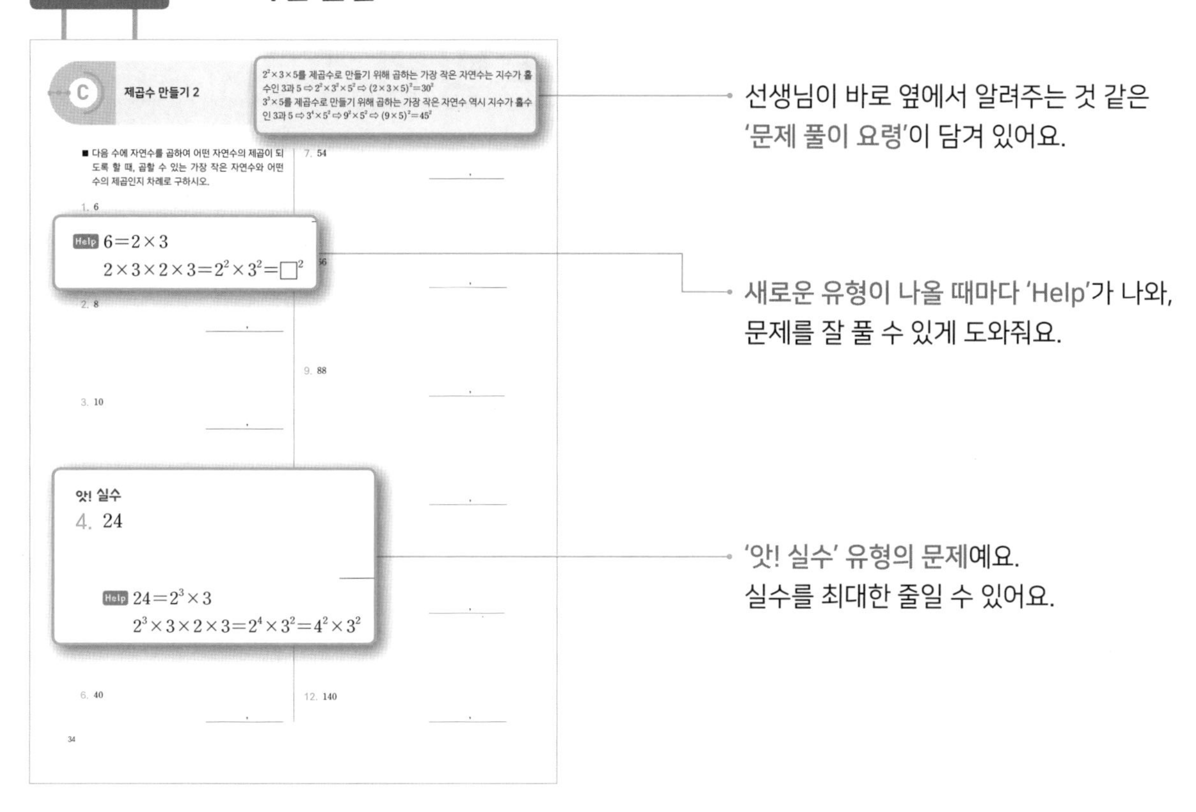

선생님이 바로 옆에서 알려주는 것 같은 '문제 풀이 요령'이 담겨 있어요.

새로운 유형이 나올 때마다 'Help'가 나와, 문제를 잘 풀 수 있게 도와줘요.

'앗! 실수' 유형의 문제예요. 실수를 최대한 줄일 수 있어요.

▶4단계 시험에 자주 나오는 문제로 마무리! — 이 책만 다 풀어도 학교 시험 걱정 없어요!

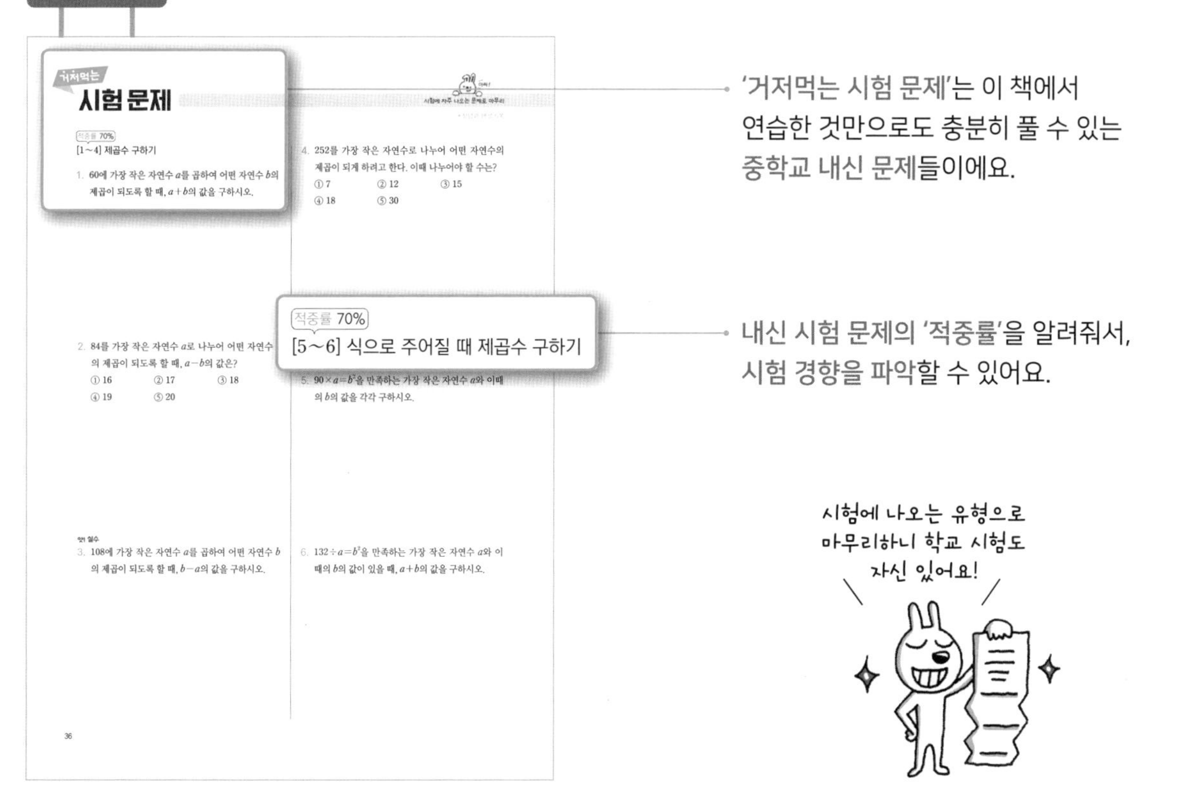

'거저먹는 시험 문제'는 이 책에서 연습한 것만으로도 충분히 풀 수 있는 중학교 내신 문제들이에요.

내신 시험 문제의 '적중률'을 알려줘서, 시험 경향을 파악할 수 있어요.

시험에 나오는 유형으로 마무리하니 학교 시험도 자신 있어요!

《바쁜 중1을 위한 빠른 중학연산》
효과적으로 보는 방법

'바빠 중학연산·도형' 시리즈는 1학기 과정이 '바빠 중학연산' 두 권으로,
2학기 과정이 '바빠 중학도형' 한 권으로 구성되어 있습니다.

교재
1학기용(연산 영역)
2학기용(도형 영역)
바빠 중학연산 1권
바빠 중학연산 2권
바빠 중학도형
중1 과정
바쁜 중1을 위한 빠른 중학연산
바쁜 중1을 위한 빠른 중학도형
• 소인수분해
• 정수와 유리수
• 일차방정식
• 그래프와 비례
• 기본 도형과 작도
• 평면도형
• 입체도형
• 통계

1. 취약한 영역만 보강하려면? — 3권 중 한 권만 선택하세요!

중1 과정 중에서도 소인수분해나 정수와 유리수가 어렵다면 중학연산 1권 <소인수분해, 정수와 유리수 영역>을, 일차방정식이나 그래프와 비례가 어렵다면 중학연산 2권 <일차방정식, 그래프와 비례 영역>을, 도형이 어렵다면 중학도형 <기본 도형과 작도, 평면도형, 입체도형, 통계>를 선택하여 정리해 보세요. 중1뿐아니라 중2라도 자신이 취약한 영역을 집중적으로 공부하여 학습 결손을 빠르게 보충하세요.

2. 중1이지만 수학이 약하거나, 중학수학을 준비하는 예비 중1이라면?

중학수학 진도에 맞게 [중학연산 1권 → 중학연산 2권 → 중학도형] 순서로 공부하세요.
기본 문제부터 풀 수 있어서, 중학수학의 기초를 탄탄히 다질 수 있습니다.

3. 학원이나 공부방 선생님이라면?

1) 기초가 부족한 학생에게는 개념을 간단히 설명한 후 자습용 교재로 이용하세요.
2) 개념을 익힌 학생에게는 과제용 교재로 이용하세요.
3) 가벼운 선행 학습과 학습 결손을 보강하기 위한 방학용 초단기 교재로 적합합니다.

★ 바빠 중1 연산 1권은 28단계, 2권은 25단계로 구성되어 있고, 단계마다 1시간 안에 풀 수 있습니다.

바쁜 중1을 위한 빠른 중학연산 1권 | 소인수분해, 정수와 유리수 영역

《바쁜 중1을 위한 빠른 중학연산》
나에게 맞는 방법 찾기

나는 어떤 학생인가?	권장 진도
✔ 예비 중학생이지만, 도전하고 싶다. ✔ 중학 1학년이지만, 수학이 어렵고 자신감이 부족하다. ✔ 한 문제 푸는 데 시간이 오래 걸린다.	28일 진도 권장
✔ 중학 1학년으로, 수학 실력이 보통이다.	20일 진도 권장
✔ 어려운 문제는 잘 푸는데, 연산 실수로 점수가 깎이곤 한다. ✔ 수학을 잘하는 편이지만, 속도와 정확성을 높여 기본기를 완벽하게 쌓고 싶다.	14일 진도 권장

권장 진도표 ▸ 14일, 20일, 28일 진도 중 나에게 맞는 진도로 공부하세요!

✓	1일 차	2일 차	3일 차	4일 차	5일 차	6일 차	7일 차
14일 진도	01~03	04~05	06~07	08~09	10	11~13	14~16
20일 진도	01~02	03~04	05	06~07	08~09	10	11~12

✓	8일 차	9일 차	10일 차	11일 차	12일 차	13일 차	14일 차
14일 진도	17~18	19~20	21~22	23~24	25~26	27	28 끝
20일 진도	13~14	15~16	17~18	19	20	21	22

✓	15일 차	16일 차	17일 차	18일 차	19일 차	20일 차
20일 진도	23	24	25	26	27	28 끝

* 28일 진도는 하루에 1과씩 공부하면 됩니다.

첫째 마당

소인수분해

첫째 마당에서는 먼저 모든 자연수의 뿌리인 소수를 배울 거야. 그런 다음 자연수를 소수의 곱으로 나타내는 것을 배우게 되는데, 이것을 소인수분해라고 해. 소인수분해는 최대공약수와 최소공배수를 구하는 데에도 이용되므로, 정확하게 개념을 익혀 보자.

공부할 내용	14일 진도	20일 진도	공부한 날짜
01 소수와 합성수	1일 차	1일 차	월 일
02 거듭제곱의 뜻과 표현			월 일
03 소인수분해		2일 차	월 일
04 제곱수 만들기	2일 차		월 일
05 소인수분해를 이용하여 약수와 약수의 개수 구하기		3일 차	월 일

소수와 합성수

개념 강의 보기

● 소수와 합성수의 뜻

① **소수**: 1보다 큰 자연수 중에서 1과 자기 자신만을 약수로 가지는 수, 즉 **약수가 2개**인 수이다.

② **합성수**: 1보다 큰 자연수 중에서 소수가 아닌 수, 즉 **약수가 3개 이상**인 수이다.

초등 과정에서는 0.1, 0.5, 3.4 등을 소수라고 배웠는데 그 소수는 작은 수량을 나타내는 수이다. 지금 배운 소수는 원재료라는 뜻으로 합성수의 재료가 된다는 뜻이므로 이름만 같을 뿐 다른 개념이다.

외워 외워!

많은 문제들이 1부터 20까지의 자연수 중 소수를 묻는 문제야. 문제마다 약수가 2개인 수를 구해도 되지만 8개밖에 안 되므로 우린 암기하자. 그럼 당연히 문제 푸는 속도도 빨라지겠지?

2	3	5	7
11	13	17	19

위의 8개 수만 암기해도 80 % 이상 문제를 풀 수 있어. 하지만, 나머지 20 %의 문제도 모두 맞히고 싶다면 남은 기억 용량을 총동원해서 20부터 50까지의 소수 7개도 모두 외워 버리자.

23	29	31	37
41	43	47	

● 자연수를 약수의 개수를 기준으로 나눈 세 묶음

● 1부터 20까지의 자연수 중 소수와 합성수의 분류

수	약수	수	약수
1	1	11	1, 11
2	1, 2	12	1, 2, 3, 4, 6, 12
3	1, 3	13	1, 13
4	1, 2, 4	14	1, 2, 7, 14
5	1, 5	15	1, 3, 5, 15
6	1, 2, 3, 6	16	1, 2, 4, 8, 16
7	1, 7	17	1, 17
8	1, 2, 4, 8	18	1, 2, 3, 6, 9, 18
9	1, 3, 9	19	1, 19
10	1, 2, 5, 10	20	1, 2, 4, 5, 10, 20

① **소수**: 2, 3, 5, 7, 11, 13, 17, 19 ⇨ 2를 제외하고 모두 홀수

② **합성수**: 4, 6, 8, 9, 10, 12, 14, 15, 16, 18, 20

③ **소수도 합성수도 아닌 수**: 1

넌 소수에도, 합성수에도 속하지 못하는구나? 하하~

그럼 넌 어디에 속하는데?

난 인기쟁이야. 짝수와 소수 양쪽 다 속하는 건 나밖에 없다는 사실!

출동! X맨과 O맨

절대 아니야

- '모든 자연수는 소수와 합성수로 이루어져 있다.' (×)
  ➡ 자연수에는 소수와 합성수 외에 1이 있어.
- '모든 자연수의 약수는 2개 이상이다.' (×)
  ➡ 1의 약수는 1로 1개야.

이게 정답이야

- '1은 소수도 합성수도 아니다.' (○)
- '짝수이면서 소수인 수는 2뿐이다.' (○)
- '2는 가장 작은 소수이다.' (○)

A 소수와 합성수의 뜻

- 자연수는 소수와 합성수와 1로 이루어져 있어.
- 합성수는 약수를 3개만 가지는 것이 아니라 3개 이상 가지는 것이야.
- 2는 소수이면서 짝수이므로 모든 소수가 홀수라는 것은 잘못된 것이야.

잊지 말자. 꼬~옥!

■ 다음 소수와 합성수에 대한 설명이 옳은 것은 ○표, 옳지 않은 것은 ×표를 하시오.

1. 모든 소수는 홀수이다. ________

Help 소수 중에 홀수가 아닌 것이 있는지 생각해 본다.

2. 모든 소수는 약수가 2개이다. ________

3. 1은 소수이다. ________

앗! 실수

4. 자연수는 소수와 합성수로 이루어져 있다. ________

5. 모든 짝수는 소수가 아니다. ________

Help 짝수 중에 소수가 있는지 생각해 본다.

6. 2는 가장 작은 소수이다. ________

7. 소수는 1과 자기 자신이 아닌 두 자연수의 곱으로 나타낼 수 있다. ________

8. 소수 중에 짝수는 2뿐이다. ________

9. 합성수는 약수를 3개만 가지는 수이다. ________

앗! 실수

10. 1은 소수도 합성수도 아니다. ________

앗! 실수

11. 모든 자연수의 약수는 2개 이상이다. ________

12. 가장 작은 합성수는 4이다. ________

1부터 20까지의 수 중에서 약수 구하기

$49=7\times7$과 같이 같은 수의 곱이면 약수에 7은 한 번만 쓰면 돼.

아하! 그렇구나~

■ 다음 자연수의 약수를 모두 쓰시오.

1. 1

Help $1=1\times1$

2. 2

Help $2=1\times2$

3. 3

4. 4

5. 5

6. 6

7. 7

8. 8

9. 9

10. 10

11. 11

12. 12

13. 13

14. 14

15. 15

16. 16

17. 17

18. 18

19. 19

20. 20

21. 1부터 10까지의 수 중 약수가 2개인 수를 모두 구하시오.

22. 11부터 20까지의 수 중 약수가 2개인 수를 모두 구하시오.

21부터 50까지의 수 중에서 소수, 합성수 구하기

약수가 1과 자기 자신이면 소수, 약수가 3개 이상이면 합성수야. 어떤 수가 합성수인지만 알아보려면 그 수의 약수를 모두 구하지 않아도 돼. 1과 자기 자신 이외의 약수가 1개라도 더 있으면 합성수가 되거든.

아하! 그렇구나~

■ 다음 수가 소수이면 '소'를, 합성수이면 '합'을 쓰시오.

1. 21 ________
2. 22 ________
3. 23 ________
4. 24 ________
5. 25 ________
6. 26 ________
7. 27 ________
8. 28 ________
9. 29 ________
10. 30 ________
11. 31 ________
12. 32 ________
13. 33 ________
14. 34 ________
15. 35 ________
16. 36 ________
17. 37 ________
18. 38 ________
19. 39 ________
20. 40 ________
21. 41 ________
22. 42 ________
23. 43 ________
24. 44 ________
25. 45 ________
26. 46 ________
27. 47 ________
28. 48 ________
29. 49 ________
30. 50 ________

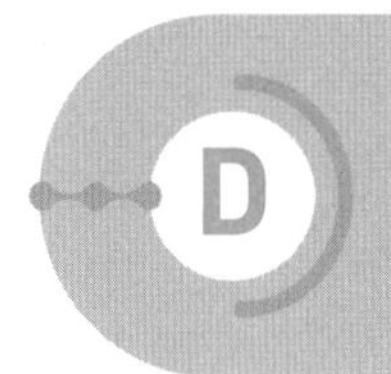

1부터 50까지의 수 중에서 소수, 합성수 구하기

일정한 범위에서 소수의 개수를 알고 있으면 소수를 빼먹지 않고 구하는 데 도움이 돼.
1부터 10 ⇨ 소수 4개, 11부터 20 ⇨ 소수 4개, 21부터 30 ⇨ 소수 2개
31부터 40 ⇨ 소수 2개, 41부터 50 ⇨ 소수 3개

■ 다음을 구하시오.

1. 다음 표의 1부터 10까지의 수 중에서 소수에 ○표를 하시오.

1	2	3	4	5
6	7	8	9	10

2. 1부터 10까지의 수 중에서 합성수를 모두 구하시오.

3. 1부터 10까지의 수 중에서 소수도 합성수도 아닌 수를 모두 구하시오.

4. 다음 표의 11부터 20까지의 수 중에서 소수에 ○표를 하시오.

11	12	13	14	15
16	17	18	19	20

5. 11부터 20까지의 수 중에서 합성수를 모두 구하시오.

6. 다음 표의 21부터 30까지의 수 중에서 소수에 ○표를 하시오.

21	22	23	24	25
26	27	28	29	30

7. 21부터 30까지의 수 중에서 합성수를 모두 구하시오.

8. 다음 표의 31부터 50까지의 수 중에서 소수에 ○표를 하시오.

31	32	33	34	35
36	37	38	39	40
41	42	43	44	45
46	47	48	49	50

9. 31부터 50까지의 수 중에서 합성수를 모두 구하시오.

시험 문제

시험에 자주 나오는 문제로 마무리

*정답과 해설 1쪽

적중률 90%

[1~3] 소수와 합성수의 뜻

앗! 실수

1. 다음 소수와 합성수에 대한 설명 중 옳지 않은 것은?
① 소수는 약수가 2개인 수이다.
② 1은 소수도 합성수도 아니다.
③ 소수 중 짝수는 2뿐이다.
④ 합성수는 약수가 3개인 수이다.
⑤ 2는 가장 작은 소수이다.

2. 다음 소수와 합성수에 대한 설명 중 옳은 것은?
① 소수 중 가장 작은 홀수는 1이다.
② 가장 작은 소수는 1이다.
③ 2를 제외한 모든 소수는 홀수이다.
④ 합성수는 약수가 2개 이상이다.
⑤ 소수가 아닌 자연수는 모두 합성수이다.

3. 다음 소수와 합성수에 대한 설명 중 옳은 것을 모두 고르면? (정답 2개)
① 자연수는 소수와 합성수로 이루어져 있다.
② 23의 약수는 자기 자신의 수인 23뿐이다.
③ 소수는 1과 자기 자신만을 약수로 가진다.
④ 약수가 4개인 수는 합성수이다.
⑤ 두 소수의 곱은 소수이다.

적중률 80%

[4~7] 소수와 합성수 구하기

4. 다음 중 소수는 모두 몇 개인지 구하시오.

11	5	15	3	18	7

5. 다음 중 합성수는 모두 몇 개인지 구하시오.

13	22	19	16	24	17

6. 다음 중 소수를 모두 고르면? (정답 2개)
① 21 ② 29 ③ 32
④ 37 ⑤ 39

7. 다음 중 합성수를 모두 쓰시오.

31	8	36	47	16	43

02 거듭제곱의 뜻과 표현

개념 강의 보기

● 거듭제곱의 뜻

같은 수나 문자를 여러 번 곱한 것을 간단히 나타낸 것이다.

● 거듭제곱의 밑과 지수

여러 번 곱한 수나 문자를 거듭제곱의 **밑**이라 하고, 곱한 개수를 거듭제곱의 **지수**라 한다.

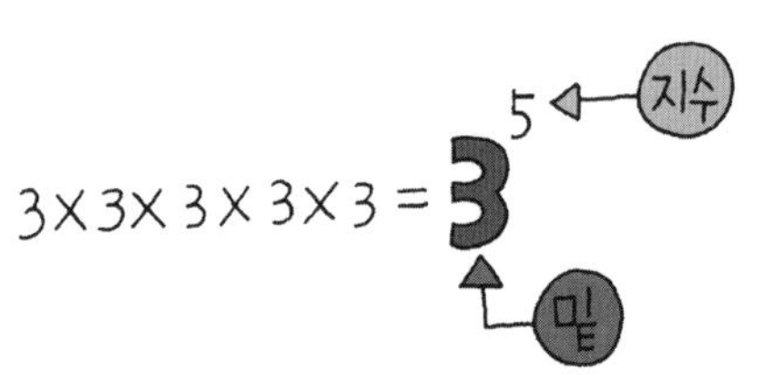

● 거듭제곱의 표현

① **같은 수의 거듭제곱:** 곱한 개수만큼 지수를 쓴다.

$\overbrace{2\times2\times2}^{3\text{개}}=2^3$

2를 3개 곱한 것이다.

② **다른 두 수의 거듭제곱:** 같은 수끼리 밑과 지수를 써서 거듭제곱으로 나타내고 두 수의 거듭제곱 사이에 곱셈 기호×를 쓴다.

$\overbrace{3\times3}^{2\text{개}}\times\overbrace{5\times5\times5}^{3\text{개}}=3^2\times5^3$

③ **분수의 거듭제곱:** 분수에 괄호를 한 후 곱한 개수만큼 지수를 쓴다.

$\frac{2}{3}\times\frac{2}{3}\times\frac{2}{3}\times\frac{2}{3}=\left(\frac{2}{3}\right)^4$

괄호를 빠뜨리지 않도록 주의하자.

바빠 꿀팁

- 거듭제곱을 쓰고 읽어 보자.
  - 5×5 쓰기: 5^2 읽기: 5의 제곱
  - $5\times5\times5$ 쓰기: 5^3 읽기: 5의 세제곱
  - $5\times5\times5\times5$ 쓰기: 5^4 읽기: 5의 네제곱
- 분자가 1인 분수의 거듭제곱은 분수 전체에 괄호를 한 후 지수를 쓰거나 분모에만 지수를 쓰고 분자는 1로 쓸 수 있어.
  $\frac{1}{4}\times\frac{1}{4}\times\frac{1}{4}=\left(\frac{1}{4}\right)^3$ 또는 $\frac{1}{4^3}$

● 거듭제곱의 계산

$5^2=5\times5=25$, $2^2\times3^3=4\times27=108$

$\left(\frac{3}{4}\right)^2=\frac{3^2}{4^2}=\frac{9}{16}$, $\left(\frac{2}{3}\right)^3=\frac{2^3}{3^3}=\frac{8}{27}$

괄호를 풀 때는 반드시 분모, 분자에 지수를 각각 써야 한다.

제발~
제발 지수 4를 공평하게 우리 둘 다에게 주세요. 플리즈~

출동! X맨과 O맨

절대 아니야

- $\left(\frac{4}{5}\right)^2\neq\frac{4^2}{5}=\frac{16}{5}$

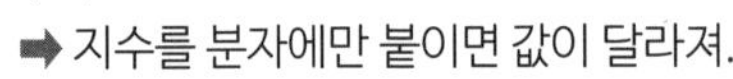

➡ 지수를 분자에만 붙이면 값이 달라져.

- $1^5\neq5$, $1^{10}\neq10$, $1^{100}\neq100$

➡ 1은 아무리 곱해도 1이니 착각하면 안 돼.

이게 정답이야

- $\left(\frac{4}{5}\right)^2=\frac{4^2}{5^2}=\frac{16}{25}$

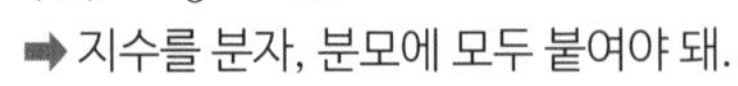

➡ 지수를 분자, 분모에 모두 붙여야 돼.

- $1^2=1$, $1^5=1$, $1^{10}=1$, $\cdots$, $1^{100}=1$

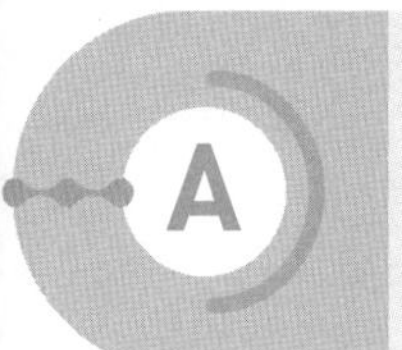

거듭제곱의 뜻과 표현

여러 번 곱한 수나 문자는 거듭제곱의 밑, 곱한 개수는 거듭제곱의 지수라고 해. 아하! 그렇구나~

$\underbrace{a\times a\times\cdots\times a}_{n개}=a^n$ (지수: n, 밑: a)

■ 다음 거듭제곱의 밑과 지수를 말하시오.

1. 1^3

밑 ______ 지수 ______

2. 3^2

밑 ______ 지수 ______

3. 10^4

밑 ______ 지수 ______

4. $\left(\frac{1}{2}\right)^3$

밑 ______ 지수 ______

5. $\left(\frac{3}{4}\right)^5$

밑 ______ 지수 ______

6. $\left(\frac{2}{5}\right)^4$

밑 ______ 지수 ______

■ 다음을 거듭제곱을 이용하여 나타내시오.

7. 1×1

$1^{\square}$

8. $3\times3\times3$

______

9. $7\times7\times7\times7\times7$

______

앗! 실수

10. $\frac{1}{2}\times\frac{1}{2}$

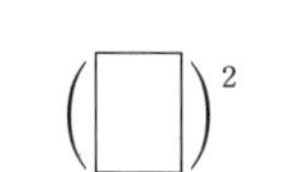

11. $\frac{1}{5}\times\frac{1}{5}\times\frac{1}{5}$

______

12. $\frac{3}{8}\times\frac{3}{8}\times\frac{3}{8}\times\frac{3}{8}\times\frac{3}{8}$

______

여러 수의 거듭제곱

분수의 거듭제곱은 반드시 괄호를 하고 나타내야 해.
괄호를 하지 않으면 분자만 지수만큼 곱하는 실수를 하게 돼.
$\frac{2}{5}\times\frac{2}{5}=\left(\frac{2}{5}\right)^2$ (○)　$\frac{2}{5}\times\frac{2}{5}=\frac{2^2}{5}$ (×) 잊지 말자. 꼬~옥!

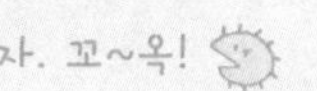

■ 다음을 여러 수의 거듭제곱을 이용하여 나타내시오.

1. $2\times3\times3$

$\square\times\square^2$

2. $2\times2\times3\times3$

3. $4\times4\times4\times5\times5$

4. $5\times5\times5\times5\times6\times6$

5. $3\times4\times4\times5\times5$

6. $3\times3\times4\times4\times5\times5\times5$

7. $\frac{1}{5}\times\frac{1}{5}\times\frac{3}{5}\times\frac{3}{5}$

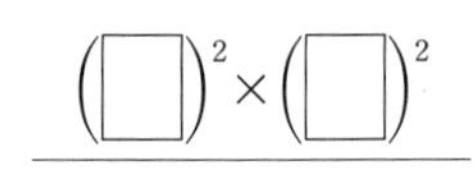

$\left(\square\right)^2\times\left(\square\right)^2$

8. $\frac{3}{8}\times\frac{3}{8}\times\frac{5}{9}\times\frac{5}{9}$

9. $2\times2\times2\times\frac{2}{5}\times\frac{2}{5}$

10. $\frac{1}{3}\times\frac{1}{3}\times\frac{1}{3}\times4\times4\times4\times4$

11. 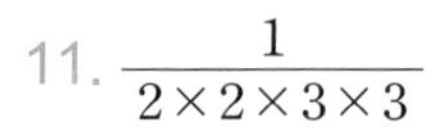

$\frac{1}{2\times2\times3\times3}$

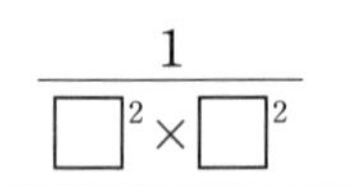

$\frac{1}{\square^2\times\square^2}$

12. $\frac{1}{2\times2\times7\times7\times7\times3}$

거듭제곱의 값 구하기

1^{10}은 10이 아니야. 1은 10번 곱해도 1이거든.
7^2은 14가 아니야. $7\times7=49$가 돼.
$\left(\frac{5}{3}\right)^2$은 $\frac{5^2}{3}=\frac{25}{3}$가 아니야. $\left(\frac{5}{3}\right)^2=\frac{5^2}{3^2}=\frac{25}{9}$가 맞아.

■ 다음 거듭제곱의 값을 구하시오.

앗! 실수

1. 1^5

Help $1\times1\times1\times1\times1=\square$

2. 2^3

Help $2\times2\times2=\square$

3. 2^4

4. 3^2

5. 3^3

6. 4^2

7. 4^3

8. 5^2

9. 5^3

10. $\left(\frac{1}{2}\right)^4$

Help $\frac{1^4}{2^4}=\square$

11. $\left(\frac{2}{3}\right)^3$

12. $\left(\frac{4}{7}\right)^2$

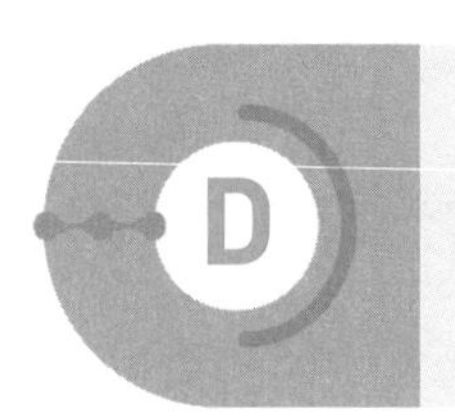

밑이 주어질 때 거듭제곱으로 나타내기

자주 나오는 거듭제곱을 외워 두면 두고두고 유용하게 쓸 수 있어.
$2^3=8$, $2^4=16$, $2^5=32$, $2^6=64$, $\cdots$, $2^{10}=1024$
$3^2=9$, $3^3=27$, $3^4=81$, $4^2=16$, $4^3=64$, $5^2=25$, $5^3=125$
이 정도는 암기해야 해~ 암암!

■ 다음 수를 ( ) 안의 수의 거듭제곱으로 나타내시오.

1. $4 \quad (2)$

$2^{\square}$

Help $4=2\times2$

2. $9 \quad (3)$

3. $16 \quad (2,\ 4)$

$2^{\square},\ 4^{\square}$

4. $27 \quad (3)$

5. $64 \quad (4,\ 8)$

$4^{\square},\ 8^{\square}$

6. $81 \quad (3,\ 9)$

7. $\frac{1}{8} \quad \left(\frac{1}{2}\right)$

$\left(\frac{1}{2}\right)^{\square}$

Help $\frac{1}{8}=\frac{1}{2}\times\frac{1}{2}\times\frac{1}{2}$

8. $\frac{4}{25} \quad \left(\frac{2}{5}\right)$

9. $\frac{8}{27} \quad \left(\frac{2}{3}\right)$

10. $\frac{9}{49} \quad \left(\frac{3}{7}\right)$

11. $\frac{16}{81} \quad \left(\frac{2}{3}\right)$

12. $\frac{81}{100} \quad \left(\frac{9}{10}\right)$

E 여러 번의 덧셈과 곱셈의 차이

$\frac{1}{2}+\frac{1}{2}$

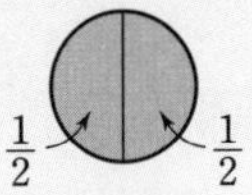

⇨ $\frac{1}{2}$과 $\frac{1}{2}$의 합: $\frac{1}{2}\times2=1$

$\frac{1}{2}\times\frac{1}{2}$

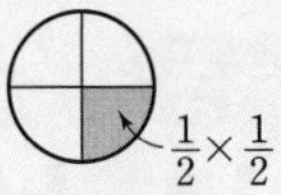

⇨ $\frac{1}{2}$의 $\frac{1}{2}$배: $\frac{1}{2}\times\frac{1}{2}=\frac{1}{4}$

■ 다음 값을 구하시오.

1. $2+2+2$ 　 $2\times\square=\square$

   $2\times2\times2$ 　 $2^{\square}=\square$

2. $3+3+3+3$ 　 $3\times\square=\square$

   $3\times3\times3\times3$ 　 $3^{\square}=\square$

3. $4+4$ ______

   4×4 ______

4. $5+5+5$ ______

   $5\times5\times5$ ______

5. $\frac{1}{4}+\frac{1}{4}$ ______

   $\frac{1}{4}\times\frac{1}{4}$ ______

6. $\frac{2}{3}+\frac{2}{3}+\frac{2}{3}$ ______

   $\frac{2}{3}\times\frac{2}{3}\times\frac{2}{3}$ ______

■ 다음은 모두 틀린 표현이다. 맞는 표현으로 고쳐 쓰시오.

7. $2\times2\times2=2\times3$

   ______

8. $5+5+5+5=5^4$

   ______

9. $5\times5\times5=3^5$

   ______

10. $\frac{1}{2}\times\frac{1}{2}\times\frac{1}{2}\times\frac{1}{2}\times\frac{1}{2}=\frac{5}{2^5}$

   ______

11. $\frac{2}{3}\times\frac{2}{3}\times\frac{2}{3}=\frac{2^3}{3}$

   ______

12. $\frac{1}{5\times5\times5\times7\times7}=\frac{1}{5^3}+\frac{1}{7^2}$

   ______

시험 문제

*정답과 해설 2쪽

[1～2] 거듭제곱의 밑과 지수

1. 3×3을 거듭제곱으로 나타낼 때, 거듭제곱의 밑과 지수를 각각 a, b라 하자. $a-b$의 값을 구하시오.

2. $7\times7\times7\times7$을 거듭제곱으로 나타낼 때, 거듭제곱의 밑과 지수를 각각 a, b라 하자. $a-b$의 값을 구하시오.

적중률 80%

[3～4] 거듭제곱의 표현

3. 다음 중 옳은 것은?

① $1^{99}=1+99$

② $3\times5\times3\times5\times3=3^3\times5^2$

③ $5+5+5=5^3$

④ $\frac{3}{2}+\frac{3}{2}+\frac{3}{2}=\left(\frac{3}{2}\right)^3$

⑤ $5^2=10$

4. 다음 중 옳은 것은?

① $3\times2\times3\times3=2^3\times3^2$

② $7\times7\times7=7^7$

③ $2+2+3+3+3=2\times2+3\times3$

④ $2^4=8$

⑤ $\frac{1}{2}\times\frac{1}{2}\times\frac{1}{2}=\frac{1}{2\times3}$

적중률 70%

[5～6] 거듭제곱의 값

5. $2^a=16$, $5^2=b$를 만족하는 두 자연수 a, b에 대하여 $b-a$의 값을 구하시오.

6. $3^4=a$, $5^b=125$를 만족하는 두 자연수 a, b에 대하여 $a+b$의 값을 구하시오.

03 소인수분해

개념 강의 보기

인수와 소인수

① **인수**: 자연수 a, b, c에 대하여 $a=b\times c$일 때 b, c를 a의 인수라 한다.
여기서 인수는 약수와 같은 뜻이다.

② **소인수**: **인수 중에서 소수**인 것을 소인수라 한다.

$20=1\times 20$
$20=2\times 10$
$20=4\times 5$

20의 인수는 1, 2, 4, 5, 10, 20
20의 소인수는 2, 5

바빠 꿀팁

소인수분해할 때 나누는 수는 어떤 것을 먼저 나누어도 결과는 같아져. 2와 3으로 나누어지는 수가 있을 때 2로 먼저 나누든 3으로 나누든 상관없이 소수로만 나누면 되는 거지.

2)30　　3)30
3)15　　2)10
　 5　　　 5

소인수분해

① **소인수분해**: 자연수를 **소인수만의 곱**으로 나타내는 것을 소인수분해한다고 한다.

② **소인수분해하는 방법**

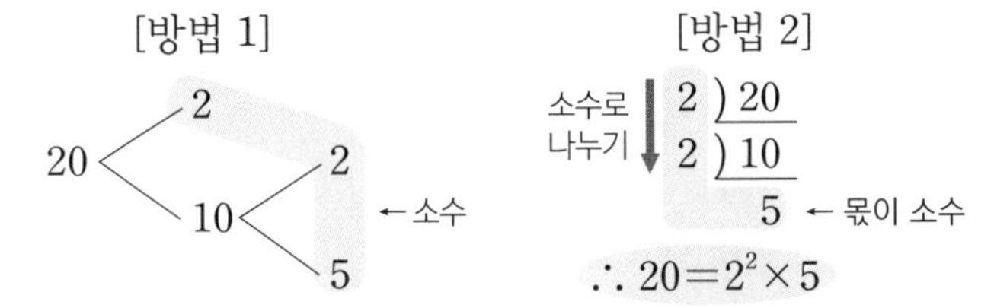

[방법 1] 가지의 끝이 모두 소수가 될 때까지 가지를 뻗어 가며 나눈다.
[방법 2] 나누어떨어지는 소수로 차례로 나눈다.
나눌 때는 2, 3, 5, … 의 작은 소수부터 차례로 나누는 것이 좋고, 몫이 소수가 나올 때까지 계속 나눈다.
이때 소인수분해한 결과를 쓸 때는 같은 소인수의 곱은 거듭제곱을 사용하여 나타내고, 작은 소인수부터 쓰도록 한다.

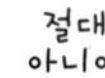

출동! X맨과 O맨

18을 소인수분해할 때
- $18=2\times 9$
  ➡ 9는 소수가 아니므로 소인수분해가 아니야.
- $18=3\times 6$
  ➡ 6은 소수가 아니므로 소인수분해가 아니야.

18을 소인수분해할 때 소수의 곱으로만 나타내야 하고 같은 수는 거듭제곱으로 표현해야 돼.
따라서 $18=2\times 3^2$이 맞는 소인수분해야.
이 중 소인수는 2, 3이고 3^2은 소인수가 아님을 명심해.

A 인수와 소인수

인수와 소인수를 구하는 방법
인수: 인수는 약수를 구하는 방법과 동일한 방법으로 구하면 돼.
소인수: 인수 중에 소수가 있다면 그 수가 소수이면서 인수라는 뜻의 소인수야. 아하! 그렇구나~

■ 다음 □ 안에 알맞은 수를 써넣으시오.

1. $6=1\times\square$
   $6=2\times\square$
   6의 인수는 1, 2, □, □
   6의 인수 중 소인수는 □, □

2. $12=1\times\square$
   $12=2\times\square$
   $12=3\times\square$
   12의 인수는 1, 2, 3, □, □, □
   12의 인수 중 소인수는 □, □

3. $15=1\times\square$
   $15=3\times\square$
   15의 인수는 1, 3, □, □
   15의 인수 중 소인수는 □, □

4. $18=\square\times 18$
   $18=\square\times 9$
   $18=\square\times 6$
   18의 인수는 □, □, □, 6, 9, 18
   18의 인수 중 소인수는 □, □

5. $24=1\times\square$
   $24=\square\times 12$
   $24=3\times\square$
   $24=\square\times 6$
   24의 인수는 1, □, 3, □, 6, □, 12, □
   24의 인수 중 소인수는 □, □

■ 다음 수의 인수와 소인수를 모두 구하시오.

6. 5
   인수 ____________
   소인수 ____________

7. 8
   인수 ____________
   소인수 ____________

8. 10
   인수 ____________
   소인수 ____________

9. 21
   인수 ____________
   소인수 ____________

10. 28
   인수 ____________
   소인수 ____________

11. 46
   인수 ____________
   소인수 ____________

B 소인수분해 1

소인수분해는 두 가지 방법 중 한 가지를 택하여 하지만, 소인수분해한 결과는 소인수들을 곱하는 순서를 생각하지 않으면 오직 한 가지뿐이야. 아하! 그렇구나~

■ 다음 수를 두 가지 방법으로 소인수분해하시오.

1. 12

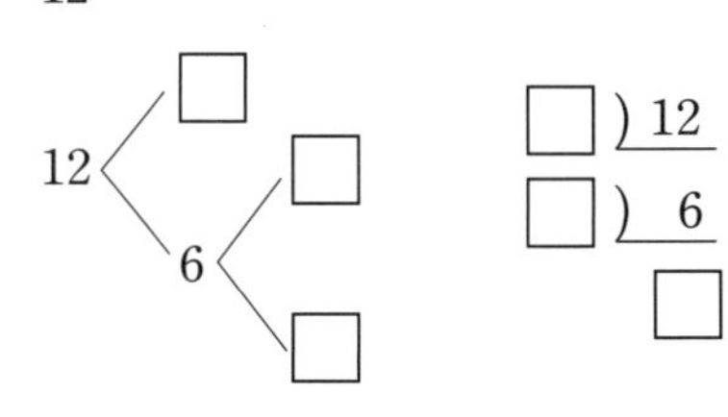

12를 소인수분해하면 12=$\square^2\times\square$

2. 18

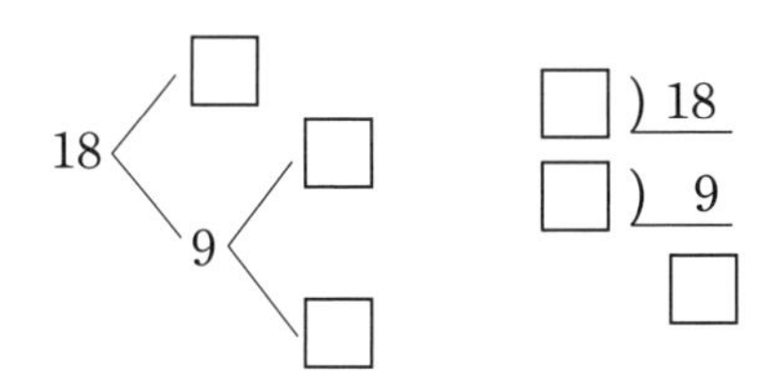

18을 소인수분해하면 18=$\square\times\square^2$

3. 30

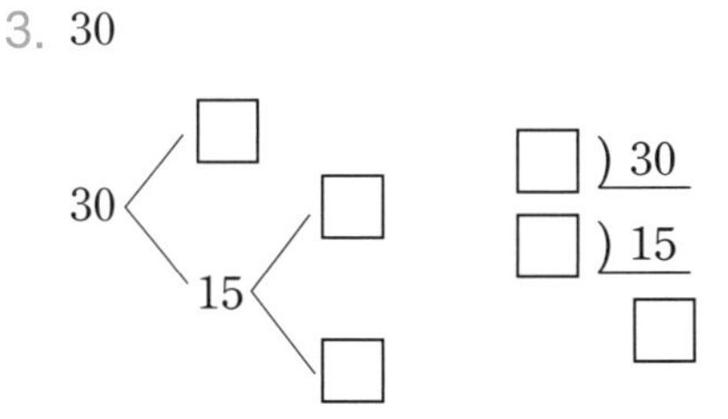

30을 소인수분해하면 30=$\square\times\square\times\square$

4. 42

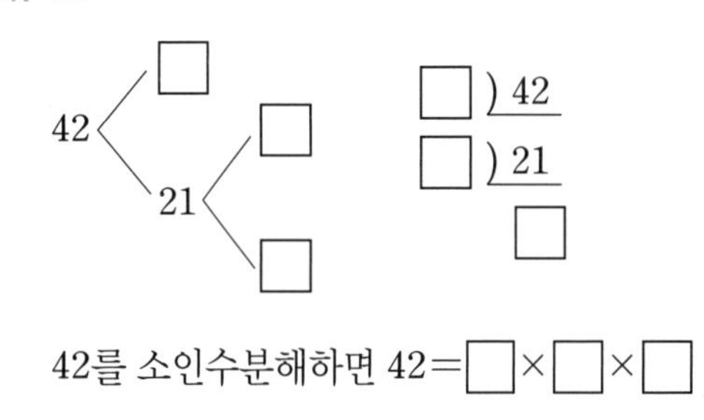

42를 소인수분해하면 42=$\square\times\square\times\square$

5. 45

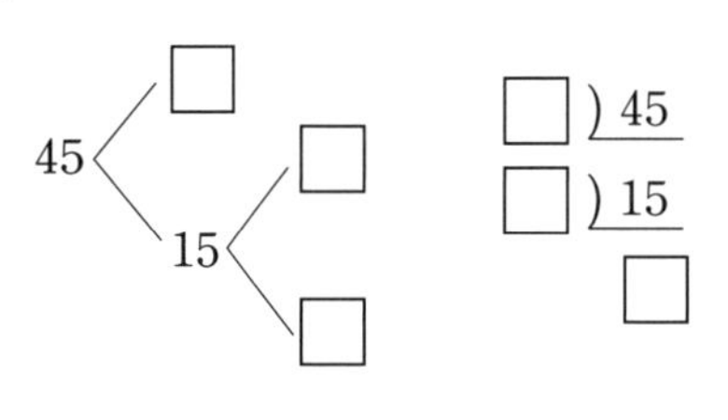

45를 소인수분해하면 45=$\square^2\times\square$

6. 54

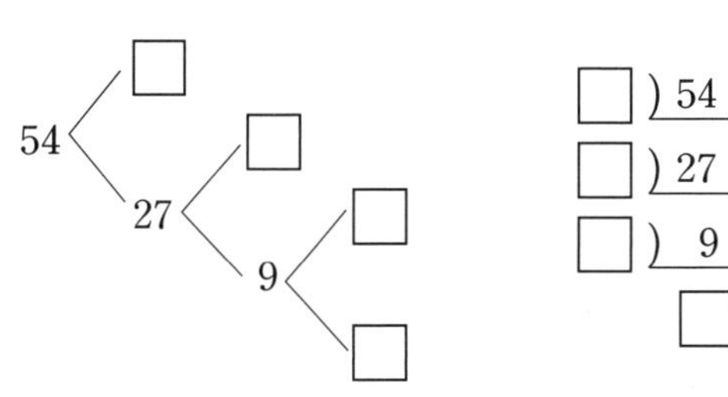

54를 소인수분해하면 54=$\square\times\square^3$

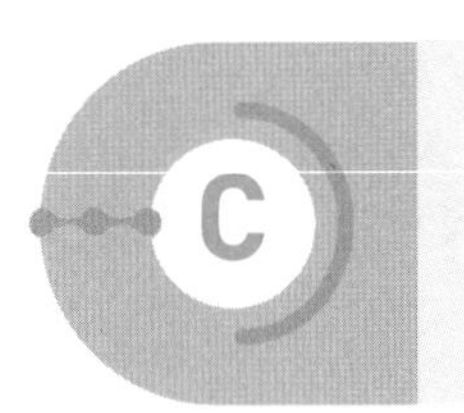

소인수분해 2

소인수분해할 때는 거꾸로 나누는 방법이 간편해서 많이 써.
1단계 : 짝수이면 2로 나누는데 4, 6, 8로는 나누지 않도록 주의해.
2단계 : 홀수이면 3의 배수인지, 5의 배수인지, 7의 배수인지, … 살펴봐.
또한 소수로 나눌 때는 몫이 소수가 될 때까지 계속 나눠.

■ 다음 수를 소인수분해하시오.

1. 8

______

Help
$$\begin{array}{r|l} 2 & 8 \\ \hline \square & 4 \\ \hline & \square \end{array}$$

2. 10

______

3. 15

______

4. 20

______

5. 24

______

6. 27

______

7. 32

______

8. 38

______

9. 56

______

10. 60

______

11. 72

______

12. 84

______

D 소인수 구하기

소인수분해 $a^l \times b^m \times c^n$에서 소인수는 밑의 수인 a, b, c야.
이때 a, b, c가 소수인지 확인하는 게 중요해. 간혹 $3\times4\times5^2$을 소인수분해라고 착각하는 경우가 있는데 4가 소인수가 아니므로 소인수분해가 아니야. 잊지 말자. 꼬~옥!

■ 다음 수를 소인수분해하고, 소인수를 모두 구하시오.

1. 6

소인수분해 ______________

소인수 ______________

2. 16

소인수분해 ______________

소인수 ______________

앗! 실수

3. 28

소인수분해 ______________

소인수 ______________

Help
$$\begin{array}{r|l} 2 & 28 \\ \hline 2 & 14 \\ \hline & \square \end{array}$$

4. 36

소인수분해 ______________

소인수 ______________

5. 39

소인수분해 ______________

소인수 ______________

6. 44

소인수분해 ______________

소인수 ______________

7. 52

소인수분해 ______________

소인수 ______________

8. 66

소인수분해 ______________

소인수 ______________

9. 78

소인수분해 ______________

소인수 ______________

10. 98

소인수분해 ______________

소인수 ______________

11. 108

Help
$$\begin{array}{r|l} 2 & 108 \\ \hline 2 & 54 \\ \hline 3 & \square \\ \hline \square & \square \\ \hline & \square \end{array}$$

소인수분해 ______________

소인수 ______________

12. 126

소인수분해 ______________

소인수 ______________

시험 문제

시험에 자주 나오는 문제로 마무리

*정답과 해설 3쪽

적중률 70%

[1~3] 소인수분해하기

1. 90을 소인수분해하면?

① $2^4 \times 5$ ② $2 \times 3 \times 5$
③ $2 \times 3^2 \times 5$ ④ $2^2 \times 3^2 \times 5$
⑤ $2^2 \times 3 \times 5^2$

2. 63을 소인수분해하면 $a^2 \times b$일 때, 자연수 a, b에 대하여 $a+b$의 값을 구하시오.

3. 168을 소인수분해하면 $2^a \times b \times c$일 때, 자연수 a, b, c에 대하여 $a-b+c$의 값을 구하시오. (단, $b<c$)

앗! 실수 적중률 60%

[4~6] 소인수 찾기

4. 다음 중 48의 소인수를 모두 고르시오.

2	2^4	3	5	5^2

5. 다음 중 120의 소인수를 모두 고르시오.

2	3^2	2^2	3	5	5^2

6. 220을 소인수분해하였을 때, 모든 소인수의 합은?

① 6 ② 10 ③ 13
④ 17 ⑤ 18

04 제곱수 만들기

개념 강의 보기

● **제곱수**

같은 자연수가 2번 곱해진 수이다. ⇨ $1^2, 2^2, 3^2, 4^2, 5^2, 6^2, 7^2, \cdots$

● **제곱수 만들기**

① 제곱수가 아닌 수에 가장 작은 자연수를 곱하여 제곱수 만들기

• $12=2^2\times3$에 가장 작은 자연수를 곱하여 제곱수를 만들어 보자.

[1단계] 지수가 홀수이면 제곱수가 될 수 없으므로 지수를 짝수로 만들어 주어야 제곱수가 된다.

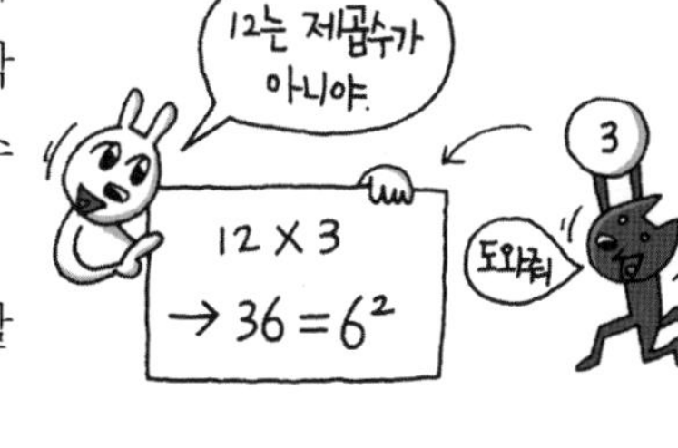

[2단계] 지수가 짝수가 되면서 곱할 수 있는 가장 작은 자연수를 곱해 준다. $2^2\times\underline{3\times3}=2^2\times3^2$

지수가 2가 되도록 3을 곱한다.

[3단계] 어떤 수의 제곱이 되는지 구한다.

$2^2\times3^2=\underline{(2\times3)^2}$이므로 $2\times3=6$의 제곱이 된다.

└ $(\quad)^2$ 꼴이 되도록 변형한다.

• $40=2^3\times5$에 가장 작은 자연수를 곱하여 제곱수를 만들어 보자.

[1단계] 두 밑의 지수가 모두 홀수이므로 둘 다 짝수를 만들어 주어야 제곱수가 된다.

[2단계] 지수가 짝수가 되면서 곱할 수 있는 가장 작은 자연수를 곱해 준다.

$2^3\times5\times2\times5=2^4\times5^2=16\times5^2=4^2\times5^2$

[3단계] 어떤 수의 제곱이 되는지 구한다.

$4^2\times5^2=(4\times5)^2$이므로 $4\times5=20$의 제곱이 된다.

② 제곱수가 아닌 수를 가장 작은 자연수로 나누어 제곱수 만들기

• $45=3^2\times5$를 가장 작은 자연수로 나누어 제곱수를 만들어 보자.

[1단계] 지수가 홀수인 밑으로 나누어야 지수가 짝수가 된다.

[2단계] 지수가 홀수인 수는 5이므로 5로 나누면 3의 제곱이 된다.

$3^2\times5\div5=3^2$

앗! 실수

어떤 수의 제곱수가 되려면 지수가 짝수가 되어야 해. 이것은 지수가 2뿐 아니라 4, 6, ⋯도 된다는 뜻이지.
지수가 4, 6, ⋯인 어떤 수를 제곱수로 만들려면 다음과 같이 지수를 제곱으로 만들어 풀면 실수를 줄일 수 있어.
$2^4=4^2, 2^6=8^2, 3^4=9^2, \cdots$

외워 외워!

1부터 100까지의 수 중에 제곱수는 외워 두자.

1	4	9	16	25
36	49	64	81	100

이 중 가장 생각이 안 나는 제곱수가 뭘까?
이상하게 가장 쉬운 1이야. 1은 1의 제곱수이므로 항상 챙겨서 문제를 풀어야 실수가 없어.
그 외에 중요한 제곱수도 외워 볼까?

$11^2=121$　$12^2=144$
$13^2=169$　$14^2=196$
$15^2=225$

앞으로 중2, 중3은 물론 고등학교에서 문제를 풀 때도 요긴하게 쓰이므로 지금 바로 외워 버려.

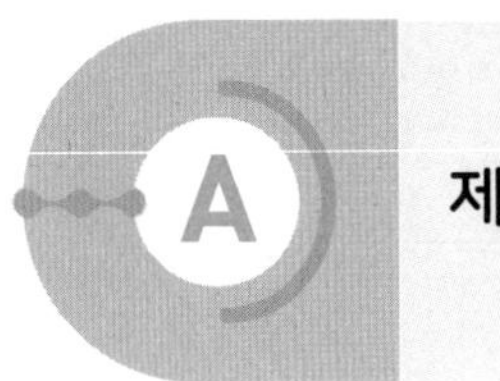

제곱수 구하기

계산을 빨리 하려면
$1^2=1$, $2^2=4$, $3^2=9$, $4^2=16$, $5^2=25$, $6^2=36$, $7^2=49$, $8^2=64$, $9^2=81$, $10^2=100$, $11^2=121$, $12^2=144$, $13^2=169$, $14^2=196$, $15^2=225$ 이 정도는 암기해야 해~ 암암!

■ 다음 수는 어떤 수의 제곱인지 구하시오.

1. 1

2. 9

3. 49

4. 81

5. 121

6. 169

7. 16

8. 36

9. 64

10. 100

11. 144

12. 400

B 제곱수 만들기 1

어떤 수를 제곱수로 만들기 위해서는 지수를 짝수로 만들어야 해.
$3^2 \times 5$에 지수가 홀수인 5를 곱해. $3^2 \times 5^2$이 되면 지수는 모두 2이므로 밑 3×5의 제곱이 돼.
따라서 이 수는 $(3 \times 5)^2 = 15^2$이 되는 거지. 아하! 그렇구나~

■ 다음 수에 자연수를 곱하여 어떤 자연수의 제곱이 되도록 할 때, 곱할 수 있는 가장 작은 자연수와 어떤 수의 제곱인지 차례로 구하시오.

1. 12

_______ , _______

Help $12 = 2^2 \times 3$이므로
$2^2 \times 3 \times \square = \square^2 \times \square^2 = \square^2$

2. 20

_______ , _______

3. 28

_______ , _______

4. 44

_______ , _______

5. 45

_______ , _______

6. 50

_______ , _______

7. 63

_______ , _______

8. 75

_______ , _______

9. 98

_______ , _______

10. 147

_______ , _______

11. 180

_______ , _______

12. 252

_______ , _______

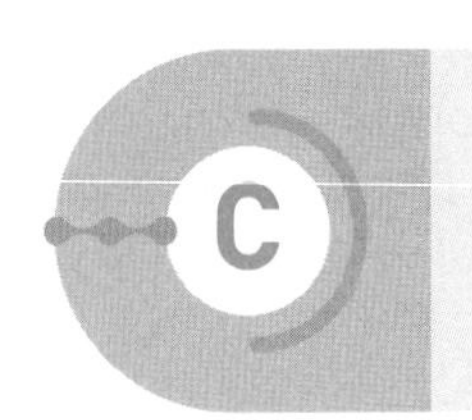

제곱수 만들기 2

$2^2\times3\times5$를 제곱수로 만들기 위해 곱하는 가장 작은 자연수는 지수가 홀수인 3과 5 ⇨ $2^2\times3^2\times5^2$ ⇨ $(2\times3\times5)^2=30^2$
$3^3\times5$를 제곱수로 만들기 위해 곱하는 가장 작은 자연수 역시 지수가 홀수인 3과 5 ⇨ $3^4\times5^2$ ⇨ $9^2\times5^2$ ⇨ $(9\times5)^2=45^2$

■ 다음 수에 자연수를 곱하여 어떤 자연수의 제곱이 되도록 할 때, 곱할 수 있는 가장 작은 자연수와 어떤 수의 제곱인지 차례로 구하시오.

1. 6

______, ______

Help $6=2\times3$
$2\times3\times2\times3=2^2\times3^2=\square^2$

2. 8

______, ______

3. 10

______, ______

앗! 실수
4. 24

______, ______

Help $24=2^3\times3$
$2^3\times3\times2\times3=2^4\times3^2=4^2\times3^2$
$=\square^2$

5. 27

______, ______

6. 40

______, ______

7. 54

______, ______

8. 56

______, ______

9. 88

______, ______

10. 126

______, ______

11. 132

______, ______

12. 140

______, ______

D 제곱수 만들기 3

제곱수가 되기 위해 나누는 가장 작은 자연수는 지수가 홀수인 밑이야.
$3^2 \times 5$를 5로 나누면 3^2
$3^3 \times 5$를 3×5로 나누면 3^2 아하! 그렇구나~

■ 다음 수를 자연수로 나누어 어떤 자연수의 제곱이 되도록 할 때, 나눌 수 있는 가장 작은 자연수를 구하고 어떤 수의 제곱인지 구하시오.

1. $8=2^3$

 ______, ______

 Help $8 \div \square = 2^3 \div \square$

2. 27

 ______, ______

3. 52

 ______, ______

4. 75

 ______, ______

5. 99

 ______, ______

6. 125

 ______, ______

7. 90

 ______, ______

 Help $90 \div \square = 2 \times 3^2 \times 5 \div \square$

8. 126

 ______, ______

9. 150

 ______, ______

10. 180

 ______, ______

11. 198

 ______, ______

12. 250

 ______, ______

거저먹는

시험 문제

*정답과 해설 5쪽

적중률 70%

[1~4] 제곱수 구하기

1. 60에 가장 작은 자연수 a를 곱하여 어떤 자연수 b의 제곱이 되도록 할 때, $a+b$의 값을 구하시오.

2. 84를 가장 작은 자연수 a로 나누어 어떤 자연수 b의 제곱이 되도록 할 때, $a-b$의 값은?
① 16 ② 17 ③ 18
④ 19 ⑤ 20

앗! 실수

3. 108에 가장 작은 자연수 a를 곱하여 어떤 자연수 b의 제곱이 되도록 할 때, $b-a$의 값을 구하시오.

4. 252를 가장 작은 자연수로 나누어 어떤 자연수의 제곱이 되게 하려고 한다. 이때 나누어야 할 수는?
① 7 ② 12 ③ 15
④ 18 ⑤ 30

적중률 70%

[5~6] 식으로 주어질 때 제곱수 구하기

5. $90\times a=b^2$을 만족하는 가장 작은 자연수 a와 이때의 b의 값을 각각 구하시오.

6. $132\div a=b^2$을 만족하는 가장 작은 자연수 a와 이때의 b의 값이 있을 때, $a+b$의 값을 구하시오.

소인수분해를 이용하여 약수와 약수의 개수 구하기

● a^n (a는 소수, n은 자연수)의 약수와 약수의 개수

a^n의 약수는 $1, a, a^2, \cdots, a^n$ ⇨ **$(n+1)$개**

$16(=2^4)$의 약수는 $1, 2, 2^2, 2^3, 2^4$ ⇨ $(4+1)$개

● $a^m \times b^n$ (a, b는 서로 다른 소수, m, n은 자연수)의 약수와 약수의 개수

① 약수 구하기

$18=2\times3^2$의 약수를 구해 보자.

2의 약수인 1, 2와 3^2의 약수인 $1, 3, 3^2$을 아래와 같이 표에 쓰고 가로, 세로가 만나는 칸에 두 약수를 곱한다.

3^2의 약수 → 3개

2의 약수 → 2개

×	1	3	3^2
1	$1\times1=1$	$1\times3=3$	$1\times3^2=9$
2	$2\times1=2$	$2\times3=6$	$2\times3^2=18$

따라서 18의 약수는 1, 2, 3, 6, 9, 18로 소인수분해한 수들의 곱으로 구할 수 있다.

② 약수의 개수 구하기

$a^m\times b^n$(a, b는 서로 다른 소수, m, n은 자연수)으로 소인수분해될 때

$a^m\times b^n$의 약수는

a^m의 약수 $\underbrace{1, a, a^2, \cdots, a^m}_{(m+1)개}$과 b^n의 약수 $\underbrace{1, b, b^2, \cdots, b^n}_{(n+1)개}$

을 곱하여 구한다.

따라서 $a^m\times b^n$의 약수의 개수는 $(m+1)\times(n+1)$이다.

이 방법을 쓰면 약수를 일일이 구하지 않고도 약수의 개수를 구할 수 있다.

18의 약수의 개수는 $18=2\times3^2$이므로 소인수의 지수에 1씩 더한 수를 곱하여 $(1+1)\times(2+1)=6$이다.

• $2\times3\times5^2$과 같이 3개의 소인수로 소인수분해되는 수의 약수는 어떻게 구할까?
먼저 두 개의 소인수만으로 표를 그려서 약수를 구한 후, 이 약수를 가로나 세로에 쓰고 나머지 소인수의 약수도 써서 다시 한 번 표를 그려서 구하면 돼.

×	1	3
1	1	3
2	2	6

⇩

×	1	2	3	6
1	1	2	3	6
5	5	10	15	30
5^2	25	50	75	150

• 작은 수의 약수는 표를 이용하지 않아도 되지만 504와 같은 큰 수는 약수가 많기 때문에 표를 이용하지 않으면 빠뜨리고 구하기가 쉽지. 따라서 큰 수의 약수를 구할 때는 소인수분해를 이용해서 약수들의 곱으로 구해야 해.

출동! X맨과 O맨

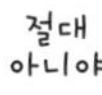

$60=4\times3\times5$로 잘못된 소인수분해를 하면
약수의 개수는
➡ $(1+1)\times(1+1)\times(1+1)=8$ (×)

$60=2^2\times3\times5$로 바르게 소인수분해를 하면
약수의 개수는
➡ $(2+1)\times(1+1)\times(1+1)=12$ (○)

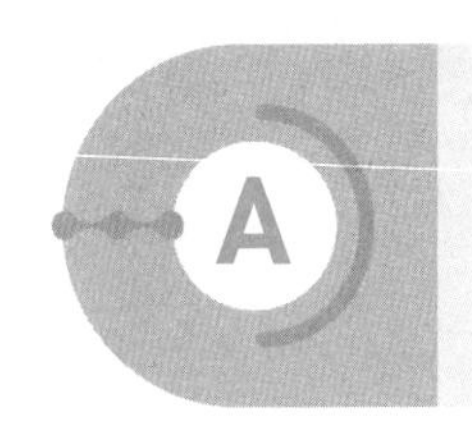

소인수분해를 이용하여 약수 구하기 1

$a^m \times b^n$의 약수를 구할 때는 1, a, a^2, ⋯, a^m과 1, b, b^2, ⋯, b^n을 가로, 세로에 쓰고 만나는 칸에 약수들을 각각 곱하여 구해. 이때 시작은 1부터야. 잊지 말자. 꼬~옥!

■ 소인수분해를 이용하여 다음 수의 약수를 구하는 과정이다. 표의 빈칸에 알맞은 수를 써넣으시오.

1. $6=2\times3$

$\times$	1	3
1		
2		

2. $20=2^2\times5$

$\times$	1	5
1		
2		
2^2		

3. $36=2^2\times3^2$

$\times$	1	3	3^2
1			
2			
2^2			

4. $56=2^3\times7$

$\times$	1	7
1		
2		
2^2		
2^3		

5. $10=2\times5$

$\times$		

6. $45=3^2\times5$

$\times$		

7. $100=2^2\times5^2$

$\times$			

8. $135=3^3\times5$

$\times$		

소인수분해를 이용하여 약수 구하기 2

표를 그릴 때는 소인수들의 지수보다 1칸씩 더 그려야 한다는 거 알고 있지? 물론 1 때문이야! 아하! 그렇구나~

■ 소인수분해와 표를 이용하여 다음 수의 약수를 모두 구하시오.

앗! 실수

1. 18

소인수분해 ______________

표 그리기

×			

약수 ______________

2. 28

소인수분해 ______________

표 그리기

×		

약수 ______________

3. 54

소인수분해 ______________

표 그리기

×				

약수 ______________

4. 75

소인수분해 ______________

표 그리기

×			

약수 ______________

5. 98

소인수분해 ______________

표 그리기

×			

약수 ______________

6. 108

소인수분해 ______________

표 그리기

×				

약수 ______________

약수의 개수 구하기

$a^m \times b^n$의 약수의 개수는 $(m+1) \times (n+1)$
이 정도는 암기해야 해~ 암암!

■ 다음 수의 약수의 개수를 구하시오.

1. $2^2 \times 3$

Help $(2+1) \times (1+1)$

2. $3^2 \times 5^2$

3. $3^3 \times 5^2$

4. $5^4 \times 7^2$

5. $2 \times 3^2 \times 5^2$

6. $2^2 \times 3^2 \times 5^2$

■ 다음 수를 소인수분해한 후 약수의 개수를 구하시오.

7. 10

소인수분해 ______

약수의 개수 ______

앗! 실수

8. 24

소인수분해 ______

약수의 개수 ______

9. 25

소인수분해 ______

약수의 개수 ______

10. 30

소인수분해 ______

약수의 개수 ______

11. 63

소인수분해 ______

약수의 개수 ______

12. 84

소인수분해 ______

약수의 개수 ______

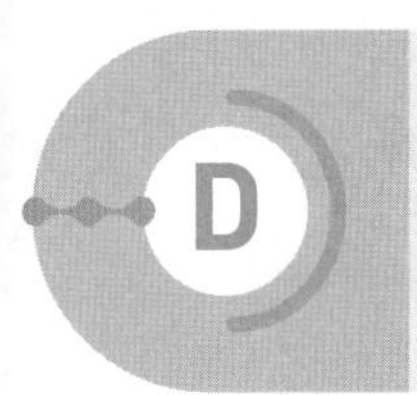

약수의 개수가 주어질 때 지수 구하기

소인수분해된 수의 소인수가 2개이고, 약수의 개수가 15이면 $15=3\times5$에서 소인수들의 지수는 $3-1=2$와 $5-1=4$이지. 즉, 약수의 개수를 곱으로 분해해서 1씩을 빼주면 소인수들의 지수가 나와. 아하! 그렇구나~

■ 다음과 같이 약수의 개수가 주어질 때, 자연수 a의 값을 구하시오.

1. 2^a의 약수의 개수가 3

Help 약수가 3개이므로 지수는 약수의 개수에서 1을 빼면 된다.

2. 3^a의 약수의 개수가 5

3. 5^a의 약수의 개수가 7

앗! 실수

4. 2×3^a의 약수의 개수가 4

Help 약수의 개수가 4이고 2의 지수가 1이므로 $4=(1+1)\times2$가 되어야 한다.

5. $2^a\times3^2$의 약수의 개수가 9

6. $2^3\times3^a$의 약수의 개수가 8

7. $2^a\times5^4$의 약수의 개수가 20

8. $5^2\times7^a$의 약수의 개수가 18

9. $3^a\times7^3$의 약수의 개수가 20

10. $2^a\times3\times5$의 약수의 개수가 16

11. $2^2\times5^2\times7^a$의 약수의 개수가 27

12. $3^a\times5^3\times7$의 약수의 개수가 32

시험 문제

시험에 자주 나오는 문제로 마무리

*정답과 해설 6쪽

[1～2] 약수 구하기

1. 다음 중 96의 약수가 아닌 것은?

① 2×3　② $2^2\times3$　③ 2^3

④ $2^2\times3^2$　⑤ $2^4\times3$

Help $96=2^5\times3$의 약수의 2의 지수는 5 이하이고 3의 지수는 1 이하이다.

2. 다음 중 84의 약수가 아닌 것은?

① 2×3　② 2×7　③ $2\times3\times7$

④ $2^3\times7$　⑤ $2^2\times3\times7$

적중률 70%

[3～4] 약수의 개수 구하기

3. 다음 중 약수의 개수가 가장 많은 것은?

① 56　② $2^7\times3^3$　③ $2^3\times3\times5^2$

④ $3\times5\times11^2$　⑤ 105

앗! 실수

4. 다음 중 옳지 않은 것은?

① 7^4의 약수의 개수는 5이다.

② 72의 약수의 개수는 12이다.

③ $2^3\times3^3$의 약수의 개수는 16이다.

④ $2\times5^4\times13$의 약수의 개수는 20이다.

⑤ 3×4^2의 약수의 개수는 6이다.

Help 소인수분해가 제대로 되었는지 확인한다.

적중률 60%

[5～6] 약수의 개수가 주어졌을 때 지수 구하기

앗! 실수

5. 40의 약수의 개수와 3×5^a의 약수의 개수가 같을 때, 자연수 a의 값을 구하시오.

Help 먼저 40을 소인수분해하여 약수의 개수를 구한다.

6. 90의 약수의 개수와 $2^a\times5$의 약수의 개수가 같을 때, 자연수 a의 값을 구하시오.

둘째 마당에서는 먼저 초등학교 때 배웠던 나눗셈법으로 최대공약수와 최소공배수를 구하는 방법을 확인할 거야. 그런 다음, 소인수분해를 이용하여 최대공약수와 최소공배수를 구하는 방법을 새롭게 배울 거야. 최대공약수와 최소공배수를 구하는 것은 다음 마당의 유리수 계산에도 꼭 필요한 과정이므로 잘 익혀 두어야 해.

공부할 내용	14일 진도	20일 진도	공부한 날짜
06 거꾸로 된 나눗셈법으로 최대공약수 구하기	3일차	4일차	월 일
07 소인수분해를 이용하여 최대공약수 구하기			월 일
08 거꾸로 된 나눗셈법으로 최소공배수 구하기	4일차	5일차	월 일
09 소인수분해를 이용하여 최소공배수 구하기			월 일
10 최대공약수와 최소공배수의 응용	5일차	6일차	월 일

거꾸로 된 나눗셈법으로 최대공약수 구하기

개념 강의 보기

공약수와 최대공약수

① **공약수**: 2개 이상의 자연수에서 공통인 약수를 뜻한다.

② **최대공약수**: 공약수 중 가장 큰 수가 최대공약수이다.

12의 약수: 1, 2, 3, 4, 6, 12
18의 약수: 1, 2, 3, 6, 9, 18
⇨ 공약수: 1, 2, 3, 6 ⇨ 최대공약수: 6
공약수는 최대공약수의 약수

5, 7과 같이 소수끼리는 공약수가 1밖에 없기 때문에 항상 서로소야. 하지만 8, 15와 같이 둘 다 합성수가 나오면 막연히 서로소가 아니라고 생각하기 쉬운데, 서로소는 두 수 사이의 관계이므로 두 수 사이에 공약수가 1밖에 없으면 8, 15처럼 둘 다 합성수라도 서로소가 돼!

서로소

서로소란 **공약수가 1뿐인 두 수**를 말한다.

7의 약수: 1, 7
10의 약수: 1, 2, 5, 10
⇨ 7과 10은 공약수가 1밖에 없으므로 서로소

거꾸로 된 나눗셈법으로 최대공약수 구하기

[1단계] 1이 아닌 공약수로 두 수를 나눈다.

[2단계] 몫이 1 이외에 공약수가 없을 때(즉, 몫이 서로소가 될 때)까지 공약수로 계속 나눈다.

[3단계] 나누어 준 공약수를 모두 곱하여 최대공약수를 구한다.

2) 12 30
3) 6 15
   2 5
(2, 5: 서로소)

⇨ 최대공약수: $2\times3=6$
(6: 나누어 준 모든 공약수의 곱)

두 합성수끼리도 서로소가 될 수 있어요.
아 글쿠나!

출동! X맨과 O맨

절대 아니야
• 2) 6 12
     3 6
최대공약수: 2 (×)
➡ 3으로 더 나눌 수 있는데 나누지 않아서 최대공약수가 2가 아니야.

이게 정답이야
• 2) 6 12
  3) 3 6
     1 2
최대공약수: 6 (○)
두 수의 몫이 서로소(공약수가 1밖에 없음)가 될 때까지 나누어 주어서 최대공약수는 $2\times3=6$이 맞는 답이야.

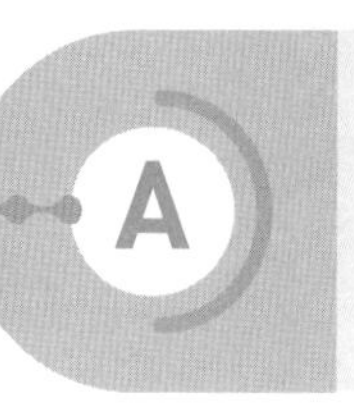

공약수와 최대공약수 구하기

공약수는 두 개 이상의 자연수의 공통인 약수이고, 최대공약수는 공약수 중에서 가장 큰 수이니까 두 수를 모두 나누는 가장 큰 수를 뜻해.

아하! 그렇구나~

■ 주어진 두 수에 대하여 다음을 구하시오.

1. 6, 9

(1) 6의 약수 1, □, □, □

(2) 9의 약수 1, □, □

(3) 공약수 1, □

(4) 최대공약수 □

2. 8, 12

(1) 8의 약수 ______

(2) 12의 약수 ______

(3) 공약수 ______

(4) 최대공약수 ______

3. 10, 18

(1) 10의 약수 ______

(2) 18의 약수 ______

(3) 공약수 ______

(4) 최대공약수 ______

4. 16, 24

(1) 16의 약수 ______

(2) 24의 약수 ______

(3) 공약수 ______

(4) 최대공약수 ______

5. 20, 35

(1) 20의 약수 ______

(2) 35의 약수 ______

(3) 공약수 ______

(4) 최대공약수 ______

6. 27, 45

(1) 27의 약수 ______

(2) 45의 약수 ______

(3) 공약수 ______

(4) 최대공약수 ______

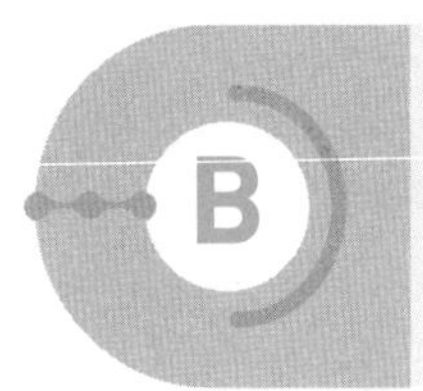

최대공약수를 이용하여 공약수 구하기

두 수의 공약수는 최대공약수의 약수로 구하면 돼. 약수는 빠짐없이 구해야 하는 것! 잊지 말자. 꼬~옥!

■ 다음 두 자연수의 공약수를 구하시오.

1. 두 수 A, B의 최대공약수가 6

2. 두 수 A, B의 최대공약수가 8

3. 두 수 A, B의 최대공약수가 12

4. 두 수 A, B의 최대공약수가 15

5. 두 수 A, B의 최대공약수가 17

6. 두 수 A, B의 최대공약수가 20

7. 두 수 A, B의 최대 공약수가 21

8. 두 수 A, B의 최대공약수가 25

9. 두 수 A, B의 최대공약수가 30

10. 두 수 A, B의 최대공약수가 32

11. 두 수 A, B의 최대공약수가 40

12. 두 수 A, B의 최대공약수가 49

서로소 찾기

서로소는 두 수의 공약수가 1뿐이기 때문에 최대공약수도 1이 되지.
또한 두 수가 소수이면 100 % 서로소가 됨을 기억해 두자.
이 정도는 암기해야 해~ 암암!

■ 다음 두 수가 서로소인 것에는 ○표, 서로소가 아닌 것에는 ×표를 하시오.

1. 2와 5

2. 3과 6

Help 두 수의 공약수가 1뿐인지 확인한다.

3. 3과 7

4. 13과 15

5. 12와 15

6. 22와 35

■ 다음 서로소에 대한 설명이 옳은 것은 ○표, 옳지 않은 것은 ×표를 하시오.

7. 최대공약수가 1인 두 자연수는 서로소이다.

8. 두 자연수가 서로소이면 두 수의 공약수는 1뿐이다.

9. 서로 다른 두 소수는 서로소이다.

10. 두 수가 서로소이면 두 수 중 하나는 소수이다.

앗! 실수

11. 1과 모든 자연수는 서로소이다.

12. 짝수와 홀수는 서로소이다.

D 거꾸로 된 나눗셈법으로 두 수의 최대공약수 구하기

거꾸로 된 나눗셈법으로 최대공약수를 구할 때는 두 수의 공약수로 몫이 서로소가 될 때까지 계~속 나누어야 해.
잊지 말자. 꼬~옥!

■ 거꾸로 된 나눗셈을 완성하고, 최대공약수를 구하시오.

앗! 실수

1. 2) 12 18
□) □ 9
□ 3

최대공약수 ______

2.) 8 20 최대공약수 ______

3.) 30 84 최대공약수 ______

4.) 36 60 최대공약수 ______

5.) 33 77 최대공약수 ______

6.) 30 45 최대공약수 ______

7.) 28 42 최대공약수 ______

8.) 13 39 최대공약수 ______

9.) 48 72 최대공약수 ______

10.) 56 72 최대공약수 ______

E 거꾸로 된 나눗셈법으로 세 수의 최대공약수 구하기

거꾸로 된 나눗셈법으로 세 수의 최대공약수를 구할 때는 세 수를 모두 나누는 수가 없을 때까지 나누고 공약수를 모두 곱해야 해.

아하! 그렇구나~

■ 거꾸로 된 나눗셈을 완성하고, 최대공약수를 구하시오.

1. 2) 6 8 10
   □ □ 5

최대공약수 ______

2.) 15 35 45

최대공약수 ______

3.) 21 7 42

최대공약수 ______

앗! 실수

4.) 18 15 27

최대공약수 ______

5.) 11 33 22

최대공약수 ______

6.) 12 18 30

최대공약수 ______

7.) 10 20 30

최대공약수 ______

8.) 8 12 24

최대공약수 ______

9.) 16 40 64

최대공약수 ______

10.) 18 36 54

최대공약수 ______

시험 문제

시험에 자주 나오는 문제로 마무리

*정답과 해설 8쪽

[1~2] 최대공약수를 알 때 공약수 구하기

1. 두 수 A, B의 최대공약수가 10일 때, 다음 중 A와 B의 공약수가 아닌 것은?

① 1　② 2　③ 5
④ 10　⑤ 15

2. 두 수 A, B의 최대공약수가 18일 때, A와 B의 공약수를 모두 구하시오.

적중률 60%

[3~4] 서로소인 수 구하기

3. 다음 중 두 수가 서로소인 것은?

① 7, 21　② 15, 40　③ 13, 26
④ 18, 24　⑤ 9, 22

앗! 실수

4. 다음 중 옳지 않은 것은?

① 23과 17은 서로소이다.
② 서로 다른 두 소수는 서로소이다.
③ 두 수가 서로소이면 두 수 중 하나는 소수이다.
④ 최대공약수가 1인 두 자연수는 서로소이다.
⑤ 서로소인 두 수의 공약수는 1뿐이다.

적중률 70%

[5~6] 최대공약수 구하기

5. 세 수 12, 48, 60의 최대공약수를 구하시오.

6. 다음 중 두 수 24, 32의 공약수가 아닌 것은?

① 1　② 2　③ 3
④ 4　⑤ 8

소인수분해를 이용하여 최대공약수 구하기

개념 강의 보기

소인수분해를 이용하여 최대공약수 구하기

[1단계] 각 수를 소인수분해한다. 이때 같은 소인수끼리 줄을 맞추어 쓴다.

[2단계] 두 수의 공통인 소인수를 모두 찾는다.

[3단계] 공통인 소인수의 지수는 **지수가 같으면 그대로**, **다르면 작은 것**을 선택하여 곱한다.

두 수

$12 = 2^2 \times 3$

$30 = 2 \times 3 \times 5$

(최대공약수) $= 2 \times 3 = 6$

지수가 작은 것으로 선택 / 지수가 같으면 그대로

세 수

$100 = 2^2 \times 5^2$

$120 = 2^3 \times 3 \times 5$

$140 = 2^2 \times 5 \times 7$

(최대공약수) $= 2^2 \times 5 = 20$

지수가 작은 것으로 선택

바빠 꿀팁

최대공약수를 구할 때 거꾸로 된 나눗셈법과 소인수분해법 중 어떤 방법이 더 편리할까?
일반적으로 문제에서 소인수분해된 숫자로 주어질 경우에는 소인수분해를 이용하는 것이 편리하고, 소인수분해가 안 된 숫자로 주어질 때는 거꾸로 된 나눗셈법이 편리해.
하지만 우리는 배우는 단계이니 이 단원에서는 소인수분해를 이용하여 최대공약수를 구하는 것을 연습하자.

두 수의 공약수를 표를 이용하여 구하기

① 두 수의 최대공약수를 구한다.

② 최대공약수의 약수가 공약수이므로 표를 이용하여 약수를 빠짐없이 구한다.

두 수 36과 90의 공약수를 구해 보자.

$36 = 2^2 \times 3^2$, $90 = 2 \times 3^2 \times 5$의 최대공약수가 2×3^2이므로 아래 표를 이용하여 공약수를 구해 보면 공약수는 $1, 2, 3, 2 \times 3, 3^2, 2 \times 3^2$이다.

×	1	3	3^2
1	1	3	$3^2=9$
2	2	$2 \times 3=6$	$2 \times 3^2=18$

출동! X맨과 O맨

• 12와 30의 최대공약수를 구할 때
$12 = 3 \times 4$, $30 = 2 \times 3 \times 5$로 소인수분해하였다면 최대공약수는 3이야.
➡ 이것은 12의 소인수분해가 잘못되어서 최대공약수가 잘못 구해진 거야.

• 12와 30의 최대공약수를 구할 때
$12 = 2^2 \times 3$, $30 = 2 \times 3 \times 5$로 소인수분해해야 올바른 최대공약수 $2 \times 3 = 6$이 되는 거야.
➡ 소인수분해로 최대공약수를 구할 때는 반드시 소수 2, 3, 5, …로만 분해했는지 확인해야 해.

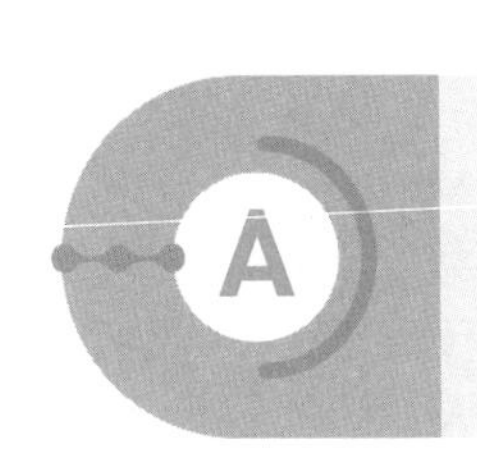

두 수의 최대공약수 구하기

$12=2^2\times3$, $72=2^3\times3^2$의 최대공약수를 구해 보자.
2의 지수는 2와 3 중에 작은 수인 2를 선택하고 3의 지수는 1과 2 중에 작은 수인 1을 선택하면 최대공약수는 $2^2\times3=12$가 된다.
잊지 말자. 꼬~옥!

■ 다음 □ 안에 알맞은 수를 써넣으시오.

1. 30, 40

$30=\square\times3\times5$
$40=2^3\quad\times\square$
(최대공약수)$=\square\quad\times5$

2. 18, 32

$18=\square\times3^2$
$32=\square^5$
(최대공약수)$=\square$

3. 42, 72

$42=2\times\square\times\square$
$72=2^3\times\square^2$
(최대공약수)$=\square\times3$

4. 40, 60

$40=\square^3\quad\times5$
$60=\square^2\times\square\times\square$
(최대공약수)$=\square^2\quad\times\square$

■ 다음 두 수를 소인수분해하고, 최대공약수를 소인수의 곱으로 나타내시오.

앗! 실수

5. 27, 54

$27=$
$54=$
(최대공약수)$=$

6. 24, 72

$24=$
$72=$
(최대공약수)$=$

7. 39, 66

$39=$
$66=$
(최대공약수)$=$

8. 90, 108

$90=$
$108=$
(최대공약수)$=$

B 세 수의 최대공약수 구하기

세 수의 최대공약수를 구할 때도 두 수와 마찬가지로 공통인 소인수를 먼저 적은 후, 지수를 써야 해. 최대공약수는 같은 지수는 그대로, 다른 지수는 작은 것을 선택해야 해! 아하! 그렇구나~

■ 다음 세 수를 소인수분해하고, 최대공약수를 소인수의 곱으로 나타내시오.

앗! 실수

1. 12, 15, 18

$12 = 2^2 \times \square$

$15 = 3 \times \square$

$18 = \square \times \square^2$

(최대공약수) $= \square$

2. 39, 42, 45

39=

42=

45=

(최대공약수)=

3. 28, 42, 70

28=

42=

70=

(최대공약수)=

4. 60, 90, 150

60=

90=

150=

(최대공약수)=

5. 42, 60, 84

42=

60=

84=

(최대공약수)=

6. 40, 50, 70

40=

50=

70=

(최대공약수)=

7. 27, 36, 180

27=

36=

180=

(최대공약수)=

8. 45, 75, 105

45=

75=

105=

(최대공약수)=

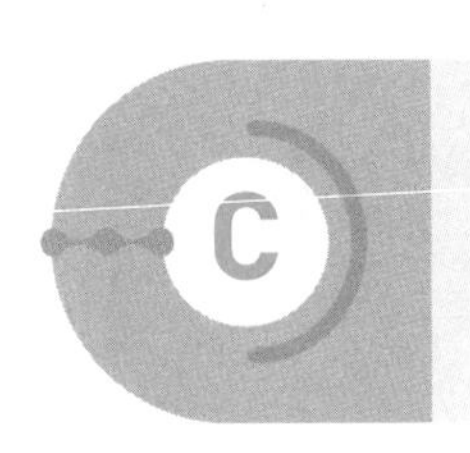

소인수의 곱으로 최대공약수 구하기

공약수를 구할 때 간혹 한두 개 빠뜨리고 구하는 경우가 있는데, 먼저 머릿속에 공약수의 개수를 생각하고 구하면 실수를 줄일 수 있어.
$A=a^m \times b^n$일 때, (A의 약수의 개수)$=(m+1)\times(n+1)$
잊지 말자. 꼬~옥!

■ 다음 두 수 또는 세 수의 최대공약수를 소인수의 곱으로 나타내시오.

1. $2\times3^2,\ 2\times3^3$

$2\times\square^2$

Help 최대공약수는 소인수의 지수가 같으면 그대로, 다르면 작은 쪽을 써야 한다.

2. $2^3\times3^3,\ 2^2\times3^2$

3. $2^3\times7,\ 2^2\times3\times7$

4. $2\times3^4\times5,\ 2\times3^2\times5^2$

앗! 실수
5. $2\times3,\ 2\times3^2\times5,\ 3\times5$

6. $2\times5^3\times7,\ 2^4\times5^3\times7,\ 2\times5\times7^2$

■ 다음 두 수의 최대공약수와 공약수를 소인수의 곱으로 나타내시오.

7. $2\times3^2, 2^2\times3$

(1) 최대공약수 ______

(2) 공약수 ______

8. $3\times5\times7, 2^2\times3^2$

(1) 최대공약수 ______

(2) 공약수 ______

9. $2^3, 2^2\times5$

(1) 최대공약수 ______

(2) 공약수 ______

10. $2^2\times5^2, 2^2\times3\times5, 2^2\times5\times7$

(1) 최대공약수 ______

(2) 공약수 ______

11. $2^3\times3^2, 2^3\times3\times5^2, 2^4\times3\times7$

(1) 최대공약수 ______

(2) 공약수 ______

시험 문제

시험에 자주 나오는 문제로 마무리

*정답과 해설 9쪽

적중률 80%

[1~3] 최대공약수 구하기

1. 두 수 $2^2\times5^3\times7$, $2^2\times5^2\times11$의 최대공약수는?

① 2×5　② $2\times5\times7\times11$　③ $2^2\times5^2$　④ $2^2\times5^3$　⑤ $2^2\times5^3\times7\times11$

앗! 실수

2. 두 수 $3\times5^a\times7^3$, $2^3\times5^3\times7^b$의 최대공약수가 $5^2\times7$일 때, 자연수 a, b에 대하여 $a+b$의 값을 구하시오.

Help 5^a과 5^3 중에서 지수가 작은 것을 선택했을 때 5^2이므로 $a=2$이다.

3. 두 수 $2^a\times3^3\times5^4$, $2^3\times3^2\times5^b$의 최대공약수가 $2\times3^2\times5^3$일 때, 자연수 a, b에 대하여 $a+b$의 값을 구하시오.

적중률 70%

[4~5] 공약수 구하기

4. 다음 중 두 수 $3\times5^2\times7$, $3^2\times5^2$의 공약수가 아닌 것은?

① 3　② 5　③ 3×5　④ 3×5^2　⑤ $3^2\times5^2$

Help 최대공약수를 먼저 구한 후 공약수를 구한다.

5. 다음 중 두 수 $2^2\times3\times5$, $2^3\times3\times5^2$의 공약수가 아닌 것은?

① 2^2　② 5　③ $2^3\times5$　④ $2^2\times5$　⑤ $2^2\times3\times5$

[6] 공약수의 개수 구하기

6. 세 수 $2\times3^2\times5$, $3^2\times5^3$, $3^2\times5^2\times7$의 공약수의 개수를 구하시오.

거꾸로 된 나눗셈법으로 최소공배수 구하기

개념 강의 보기

공배수와 최소공배수

① **공배수**: 두 개 이상의 자연수의 공통인 배수이다.

② **최소공배수**: 공배수 중에서 가장 작은 수가 최소공배수이다.

4의 배수: 4, 8, 12, 16, 20, 24, ⋯ ⇨ 공배수: 12, 24, ⋯

6의 배수: 6, 12, 18, 24, 30, 36, ⋯ ⇨ 최소공배수: 12

바빠 꿀팁

두 자연수가 서로소일 때 최대공약수가 1이라는 사실을 기억하고 있을 거야. 그렇다면 서로소인 두 수의 최소공배수는 얼마일까? 서로소인 4와 5의 최소공배수는 20이야. 즉, 서로소인 두 수의 최소공배수는 두 수의 곱과 같음을 알 수 있어.

우리는 서로소이니 서로 곱하기만 하면 최소공배수가 된다고ㅋㅋ
Easy~
완전 간단해!

거꾸로 된 나눗셈법으로 최소공배수 구하기

① **두 수의 최소공배수 구하기**

[1단계] 두 수를 1이 아닌 공약수로 계속 나눈다. 이때 몫이 서로소가 되면 나누는 것을 멈춘다.

[2단계] 나누어 준 공약수와 몫을 모두 곱한다.

```
2 ) 18  24
3 )  9  12
     3   4
```

⇨ 최소공배수는 (공약수와 몫의 곱) $=\underbrace{2\times3}_{\text{공약수}}\times\underbrace{3\times4}_{\text{몫}}=72$

② **세 수의 최소공배수 구하기**

[1단계] 세 수를 1이 아닌 공약수로 계속 나눈다.

[2단계] 세 수의 공약수가 없으면 두 수의 공약수로 나눈다. 이때 공약수가 없는 수는 그대로 내려쓴다.

[3단계] 세 개의 몫 중 어느 두 수도 서로소가 될 때까지 계속 나눈다.

[4단계] 나눈 수와 마지막 몫을 모두 곱한다.

```
2 ) 8  14  20
2 ) 4   7  10   ← 4, 7, 10의 공약수가 없으므로 7은 내려쓰고,
    2   7   5      4와 10의 공약수 2로 나눈다.
```

⇨ 최소공배수는 $2\times2\times2\times7\times5=280$

출동! X맨과 O맨

절대 아니야

```
• 2 ) 8  14  20
      4   7  10
```

최대공약수: 2, 최소공배수: $2\times4\times7\times10=560$ (×)

➡ 4와 10이 2로 더 나누어지는데 더 나누지 않고 곱해서 560은 이 세 수의 최소공배수가 아니야.

이게 정답이야

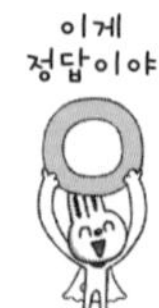

```
• 2 ) 8  14  20
  2 ) 4   7  10
      2   7   5
```

최대공약수: 2, 최소공배수: $2\times2\times2\times7\times5=280$ (○)

➡ 최대공약수는 세 수를 모두 나누어야 하므로 $2\times2=4$가 아니고 2임을 잊으면 안 돼.

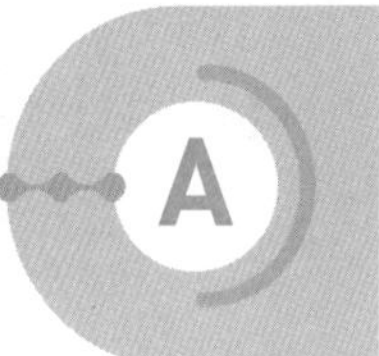

공배수와 최소공배수 구하기

배수를 적어 나갈 때는 공배수가 나올 때까지는 적어야 해. 이때 처음으로 나온 공배수가 바로 최소공배수야. 왜냐하면 가장 작은 공배수이니까! 아하! 그렇구나~

■ 주어진 수에 대하여 다음을 구하시오.

1. 5, 10

(1) 5의 배수 ______________

(2) 10의 배수 ______________

(3) 공배수 ______________

(4) 최소공배수 ______________

2. 6, 8

(1) 6의 배수 ______________

(2) 8의 배수 ______________

(3) 공배수 ______________

(4) 최소공배수 ______________

3. 9, 12

(1) 9의 배수 ______________

(2) 12의 배수 ______________

(3) 공배수 ______________

(4) 최소공배수 ______________

4. 6, 9

(1) 6의 배수 ______________

(2) 9의 배수 ______________

(3) 공배수 ______________

(4) 최소공배수 ______________

5. 16, 48

(1) 16의 배수 ______________

(2) 48의 배수 ______________

(3) 공배수 ______________

(4) 최소공배수 ______________

6. 20, 30, 60

(1) 20의 배수 ______________

(2) 30의 배수 ______________

(3) 60의 배수 ______________

(4) 공배수 ______________

(5) 최소공배수 ______________

Help 세 수의 최소공배수는 20, 30, 60의 공배수 중 가장 작은 수를 찾아야 한다.

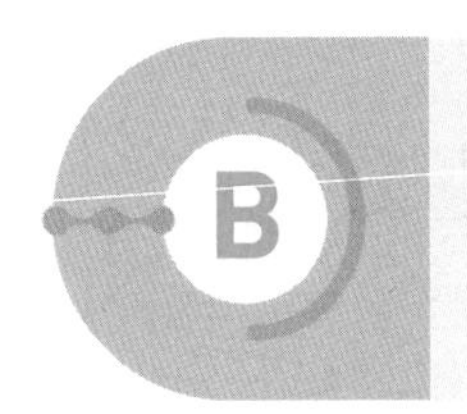

거꾸로 된 나눗셈법으로 두 수의 최소공배수 구하기

거꾸로 된 나눗셈법으로 두 수의 최소공배수를 구할 때 주의해야 할 것은 나누는 수는 두 수의 공약수이어야 하고, 몫이 서로소가 될 때까지 나누어 주어야 한다는 거야. 잊지 말자. 꼬~옥!

■ 거꾸로 된 나눗셈을 완성하고, 최소공배수를 구하시오.

1. 3) 6　15
　　□　5

최소공배수 ______

Help (최소공배수)=3×□×□=□

2.) 4　10

최소공배수 ______

3.) 12　16

최소공배수 ______

4.) 15　24

최소공배수 ______

5.) 12　18

최소공배수 ______

6.) 18　24

최소공배수 ______

7.) 30　42

최소공배수 ______

8.) 45　30

최소공배수 ______

9.) 42　21

최소공배수 ______

10.) 84　60

최소공배수 ______

C 공배수의 개수 구하기

공배수는 무수히 많기 때문에 범위를 제한해 주어야 그 개수를 구할 수 있어. 따라서 우선 최소공배수를 구한 후 그 개수를 구해야 해.
아하! 그렇구나~

■ 1부터 100까지의 자연수 중에서 주어진 두 수의 공배수의 개수를 구하시오.

1. 12, 18 ____________

Help 최소공배수를 먼저 구하고 최소공배수의 배수를 100까지의 수에서 구한다.

2. 12, 21 ____________

3. 20, 30 ____________

4. 13, 26 ____________

5. 24, 32 ____________

6. 16, 24 ____________

■ 물음에 답하시오.

7. 다음에서 최소공배수가 6인 두 자연수의 공배수인 것에 ○표를 하시오.

1	12	24	40	54

8. 다음에서 최소공배수가 14인 두 자연수의 공배수인 것에 ○표를 하시오.

28	56	84	64	102

9. 두 자연수의 최소공배수가 15일 때, 50보다 작은 공배수를 모두 쓰시오.

____

10. 두 자연수의 최소공배수가 27일 때, 100보다 작은 공배수를 모두 쓰시오.

____

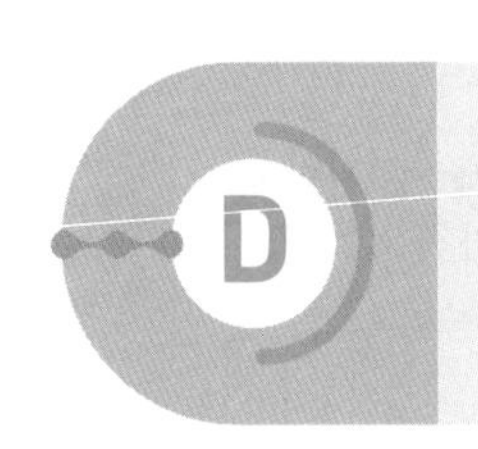

거꾸로 된 나눗셈법으로 세 수의 최소공배수 구하기

세 수의 공약수가 없는 경우에는 두 수의 공약수로 나누고, 공약수가 없는 수는 그대로 내려써서 계속~ 나누어야 해. 언제까지? 당연히 어느 두 수의 공약수도 없을 때까지! 잊지 말자. 꼬~옥!

■ 거꾸로 된 나눗셈을 완성하고, 최소공배수를 구하시오.

앗! 실수

1. 5) 5 15 10

   □ □ □

   최소공배수 ______

앗! 실수

2.) 4 6 8

   최소공배수 ______

3.) 12 8 6

   최소공배수 ______

4.) 10 12 20

   최소공배수 ______

5.) 12 16 18

   최소공배수 ______

6.) 10 12 15

   최소공배수 ______

7.) 8 16 20

   최소공배수 ______

8.) 24 18 32

   최소공배수 ______

9.) 16 40 64

   최소공배수 ______

앗! 실수

10.) 3 7 5

   최소공배수 ______

   Help 세 수가 서로소이면 최소공배수는 세 수의 곱이 된다.

*정답과 해설 11쪽

[1~2] 공배수 구하기

1. 두 자연수 A, B의 최소공배수가 13일 때, 50 이하의 공배수를 모두 쓰시오.

2. 다음 중 최소공배수가 24인 두 수의 공배수가 아닌 것은?

① 24　② 40　③ 48　④ 72　⑤ 96

적중률 70%

[3~4] 가장 가까운 수 구하기

3. 두 자연수 A, B의 최소공배수가 15일 때 A, B의 공배수 중 50에 가장 가까운 수를 구하시오.

앗! 실수

4. 두 수 6과 9의 공배수 중 100에 가장 가까운 수는?

① 88　② 90　③ 99　④ 102　⑤ 108

Help 100에 가장 가까운 수는 100보다 큰 수이어도 된다.

[5~6] 최소공배수 구하기

5. 두 수 36, 60의 최소공배수를 구하시오.

6. 세 수 6, 15, 20의 최소공배수를 구하시오.

소인수분해를 이용하여 최소공배수 구하기

소인수분해를 이용하여 최소공배수 구하기

[1단계] 각 수를 소인수분해한다. 이때 같은 소인수끼리 줄을 맞추어 쓴다.
[2단계] 모든 종류의 소인수를 찾는다.
[3단계] 소인수의 지수가 같으면 그대로, 다르면 큰 쪽을 선택하여 곱한다.

두 수

$28 = 2^2 \times 7$

$42 = 2 \times 3 \times 7$

$(\text{최소공배수}) = 2^2 \times 3 \times 7 = 84$

2^2: 지수가 큰 것으로 선택 / 3: 모든 종류의 소인수 / 7: 지수가 같으면 그대로

세 수

$18 = 2 \times 3^2$

$20 = 2^2 \times 5$

$30 = 2 \times 3 \times 5$

$(\text{최소공배수}) = 2^2 \times 3^2 \times 5 = 180$

바빠 꿀팁

최대공약수, 최소공배수를 구할 때 같은 소인수끼리 줄을 맞추어 쓰면 한눈에 소인수가 잘 정리되어 실수하지 않아.

최대공약수와 최소공배수 비교 정리

최대공약수와 최소공배수를 모두 배웠으므로, 한번에 기억하기 쉽게 정리해 보자.

$42 = 2 \times 3 \times 7$

$140 = 2^2 \times 5 \times 7$

$(\text{최대공약수}) = 2 \times 7 = 14$ ⇨ **공통인 소인수**만 곱하고, 지수가 **같으면 그대로** 곱하고 **다르면 작은 것**을 곱한다.

$(\text{최소공배수}) = 2^2 \times 3 \times 5 \times 7 = 420$ ⇨ **모든 소인수**를 다 곱하고, 지수가 **같으면 그대로** 곱하고 **다르면 큰 것**을 곱한다.

출동! X맨과 O맨

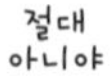

최소공배수가 2×7^2일 때,
- 최소공배수와 소인수가 다르면 공배수가 아니다. ➡ 3 (×), 5 (×)
- 최소공배수와 소인수는 같지만 지수가 최소공배수보다 작으면 공배수가 아니다. ➡ 2×7 (×)

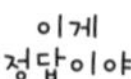

최소공배수가 2×7^2일 때,
- 최소공배수와 소인수도 같고 지수도 모두 같으면 두 수의 최소공배수이므로 공배수이다. ➡ 2×7^2 (○)
- 최소공배수와 소인수가 같고 지수가 최소공배수보다 크면 공배수이다. ➡ $2^2 \times 7^2$ (○), $2^2 \times 7^3$ (○)

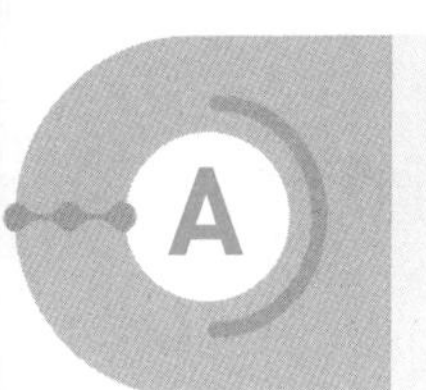

두 수의 최소공배수 구하기

$24=2^3\times3$과 $30=2\times3\times5$의 최소공배수를 구해 보자.
2의 지수는 둘 중 큰 지수 3이므로 2^3, 3은 지수가 같으므로 3,
5도 곱해야 하므로 최소공배수는 $2^3\times3\times5$가 된다.
잊지 말자. 꼬~옥!

■ 다음 □ 안에 알맞은 수를 써넣으시오.

1. 4, 6

$4=2^2$
$6=\square\times3$
(최소공배수)$=\square\times3$

2. 8, 12

$8=2^3$
$12=\square\times3$
(최소공배수)$=\square\times3$

3. 10, 12

$10=2\quad\times\square$
$12=2^2\times3$
(최소공배수)$=\square\times3\times\square$

4. 20, 15

$20=\square\quad\times5$
$15=\quad3\times\square$
(최소공배수)$=\square\times3\times\square$

■ 다음 두 수를 소인수분해하고, 최소공배수를 소인수의 곱으로 나타내시오.

5. 16, 28

16=
28=
(최소공배수)=

6. 25, 40

25=
40=
(최소공배수)=

7. 24, 15

24=
15=
(최소공배수)=

8. 42, 28

42=
28=
(최소공배수)=

B 세 수의 최소공배수 구하기

세 수의 최소공배수도 두 수와 동일하게 세 수의 모든 소인수를 곱하고, 지수는 같거나 큰 것을 선택해야 해. 아하! 그렇구나~

■ 다음 세 수를 소인수분해하고, 최소공배수를 소인수의 곱으로 나타내시오.

1. 4, 6, 12

$4=\square$

$6=2\times\square$

$12=\square\times 3$

(최소공배수)$=\square\times 3$

2. 25, 15, 50

$25=\square$

$15=3\times\square$

$50=2\times\square$

(최소공배수)$=2\times 3\times\square$

3. 6, 9, 15

$6=$

$9=$

$15=$

(최소공배수)$=$

4. 10, 40, 60

$10=$

$40=$

$60=$

(최소공배수)$=$

5. 36, 60, 72

$36=$

$60=$

$72=$

(최소공배수)$=$

6. 21, 42, 30

$21=$

$42=$

$30=$

(최소공배수)$=$

7. 18, 24, 36

$18=$

$24=$

$36=$

(최소공배수)$=$

8. 20, 24, 32

$20=$

$24=$

$32=$

(최소공배수)$=$

소인수의 곱으로 최소공배수 구하기

두 수 또는 세 수의 최소공배수를 구하는 방법은 소인수분해된 모든 소인수를 곱하고, 지수는 같거나 큰 것을 선택하면 돼.
잊지 말자. 꼬~옥!

■ 두 수 또는 세 수의 최소공배수를 소인수의 곱으로 나타내시오.

1. $2^3,\ 2\times3^2$

2. $2\times3,\ 2\times3^2$

3. $2^2\times3,\ 2\times3^3$

4. $2\times3,\ 2^2\times5$

5. $2^2\times5^2,\ 2\times3^2\times5$

6. $2^2\times3\times7,\ 3^3\times5$

7. $3\times5^2,\ 2\times5\times7$

8. $2^2\times3\times5^2,\ 2\times3\times5$

앗! 실수

9. $3\times5^2,\ 2\times3\times5,\ 3\times7$

10. $2\times5^2,\ 3^2\times5,\ 5\times7$

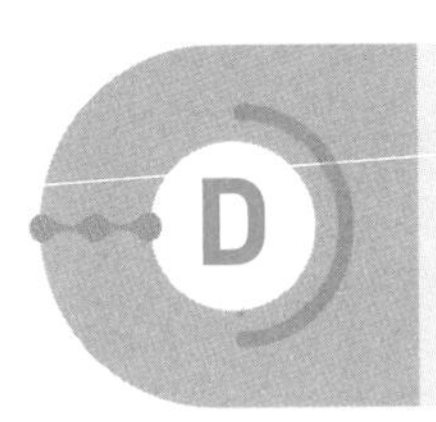

최소공배수를 이용하여 공배수 구하기

두 수 2×3^2과 $2^2\times3\times5$의 최소공배수는 $2^2\times3^2\times5$이므로 공배수는 2의 지수가 2 이상, 3의 지수가 2 이상, 5의 지수는 1 이상이면 돼.
또, 공배수는 2, 3, 5가 아닌 다른 소인수가 들어가도 된다는 것을 잊지 말자.
아하! 그렇구나~

■ 다음 두 수의 공배수인 것에는 ○표, 공배수가 아닌 것에는 ×표를 하시오.

앗! 실수

1. 4와 6

(1) 8 ________

(2) 10 ________

(3) 12 ________

(4) 15 ________

(5) 24 ________

2. 3×5^2과 $3^2\times5$

(1) 3×5 ________

(2) $3^2\times5$ ________

(3) $3^2\times5^2$ ________

(4) $3^3\times5$ ________

(5) $3^2\times5^3$ ________

3. 2×3과 $3^2\times5$

(1) 2×3 ________

(2) $2\times3\times5$ ________

(3) $2^2\times3\times5$ ________

(4) $2\times3^2\times5$ ________

(5) $2\times3^2\times5\times7$ ________

Help 공배수는 최소공배수에 없는 소인수가 있어도 된다.

4. 2^2과 $2\times3\times5$

(1) $2\times3\times5$ ________

(2) $2^2\times3\times5$ ________

(3) $2\times3^2\times5$ ________

(4) $2^2\times3^2\times5\times7$ ________

(5) $2^4\times5$ ________

5. $2\times5^2\times7$과 $2^2\times7$

(1) $2\times5\times7$ ________

(2) $2\times5^2\times7$ ________

(3) $2^2\times5^2\times7^2$ ________

(4) $2^2\times3\times5^2\times7$ ________

(5) $2\times3\times5^2\times7^2$ ________

6. $3\times5^2\times7$과 $2\times3^2\times5$

(1) $2\times3^2\times5^2\times7$ ________

(2) $2^2\times3\times5^2\times7$ ________

(3) $2^2\times3^2\times5\times7$ ________

(4) $2^2\times3^4\times5^2\times7^2$ ________

(5) $2^2\times5^2\times7$ ________

E 미지수가 포함된 최소공배수

미지수가 공통으로 들어 있는 문제는 다음과 같은 해결 전략을 세워 봐.
1단계: 두 수 또는 세 수를 미지수 x로 나누고
2단계: 두 수 또는 세 수를 공약수로 나누고
3단계: 두 수 또는 세 수의 최소공배수를 구하여 x의 값을 구하면 돼.

■ 다음을 구하시오.

1. 두 자연수 $2\times x$, $4\times x$의 최소공배수가 12일 때, x의 값

Help
$$\begin{array}{r|cc} \square & 2\times x & 4\times x \\ \hline \square & 2 & 4 \\ \hline & 1 & 2 \end{array}$$
최소공배수: $\square\times\square\times 2=12$

2. 두 자연수 $6\times x$, $10\times x$의 최소공배수가 30일 때, x의 값

3. 두 자연수 $4\times x$, $9\times x$의 최소공배수가 72일 때, x의 값

4. 세 자연수 $2\times x$, $3\times x$, $5\times x$의 최소공배수가 60일 때, x의 값

5. 세 자연수 $2\times x$, $5\times x$, $6\times x$의 최소공배수가 120일 때, x의 값

앗! 실수

6. 세 자연수 $5\times x$, $6\times x$, $10\times x$의 최소공배수가 150일 때, x의 값

7. 세 자연수 $4\times x$, $6\times x$, $8\times x$의 최소공배수가 96일 때, x의 값

8. 세 자연수 $10\times x$, $15\times x$, $20\times x$의 최소공배수가 180일 때, x의 값

시험 문제

시험에 자주 나오는 문제로 마무리

*정답과 해설 12쪽

적중률 80%

[1～4] 최소공배수 구하기

1. 두 수 3×5^3, $3^2\times5\times7$의 최소공배수는?

① 3×5 ② $3^2\times5^3$ ③ $3^2\times5\times7$
④ $3\times5^3\times7$ ⑤ $3^2\times5^3\times7$

앗! 실수

2. 두 수 $2^a\times3\times7^b$, $2^2\times3^c\times7$의 최소공배수가 $2^3\times3^2\times7$일 때, $a+b-c$의 값은?

(단, a, b, c는 자연수)

① 2 ② 3 ③ 4
④ 5 ⑤ 6

3. 세 수 $2^a\times3\times7^2$, $2^2\times3^b\times7$, $2\times3\times7^c$의 최소공배수가 $2^3\times3^2\times7^3$일 때, a, b, c의 값을 각각 구하시오. (단, a, b, c는 자연수)

4. 두 수 $2^a\times3^2\times5$, $2\times3^b\times c$의 최대공약수가 2×3이고, 최소공배수가 $2^2\times3^2\times5\times7$일 때, $a+b+c$의 값을 구하시오. (단, a, b, c는 자연수)

Help a, c는 최소공배수에서 구하고, b는 최대공약수에서 구한다.

[5～6] 공배수 구하기

5. 다음 중 두 수 $2^2\times3\times5^2$, $2\times5^2\times7$의 공배수가 아닌 것을 모두 고르면? (정답 2개)

① $2\times3\times5$ ② $2^2\times3\times5^2\times7^2$
③ $2^3\times3\times5^2\times7$ ④ $2^2\times3^2\times5^2\times7$
⑤ $2^2\times3\times5\times7$

6. 다음 중 두 수 18, 52의 공배수를 모두 고르면?

(정답 2개)

① 2×13 ② $2^2\times3\times13$
③ $2^2\times3^2\times13$ ④ $2^3\times3^2\times13$
⑤ $2^3\times13^2$

10 최대공약수와 최소공배수의 응용

두 분수를 자연수로 만들기

① 두 분수 $\frac{1}{A}$과 $\frac{1}{B}$을 동시에 가장 작은 자연수로 만들기 위해서는 A와 B의 최소공배수를 곱해 준다.

② 두 분수 $\frac{A}{B}$와 $\frac{C}{D}$를 동시에 가장 작은 자연수로 만들기 위해서는 $\frac{(B\text{와 } D\text{의 최소공배수})}{(A\text{와 } C\text{의 최대공약수})}$를 곱해 준다.

바빠 꿀팁

두 분수 $\frac{3}{4}$과 $\frac{6}{5}$을 동시에 가장 작은 자연수로 만들기 위해서는 $\frac{(4\text{와 } 5\text{의 최소공배수})}{(3\text{과 } 6\text{의 최대공약수})}$를 곱해 주면 돼. 두 분수의 분모는 없어져야 자연수가 되므로 최소공배수를 곱해주는 것이고, 두 분수의 분자는 가장 작은 자연수가 되어야 하므로 최대공약수로 나누는 거야.

최대공약수와 최소공배수의 관계

최대공약수를 G, 최소공배수를 L이라 할 때,

$A=G\times a$, $B=G\times b$이므로

① $L=a\times b\times G$

② $A\times B=G\times a\times G\times b=\underbrace{a\times b\times G}_{L}\times G=L\times G$

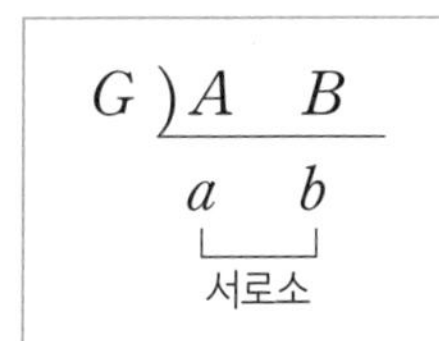

최대공약수와 나머지 ⇨ 나누어떨어지게 하는 수

두 수 7, 9를 **어떤 자연수로 각각 나누었더니** 나머지가 모두 1이었다고 할 때, 이러한 자연수 중에서 가장 큰 수를 구해 보자.

- 7을 어떤 자연수로 나누면 나머지가 1이다. ⇨ 어떤 자연수는 (7−1)의 약수
- 9를 어떤 자연수로 나누면 나머지가 1이다. ⇨ 어떤 자연수는 (9−1)의 약수

따라서 구하는 자연수는 6과 8의 공약수이고 가장 큰 수이므로 6과 8의 최대공약수는 2이다.

최소공배수와 나머지 ⇨ 나누어떨어지는 수

두 자연수 3, 5 중 **어느 것으로 나누어도** 2가 남는 자연수 중에서 가장 작은 수를 구해 보자.

- 어떤 자연수를 3으로 나누면 2가 남는다. ⇨ 어떤 자연수는 (3의 배수)+2
- 어떤 자연수를 5로 나누면 2가 남는다. ⇨ 어떤 자연수는 (5의 배수)+2

따라서 구하는 자연수는 (3과 5의 공배수)+2이고 가장 작은 수이므로 3과 5의 최소공배수 15에 2를 더한 17이다.

앗! 실수

$\frac{A}{B}$와 $\frac{C}{D}$의 어느 것에 곱해도 자연수가 되는 가장 작은 분수를 만들 때 $\frac{(A\text{와 } C\text{의 최소공배수})}{(B\text{와 } D\text{의 최대공약수})}$라고 착각하기 쉬운데,
분자 A, C는 분모로 바꾼 후 최대공약수를 구하고, 분모 B와 D는 분자로 바꾼 후 최소공배수를 구해야 해.

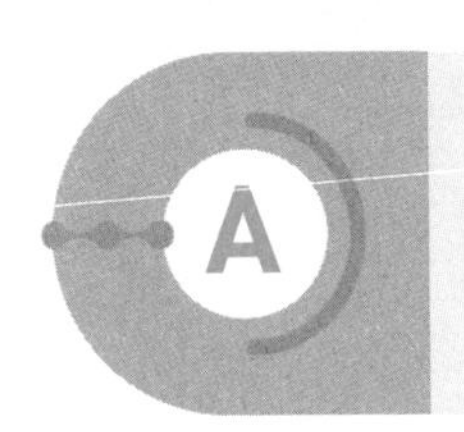

분수를 자연수로 만들기

$\frac{A}{B}$, $\frac{C}{D}$ 중 어느 것에 곱해도 자연수가 되는 가장 작은 분수는

$\frac{(B\text{와 }D\text{의 최소공배수})}{(A\text{와 }C\text{의 최대공약수})}$ 이 정도는 암기해야 해~ 암암!

■ 다음 두 분수 중 어느 것에 곱해도 자연수가 되는 가장 작은 자연수를 구하시오.

1. $\frac{1}{3}$, $\frac{1}{5}$

____

Help 3과 5의 최소공배수를 곱해 주면 자연수가 된다.

2. $\frac{1}{2}$, $\frac{1}{7}$

____

3. $\frac{1}{3}$, $\frac{1}{6}$

____

4. $\frac{1}{9}$, $\frac{1}{12}$

____

5. $\frac{1}{12}$, $\frac{1}{15}$

____

6. $\frac{1}{18}$, $\frac{1}{30}$

____

■ 다음 두 분수의 어느 것에 곱해도 자연수가 되는 가장 작은 분수를 구하시오.

앗! 실수

7. $\frac{3}{4}$, $\frac{3}{8}$

____

Help $\frac{(4\text{와 }8\text{의 최소공배수})}{3}$

8. $\frac{5}{8}$, $\frac{15}{16}$

____

Help $\frac{(8\text{과 }16\text{의 최소공배수})}{(5\text{와 }15\text{의 최대공약수})}$

9. $\frac{12}{7}$, $\frac{16}{21}$

____

10. $\frac{9}{20}$, $\frac{3}{14}$

____

11. $\frac{35}{12}$, $\frac{21}{20}$

____

12. $\frac{8}{21}$, $\frac{12}{35}$

____

B 최대공약수와 최소공배수의 관계 1

(최대공약수) (최소공배수)

$9\times12=(3\times3)\times(3\times4)=\underline{3}\times\underline{(3\times3\times4)}$

즉, (두 수의 곱)=(최대공약수)×(최소공배수)

$3\,\underline{)\,9\quad12}$
$\quad\;3\quad\;4$

잊지 말자. 꼬~옥!

1. 다음 □ 안에 알맞은 것을 써넣으시오.

$G\,\underline{)\,A\quad B}$
$\quad\;a\quad\;b$

(1) $A=G\times\square$

(2) $B=G\times\square$

(3) L(최소공배수)$=\square\times\square\times G$

(4) $A\times B=L\times\square$

2. 두 수의 최대공약수가 3이고, 최소공배수가 12일 때, 두 수의 곱을 구하시오.

____

Help (두 수의 곱)=(최대공약수)×(최소공배수)

3. 두 수의 최대공약수가 5이고, 최소공배수가 20일 때, 두 수의 곱을 구하시오.

____

4. 두 수의 최대공약수가 2이고, 최소공배수가 14일 때, 두 수의 곱을 구하시오.

____

5. 두 수의 곱이 384이고, 최대공약수가 8일 때, 두 수의 최소공배수를 구하시오.

____

6. 두 수의 곱이 144이고, 최대공약수가 6일 때, 두 수의 최소공배수를 구하시오.

____

7. 두 수의 곱이 324이고, 최대공약수가 9일 때, 두 수의 최소공배수를 구하시오.

____

8. 두 수의 곱이 400이고, 최소공배수가 40일 때, 두 수의 최대공약수를 구하시오.

____

9. 두 수의 곱이 540이고, 최소공배수가 90일 때, 두 수의 최대공약수를 구하시오.

____

C 최대공약수와 최소공배수의 관계 2

$\begin{array}{r|ll} G & A & B \\ \hline & a & b \end{array}$ ⇨ $L=a\times b\times G$, $A\times B=L\times G$

이 정도는 암기해야 해~ 암암!

■ 다음을 구하시오.

1. 두 자연수 12와 A의 최대공약수가 4이고, 최소공배수가 24일 때, 자연수 A의 값

Help $12\times A=4\times 24$

2. 두 자연수 27과 A의 최대공약수가 9이고, 최소공배수가 54일 때, 자연수 A의 값

3. 두 자연수 60과 A의 최대공약수가 20이고, 최소공배수가 120일 때, 자연수 A의 값

4. 두 자연수 70과 A의 최대공약수가 14이고, 최소공배수가 420일 때, 자연수 A의 값

앗! 실수

5. 두 자연수 A, B의 최대공약수가 5이고, 최소공배수가 15일 때, A와 B의 합

Help $A=5\times a$, $B=5\times b$ (a, b는 서로소)라 하면
(최소공배수)$=a\times b\times 5=15$ ⇨ $a\times b=3$
a, b는 서로소이므로 $a=1$, $b=3$ 또는 $a=3$, $b=1$

6. 두 자연수 A, B의 최대공약수가 5이고, 최소공배수가 35일 때, A와 B의 합

7. 두 자연수 A와 B의 최대공약수가 3이고, 최소공배수가 15일 때, A와 B의 합

8. 두 자연수 A와 B의 최대공약수가 9이고, 최소공배수가 45일 때, A와 B의 합

최대공약수와 최소공배수의 응용

- 어떤 자연수로 7, 15를 나눌 때 나머지가 3
  ⇨ 어떤 자연수는 $7-3=4$, $15-3=12$의 공약수
- 어떤 자연수를 4, 5 중 어느 것으로 나누어도 나머지가 2
  ⇨ 어떤 자연수는 (4의 배수)$+2$, (5의 배수)$+2$이므로
  (4와 5의 공배수)$+2$

1. 두 수 8, 11을 어떤 자연수로 각각 나누었더니 나머지가 모두 2이었다. 이러한 자연수 중에서 가장 큰 수를 구하려고 한다. 다음 □ 안에 알맞은 수를 써넣으시오.

> • 8을 어떤 자연수로 나누면 나머지가 2이다.
>   ⇨ 어떤 자연수는 (8−□)의 약수
> • 11을 어떤 자연수로 나누면 나머지가 2이다.
>   ⇨ 어떤 자연수는 (11−□)의 약수
> 따라서 구하는 자연수는 □과 □의 공약수이고 가장 큰 수이므로 최대공약수 □이다.

2. 두 수 9, 13을 어떤 자연수로 각각 나누었더니 나머지가 모두 1이었다. 이러한 자연수 중에서 가장 큰 수를 구하시오.

3. 11을 어떤 자연수로 나누었더니 나머지가 1이고, 17을 어떤 자연수로 나누었더니 나머지가 2이었다. 이러한 자연수 중에서 가장 큰 수를 구하시오.

Help $11-1=10$, $17-2=15$의 최대공약수를 구한다.

4. 두 자연수 3, 4 중 어느 것으로 나누어도 나머지가 1인 자연수 중에서 가장 작은 수를 구하려고 한다. 다음 □ 안에 알맞은 수를 써넣으시오.

> • 어떤 자연수를 3으로 나누면 1이 남는다.
>   ⇨ 어떤 자연수는 (3의 배수)+□
> • 어떤 자연수를 4로 나누면 1이 남는다.
>   ⇨ 어떤 자연수는 (□의 배수)+1
> 따라서 구하는 자연수는
> (□과 □의 공배수)+1이고 가장 작은 수이므로 최소공배수 □에 1을 더한 수 □이다.

5. 두 자연수 6, 9 중 어느 것으로 나누어도 나머지가 4인 자연수 중에서 가장 작은 수를 구하시오.

6. 두 자연수 10, 15 중 어느 것으로 나누어도 나머지가 2인 자연수 중에서 가장 작은 수를 구하시오.

거저먹는

시험 문제

*정답과 해설 14쪽

[1～2] 분수를 자연수로 만들기

1. 세 분수 $\frac{1}{8}$, $\frac{1}{12}$, $\frac{1}{16}$ 중 어느 것을 택하여 곱해도 자연수가 되는 수 중에서 가장 작은 자연수는?

① 8　② 12　③ 18　④ 24　⑤ 48

앗! 실수

2. 두 분수 $\frac{4}{9}$, $\frac{8}{15}$ 중 어느 것에 곱해도 자연수가 되는 수 중에서 가장 작은 분수를 구하시오.

적중률 70%

[3～4] 최대공약수와 최소공배수의 관계

3. 두 자리 자연수 A, B의 최대공약수는 9, 최소공배수는 54이다. 이때 $A+B$의 값은? (단, $A<B$)

① 36　② 42　③ 45　④ 56　⑤ 63

4. 두 수의 곱이 $2^3\times3^2\times5$이고, 최대공약수가 2×3일 때, 두 수의 최소공배수를 소인수의 곱으로 나타내시오.

[5～6] 최대공약수와 최소공배수의 응용

앗! 실수

5. 15를 어떤 자연수로 나누었더니 나머지가 1이고, 23을 어떤 자연수로 나누었더니 나머지가 2이었다. 이러한 자연수 중에서 가장 큰 수는?

① 6　② 7　③ 8　④ 9　⑤ 10

6. 두 자연수 24, 30 중 어느 것으로 나누어도 나머지가 5인 자연수 중에서 가장 작은 수를 구하시오.

셋째 마당에서는 자연수에 없는 0과 음수에 대해 공부한 다음, 이 수들이 포함되어 있는 정수와 유리수에 대해 배울 거야. 중3 과정이 되면 무리수와 실수에 대해서도 배우게 돼. 정수와 유리수의 개념을 잘 이해해야 나중에 다른 수를 배워도 헷갈리지 않겠지? 확실하게 익혀 두자.

공부할 내용	14일 진도	20일 진도	공부한 날짜
11 정수	6일 차	7일 차	월 일
12 유리수			월 일
13 절댓값		8일 차	월 일
14 절댓값의 대소 관계와 거리	7일 차		월 일
15 수의 대소 관계		9일 차	월 일
16 두 유리수 사이에 있는 수			월 일

11 정수

개념 강의 보기

● 양수와 음수

① **양수**: 0보다 큰 수이다. ⇨ 양의 부호 +

② **음수**: 0보다 작은 수이다. ⇨ 음의 부호 −

③ **생활 속에서 부호의 사용**

생활 속에서 부호를 사용하게 된 이유는 이미 알고 있는 자연수나 분수, 소수 등으로 일상 생활의 모든 경우를 표현할 수 없기 때문이다. 특히, 이익과 손해, 수입과 지출 등 서로 반대되는 성질을 가지는 수량을 구분하기에는 우리가 배운 수로는 표현하기 부족한데 이때 반대되는 성질을 아래 표와 같이 +와 −를 사용하면 간단히 표현할 수 있다.

+	동쪽	이익	증가	수입	영상	지상	해발
−	서쪽	손해	감소	지출	영하	지하	해저

바빠 꿀팁

+, − 부호 중 + 부호는 − 부호와 비교하기 위해 쓰이기 때문에 생략할 수 있어. 그래서 + 부호를 생략하면 양의 정수는 자연수와 같아지는 거지.

● 정수

① **양의 정수**: $+1, +2, +3, \cdots$과 같이 자연수에 + 부호를 붙인 수이다.

② **음의 정수**: $-1, -2, -3, \cdots$과 같이 자연수에 − 부호를 붙인 수이다.

③ **정수**: **양의 정수**와 **음의 정수** 그리고 기준이 되는 **0**을 통틀어 말한다.

정수
- 양의 정수(자연수): $+1, +2, +3, \cdots$ (양의 정수는 부호를 생략하여 나타내기도 한다.)
- 0
- 음의 정수: $-1, -2, -3, \cdots$

● 정수를 수직선 위에 나타내기

① **기준이 되는 정수**: 0이다.

② **0보다 작은 정수**: 음의 정수이다.

③ **0보다 큰 정수**: 양의 정수이다.

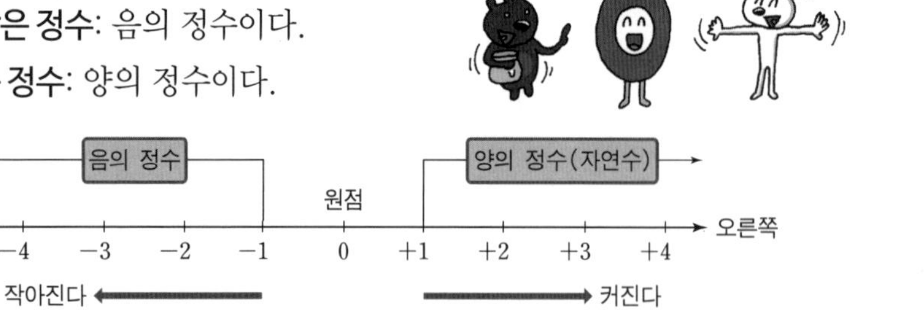
0은 양의 정수일까? 음의 정수일까?
내가 기준!
0은 양의 정수와 음의 정수를 구분하는 기준이지 양의 정수도 음의 정수도 아니야.
음의 정수
양의 정수(자연수)
원점
왼쪽
오른쪽
−4 −3 −2 −1 0 +1 +2 +3 +4
작아진다
커진다

출동! X맨과 O맨

절대 아니야

• '정수는 양의 정수와 음의 정수로 이루어져 있다.' (×)
➡ 0이 빠져 있어서 아니야.

이게 정답이야

• '정수는 양의 정수, 0, 음의 정수로 이루어져 있다.' (○)

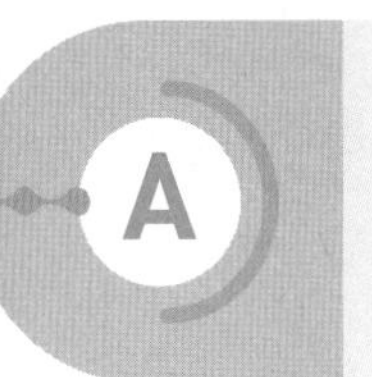

양의 부호와 음의 부호

+(양의 부호)는 0보다 많거나 큰 수량에 붙이고
−(음의 부호)는 0보다 적거나 작은 수량에 붙여!
아하! 그렇구나~

■ 다음을 양의 부호 + 또는 음의 부호 −를 사용하여 나타내시오.

1. 3000원 이익 ________

2. 700원 손해 ________

3. 영상 23 ℃ ________

4. 영하 9 ℃ ________

5. 지하 3층 ________

6. 지상 15 m ________

7. 6 kg 감소 ________

8. 3 kg 증가 ________

9. 수입 5000원 ________

10. 지출 10000원 ________

11. 0보다 8 큰 수 ________

12. 0보다 3 작은 수 ________

정수

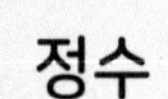

정수는 양의 정수, 0, 음의 정수를 통틀어 말해. 양의 정수는 1, 2, 3, ⋯을 말하고, 음의 정수는 −1, −2, −3, ⋯이야.
아하! 그렇구나~

■ 다음에서 양의 정수에는 ○표, 음의 정수에는 △표, 둘 다 아닌 것은 ×표를 하시오.

1. $+2$ ________

2. $+5$ ________

3. -8 ________

4. 9 ________

5. -100 ________

앗! 실수

6. 0 ________

Help 0은 양의 정수도, 음의 정수도 아니다.

7. -16 ________

■ 아래 수를 보고, 다음을 구하시오.

$+5$	-0.1	12	$+0.2$	-2

8. 양의 정수 ________

9. 음의 정수 ________

10. 정수 ________

■ 아래 수를 보고, 다음을 구하시오.

-7	$+\frac{3}{2}$	$+4.3$	-3	10	0	$-\frac{4}{5}$

11. 양의 정수 ________

12. 음의 정수 ________

앗! 실수

13. 양의 정수도 음의 정수도 아닌 정수 ________

14. 정수 ________

C 정수를 수직선 위에 나타내기

수직선에서 기준점은 0, 0보다 작은 수는 0의 왼쪽에, 0보다 큰 수는 0의 오른쪽에 나타내면 돼.
잊지 말자. 꼬~옥!

■ 다음 수직선에서 세 점 A, B, C가 나타내는 수를 각각 말하시오.

1. A B C
-4 -3 -2 -1 0 $+1$ $+2$ $+3$ $+4$

____

Help 점 A가 대응하는 수가 -2이면 A: -2로 나타낸다.

2. 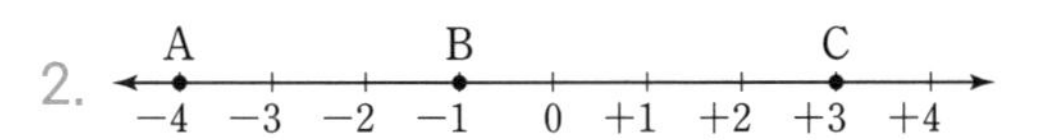

____

3. 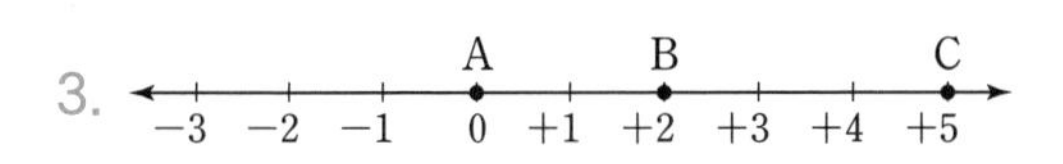

____

4. 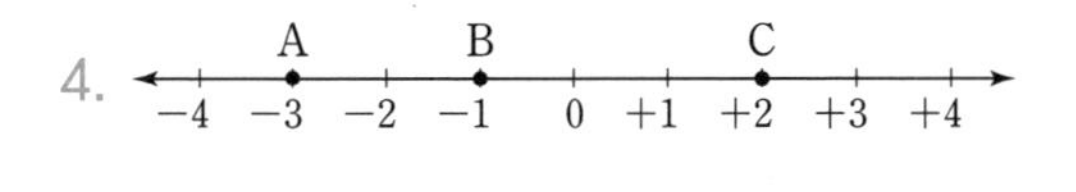

____

■ 다음 점을 수직선 위에 나타내시오.

5. A: $+2$, B: $+5$

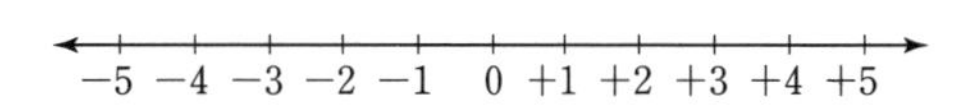

6. A: -1, B: 0

-5 -4 -3 -2 -1 0 $+1$ $+2$ $+3$ $+4$ $+5$

7. A: -4, B: $+4$

-5 -4 -3 -2 -1 0 $+1$ $+2$ $+3$ $+4$ $+5$

8. A: -5, B: -3

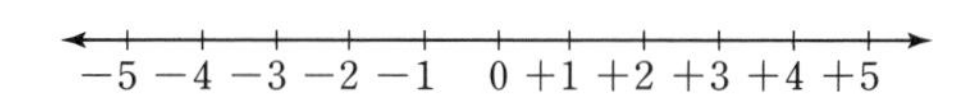

시험 문제

시험에 자주 나오는 문제로 마무리

*정답과 해설 15쪽

적중률 60%

[1~3] 정수

1. 다음 수에 대한 설명으로 옳은 것은?

$-\frac{1}{10}$ -0.1 0 $+1$ $+\frac{1}{2}$ $+2$ -6

① 양의 정수는 3개이다.
② 음의 정수는 2개이다.
③ 정수가 아닌 것은 4개이다.
④ 자연수는 3개이다.
⑤ 양의 정수도 음의 정수도 아닌 정수는 1개이다.

2. 다음 수를 수직선 위에 나타낼 때, 가장 오른쪽에 있는 점에 있는 수는?

① -3 ② $+2$ ③ $+6$
④ -4 ⑤ $+5$

3. 다음 수를 수직선 위에 나타낼 때, 가장 왼쪽에 있는 점에 있는 수는?

① -5 ② -7 ③ 0
④ -3 ⑤ $+1$

[4~6] 수직선 위에서 같은 거리에 있는 점

4. 수직선 위의 -1에 대응하는 점에서 거리가 4인 점에 대응하는 두 수를 수직선 위에 나타내시오.

-5 -4 -3 -2 -1 0 $+1$ $+2$ $+3$ $+4$ $+5$

5. 수직선 위의 $+1$에 대응하는 점에서 거리가 3인 점에 대응하는 두 수를 구하시오.

6. 수직선 위의 -3에 대응하는 점에서 거리가 2인 점에 대응하는 두 수를 구하시오.

12 유리수

개념 강의 보기

● 유리수의 뜻

① **양의 유리수**: $+\frac{2}{3}$, $+\frac{3}{5}$과 같이 분모와 분자가 모두 자연수인 분수에 양의 부호 '**+**'를 붙인 수이다.

② **음의 유리수**: $-\frac{2}{3}$, $-\frac{3}{5}$과 같이 분모와 분자가 모두 자연수인 분수에 음의 부호 '**−**'를 붙인 수이다.

③ 0: 유리수이지만 양의 유리수도, 음의 유리수도 아니다.

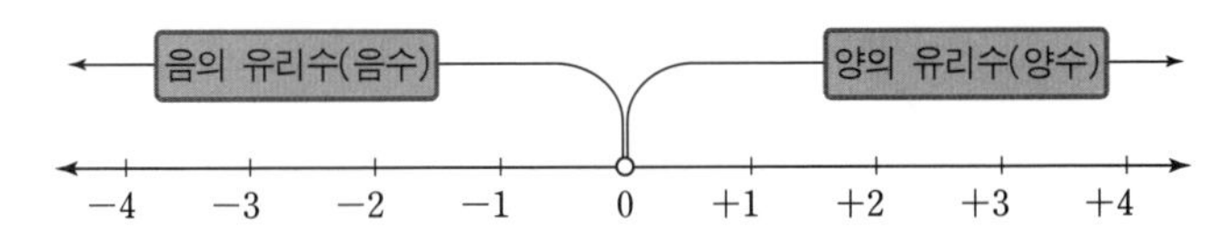

수직선에서 0을 **원점**이라 부른다.

● 유리수의 분류

- 유리수
  - 정수
    - 양의 정수: $+1, +2, +3, \cdots$ ← 양의 정수를 자연수라 부르고, +기호는 생략해도 된다.
    - 0
    - 음의 정수: $-1, -2, -3, \cdots$
  - 정수가 아닌 유리수: $+\frac{1}{2}, -\frac{4}{5}, +1.5, -0.5$

바빠 꿀팁

- 유리수는 $\frac{(\text{정수})}{(0\text{이 아닌 정수})}$라고 말할 수 있어. 이때 기억해야 할 것은 0은 분모에 올 수 없다는 거야.
- 양의 유리수를 보통 양수라 말하고, 음의 유리수는 음수라고 줄여서 말해!
  이제부터 양수, 음수라 할 때, 정수뿐만 아니라 유리수를 모두 생각해야 해.
- 초등 과정에서 배운 가분수, 대분수, 진분수라는 용어는 더 이상 사용하지 않아. 특히, 분수가 가분수이더라도 대분수로는 더 이상 나타내지 않아.

앗! 실수

시험에서는 유리수를 분류하는 문제가 많이 출제되는데, 다음을 정리해 두면 문제도 빨리 풀 수 있고 실수도 줄일 수 있어.

- 모든 정수는 (유리수이다. / 유리수가 아니다.) ⇦ $2=\frac{2}{1}$, $-2=-\frac{2}{1}$, $0=\frac{0}{1}$
- 모든 분수는 (유리수이다. / 유리수가 아니다.) ⇦ $+\frac{1}{2}$, $-\frac{1}{2}$, $+\frac{4}{5}$, $-\frac{4}{5}$
- 자연수가 아닌 정수는 (양의 정수 / 0 / 음의 정수)이다.
- 0은 (정수 / 유리수 / 자연수)이다.

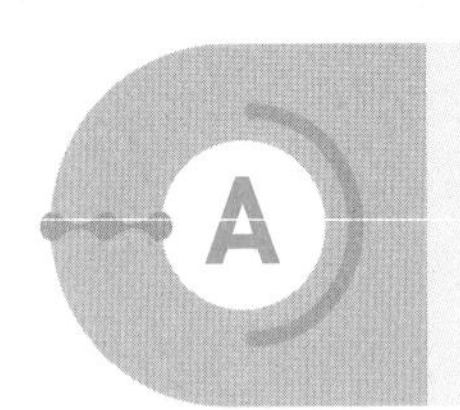

유리수의 이해

다음과 같은 유리수의 이해를 묻는 문제들이 쉽다고 생각할 수 있지만, 착각하여 잘 틀리는 유형이니 정확하게 개념을 정리해야 해.
아하! 그렇구나~

■ 다음에서 유리수에 대한 설명이 옳은 것은 ○표, 옳지 않은 것은 ×표를 하시오.

앗! 실수
1. 0은 정수가 아니다. __________

2. 모든 자연수는 정수이다. __________

앗! 실수
3. 모든 정수는 유리수이다. __________

4. 모든 정수는 자연수이다. __________

5. 0은 양수이다. __________

6. 0은 자연수이다. __________

7. 유리수는 $\frac{(\text{정수})}{(0\text{이 아닌 정수})}$로 나타낼 수 있다. __________

8. 유리수는 양의 유리수와 음의 유리수로 이루어져 있다. __________

9. 자연수가 아닌 정수는 음의 정수이다. __________

앗! 실수
10. 음의 정수 중 가장 작은 수는 -1이다. __________

11. 0.1과 같은 소수도 유리수이다. __________

12. $\frac{4}{2}$는 정수이지만 유리수는 아니다. __________

B 유리수의 분류

$$\text{유리수}\begin{cases}\text{양의 유리수: 양의 정수(자연수)}, +\dfrac{(\text{자연수})}{(\text{자연수})}\\ 0 \\ \text{음의 유리수: 음의 정수}, -\dfrac{(\text{자연수})}{(\text{자연수})}\end{cases}$$

■ 다음 수를 보고, 알맞은 것을 써넣으시오.

[1～3]

$-\frac{5}{2}$	-2	$-\frac{1}{2}$	0	$+\frac{1}{2}$	$+\frac{3}{4}$	$+5$

1. 양의 유리수

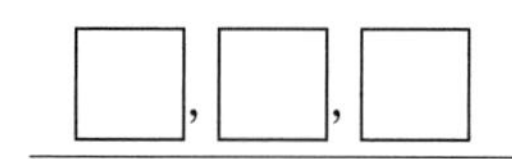

Help 양의 정수는 양의 유리수에 포함된다.

2. 음의 유리수

3. 정수가 아닌 유리수

[4～6]

$+0.7$	$-\frac{1}{2}$	0	$+2$	$+\frac{9}{3}$	-3	$-\frac{1}{5}$

4. 양의 유리수

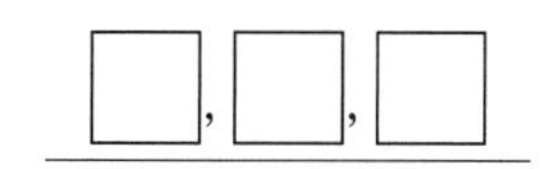

5. 음의 유리수

6. 정수가 아닌 유리수

[7～14]

$-\frac{2}{3}$	0	4	$\frac{9}{5}$	3.2	$+\frac{4}{2}$	$-\frac{5}{2}$	-3

7. 자연수

8. 양의 정수

9. 음의 정수

10. 양의 유리수

11. 음의 유리수

12. 정수가 아닌 유리수

13. 양의 정수도 음의 정수도 아닌 정수

앗! 실수

14. 양의 유리수도 음의 유리수도 아닌 유리수

C 수직선 위에 있는 수 1

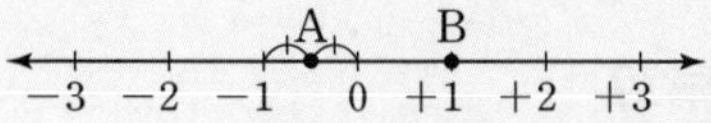

위의 수직선에서 두 점 A, B가 나타내는 수는 A: $-\frac{1}{2}$, B: $+1$이다.

■ 다음 수직선 위의 세 점 A, B, C가 나타내는 수를 각각 말하시오.

1. 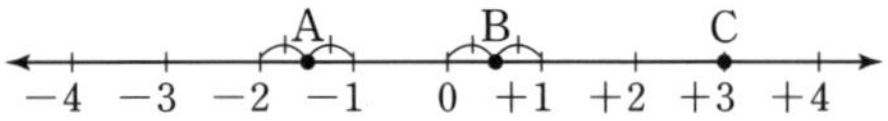

Help 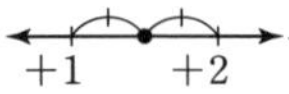

은 +1과 +2의 중간값을 나타낸다.

2. 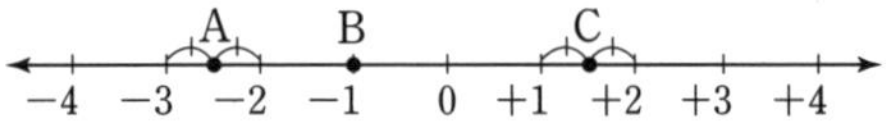

3. 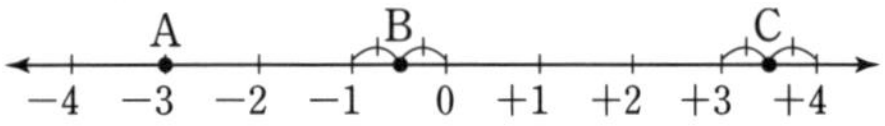

4. 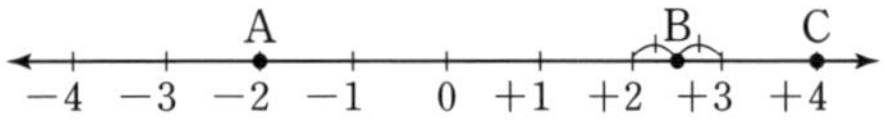

■ 다음 수를 수직선 위에 나타내시오.

5. A: $-\frac{3}{2}$, B: $+1$

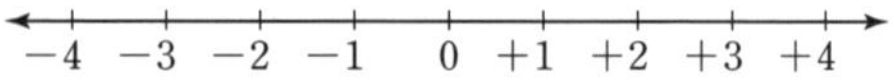

6. A: $+\frac{1}{2}$, B: $-\frac{5}{2}$

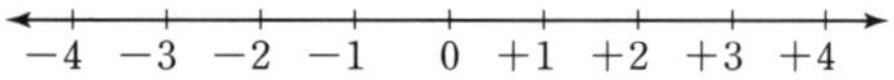

7. A: -3, B: $+\frac{7}{2}$

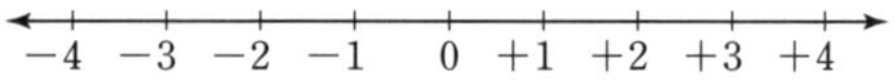

8. A: $-\frac{1}{2}$, B: $+\frac{5}{2}$

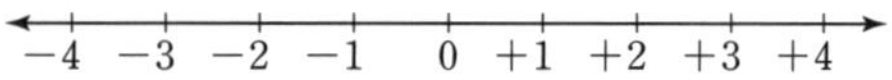

D 수직선 위에 있는 수 2

주어진 수보다 양수만큼 큰 수는 수직선에서 오른쪽으로, 작은 수는 왼쪽으로 더 나아가야 해.
잊지 말자. 꼬~옥!

■ 다음 수를 수직선 위에 나타내시오.

1. 0보다 $\frac{3}{2}$만큼 큰 수

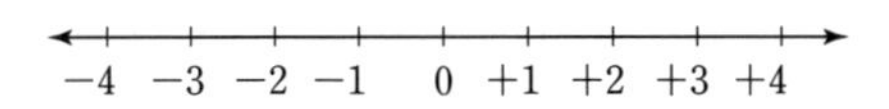

2. 0보다 $\frac{5}{2}$만큼 큰 수

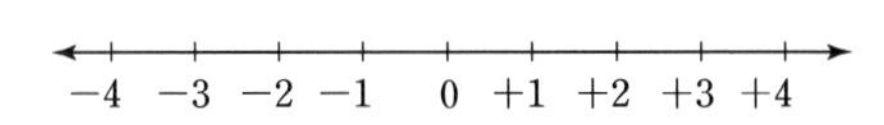

3. 0보다 3.5만큼 큰 수

$-4 \quad -3 \quad -2 \quad -1 \quad 0 \quad +1 \quad +2 \quad +3 \quad +4$

4. 1보다 $\frac{3}{2}$만큼 큰 수

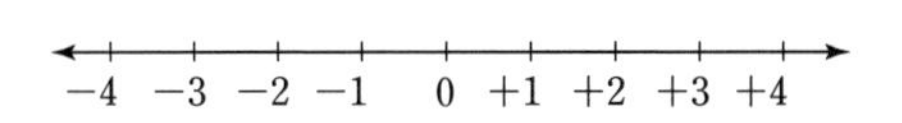

5. 0보다 $\frac{1}{2}$만큼 작은 수

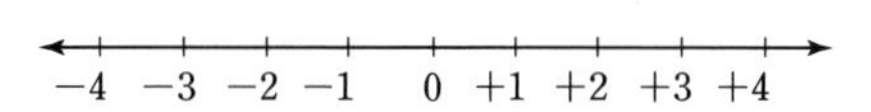

6. 0보다 $\frac{7}{2}$만큼 작은 수

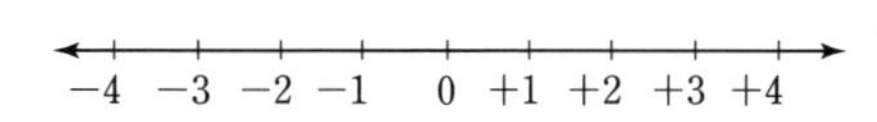

7. 3보다 $\frac{1}{2}$만큼 작은 수

$-4 \quad -3 \quad -2 \quad -1 \quad 0 \quad +1 \quad +2 \quad +3 \quad +4$

8. 1보다 2.5만큼 작은 수

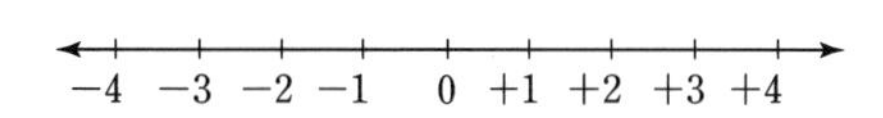

시험 문제

시험에 자주 나오는 문제로 마무리

*정답과 해설 16쪽

적중률 70%

[1~3] 유리수 구분하기

1. 다음 수에 대한 설명으로 옳지 않은 것은?

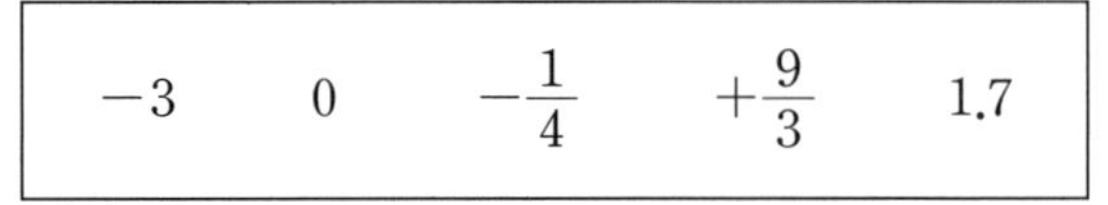

$-3 \quad 0 \quad -\frac{1}{4} \quad +\frac{9}{3} \quad 1.7$

① 유리수는 5개이다.
② 정수는 3개이다.
③ 양의 유리수는 2개이다.
④ 음의 유리수는 2개이다.
⑤ 정수가 아닌 유리수는 1개이다.

2. 다음 수에 대한 설명으로 옳은 것은?

$-4 \quad 1.6 \quad \frac{8}{2} \quad -\frac{9}{2} \quad 6$

① 양수는 2개이다.
② 정수는 2개이다.
③ 유리수는 5개이다.
④ 0보다 작은 수는 1개이다.
⑤ 정수가 아닌 유리수는 3개이다.

3. 다음 설명 중 옳지 않은 것은?
① 0은 정수이지만 유리수는 아니다.
② 모든 자연수는 정수이다.
③ 모든 정수는 유리수이다.
④ -0.3은 정수가 아닌 유리수이다.
⑤ 유리수 중에는 정수가 아닌 수도 있다.

[4~6] 수직선 위에 있는 수

4. 다음 수를 수직선 위에 나타낼 때, 가장 왼쪽에 위치한 수는?

① 3.5　② $-\frac{9}{2}$　③ $+\frac{5}{2}$
④ $+1$　⑤ -2.5

5. 다음 수를 수직선 위에 나타낼 때, 가장 오른쪽에 위치한 수는?

① $+4$　② -4.5　③ $+\frac{5}{2}$
④ $+\frac{11}{2}$　⑤ $+4.5$

6. 다음 수직선 위의 점 A~E가 나타내는 수에 대한 설명 중 옳은 것은?

A B C D E
$-5 \quad -4 \quad -3 \quad -2 \quad -1 \quad 0 \quad +1 \quad +2 \quad +3 \quad +4 \quad +5$

① 자연수는 1개이다.
② 정수는 3개이다.
③ 유리수는 4개이다.
④ 점 D가 나타내는 수는 $+\frac{3}{2}$이다.
⑤ 점 E는 정수가 아닌 유리수이다.

13 절댓값

개념 강의 보기

● 수직선에서 절댓값의 의미

① **절댓값**: 수직선 위에서 **어떤 수를 나타내는 점과 원점 사이의 거리**이다.
(원점: 수직선에서 0을 나타내는 점)

② **절댓값의 표현**: 유리수 a의 절댓값은 $|a|$와 같이 나타낸다.

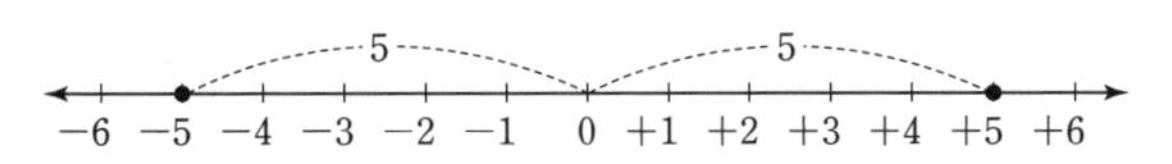

수직선을 보면 $+5$는 원점에서 5만큼 떨어져 있고, -5도 5만큼 떨어져 있으므로 $+5$의 절댓값은 5, -5의 절댓값도 5이다.

이것을 간단히 절댓값 기호를 사용하여 나타내면

$|+5|=5$　　　$|-5|=5$

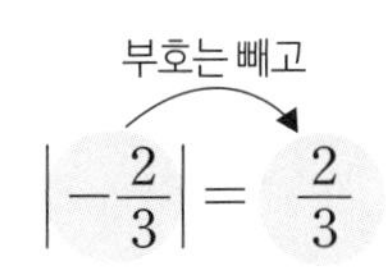

부호는 빼고　　　부호는 빼고

$|+4|=4$　　　$\left|-\frac{2}{3}\right|=\frac{2}{3}$

양쪽이 막혀 답답해! 부호를 없애고 탈출하자.

바빠 꿀팁

절댓값은 수직선의 양의 방향이나 음의 방향에는 상관없이 0과의 거리만 생각해. 그래서 절댓값을 단순히 부호를 뗀 수로 보기도 하지. 보통 양수는 + 부호가 생략되어 사용되니 결국 음수의 − 부호만 떼면 되는 거야.

● 절댓값의 성질

① 절댓값이 a $(a>0)$인 수는 $-a$, $+a$의 2개가 있다.

절댓값이 1인 수 ⇨ 부호는 다르지만 숫자는 같은 -1, $+1$

절댓값이 $\frac{1}{2}$인 수 ⇨ 부호는 다르지만 숫자는 같은 $-\frac{1}{2}$, $+\frac{1}{2}$

절댓값이 0인 수 ⇨ 0

② 절댓값이 가장 작은 수는 0이다.

출동! X맨과 O맨

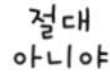

- '절댓값은 항상 양수이다.' (×)
  ➡ 절댓값은 0도 나올 수 있어.
- 절댓값이 같은 수는 모두 2개이다. (×)
  ➡ 0은 1개야.

- '절댓값은 0 또는 양수가 된다.' (○)
- '원점을 제외하고 원점으로부터 거리가 같은 수직선 위의 점은 항상 2개이다. (○)

A 절댓값의 의미 이해하기

절댓값은 수직선 위에서 어떤 수를 나타내는 점과 원점 사이의 거리라고 했지. 그래서 원점에서 왼쪽으로 가든지 오른쪽으로 가든지 거리만 같다면 같은 값이 나오는 거야. 아하! 그렇구나~

■ 다음 절댓값에 대한 설명이 옳은 것은 ○표, 옳지 않은 것은 × 표를 하시오.

1. 수직선 위에서 원점으로부터 멀리 떨어진 수에 대응하는 수일수록 절댓값은 커진다.

______

2. 절댓값이 가장 작은 수는 0이다.

______

3. 절댓값은 항상 0보다 크다.

______

4. 절댓값은 음수도 나올 수 있다.

______

5. 두 수 -5와 $+5$의 절댓값은 같다.

______

앗! 실수

6. 절댓값이 같은 수는 언제나 2개가 있다.

______

앗! 실수

7. 절댓값은 0 또는 양수이다.

______

■ 다음 □ 안에 알맞은 수를 써넣으시오.

8. 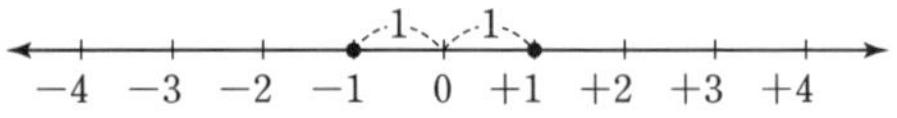

$|-1|=\square$, $|+1|=\square$

Help 수직선에서의 거리를 생각하면 절댓값을 구할 수 있다.

9. 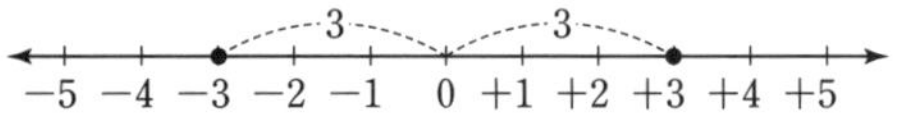

$|-3|=\square$, $|+3|=\square$

10. 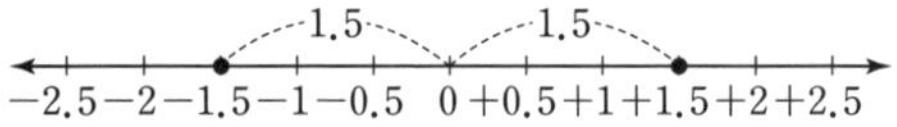

$|-1.5|=\square$, $|+1.5|=\square$

Help 분수나 소수가 나와도 상관없이 수직선에서의 거리를 생각하면 절댓값을 구할 수 있다.

11. 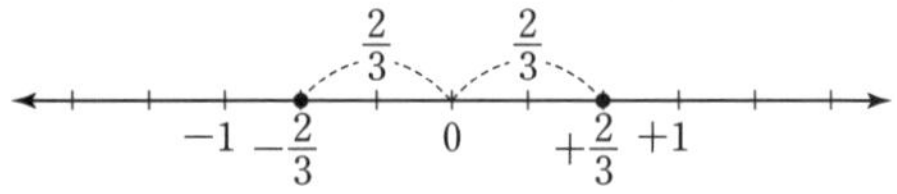

$\left|-\frac{2}{3}\right|=\square$, $\left|+\frac{2}{3}\right|=\square$

12. 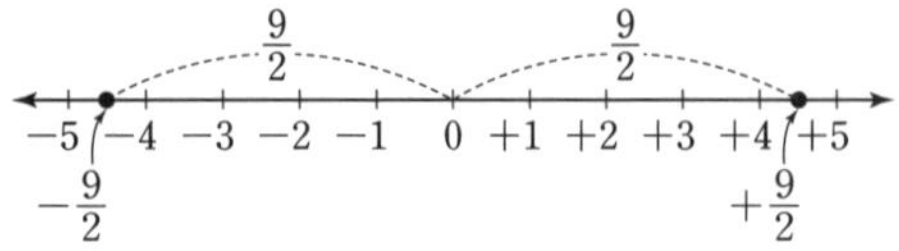

$\left|-\frac{9}{2}\right|=\square$, $\left|+\frac{9}{2}\right|=\square$

B 절댓값의 계산

절댓값 기호 안에 분수가 들어 있든 소수가 들어 있든 상관없이 부호를 떼고 숫자만 쓰면 돼. 잊지 말자. 꼬~옥!

■ 다음을 구하시오.

1. $|0|$

2. $|-3|$

Help 부호를 떼고 쓴다.

3. $|+13|$

4. $|+6|$

5. $|-1|$

6. $|-15|$

7. $|+2.1|$

8. $\left|-\frac{9}{10}\right|$

9. $|-7.6|$

10. $\left|+\frac{4}{15}\right|$

11. $|-4.6|$

12. $\left|-\frac{13}{21}\right|$

절댓값의 응용

절댓값이 a인 수는 0을 제외하면 모두 두 개야. 물론 이때의 a는 양수이지. 아하! 그렇구나~

■ 다음을 구하시오.

1. 절댓값이 0인 수

Help 절댓값이 0인 수는 1개뿐이다.

2. 절댓값이 3인 수

Help 절댓값이 3인 수는 양수와 음수 2개이다.

3. 절댓값이 5인 수

4. 절댓값이 13인 수

5. 절댓값이 16.1인 수

6. 절댓값이 $\frac{2}{3}$인 수

■ 다음을 구하시오.

7. $|a|=2$인 a의 값

8. $|a|=7$인 a의 값

9. $|a|=10$인 a의 값

10. $|a|=4.3$인 a의 값

11. $|a|=11.5$인 a의 값

12. $|a|=\frac{4}{5}$인 a의 값

시험 문제

*정답과 해설 16쪽

[1~2] 수직선에서 절댓값의 의미

1. 수직선에서 원점과의 거리가 8인 수를 모두 구하시오.

2. 다음 수직선 위의 두 점 A, B는 원점으로부터의 거리가 각각 4, 3이다. 두 점 A, B가 나타내는 수를 각각 구하시오.

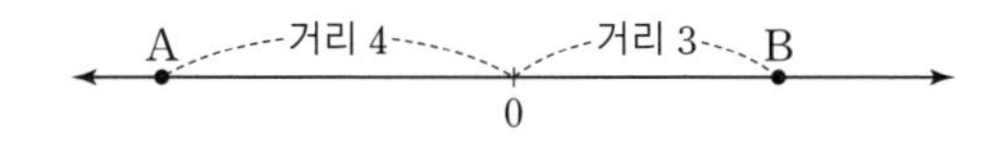

적중률 70%

[3~4] 절댓값 구하기

3. $-\frac{5}{3}$의 절댓값을 a, 절댓값이 $\frac{4}{3}$인 양수를 b라 할 때, $a+b$의 값은?

① -3 ② $-\frac{5}{3}$ ③ $-\frac{1}{3}$
④ $\frac{7}{3}$ ⑤ 3

4. $a>0$, $b<0$이고 $|a|=2$, $|b|=6$일 때, a, b의 값을 각각 구하시오.

앗! 실수 적중률 70%

[5~6] 절댓값의 이해

5. 다음 절댓값에 대한 설명 중 옳은 것은?

① 절댓값이 a인 수는 항상 2개이다.
② 0의 절댓값은 없다.
③ 0보다 작은 수의 절댓값은 0보다 작다.
④ 두 수 $-\frac{5}{4}$와 $+\frac{5}{4}$의 절댓값은 같다.
⑤ 양수의 절댓값은 음수의 절댓값보다 항상 크다.

6. 다음 절댓값에 대한 설명 중 옳지 않은 것은?

① 음수의 절댓값이 양수의 절댓값보다 클 수 있다.
② 절댓값은 양수이다.
③ 절댓값이 같은 두 수는 원점으로부터 그 수에 대응하는 점까지의 거리가 같다.
④ 절댓값이 $\frac{4}{3}$인 수는 $-\frac{4}{3}$, $+\frac{4}{3}$이다.
⑤ 절댓값이 가장 작은 수는 0이다.

14 절댓값의 대소 관계와 거리

개념 강의 보기

● 절댓값의 대소 관계

원점에서 멀리 떨어질수록 절댓값이 커진다.

① 두 양수끼리의 절댓값의 대소 관계

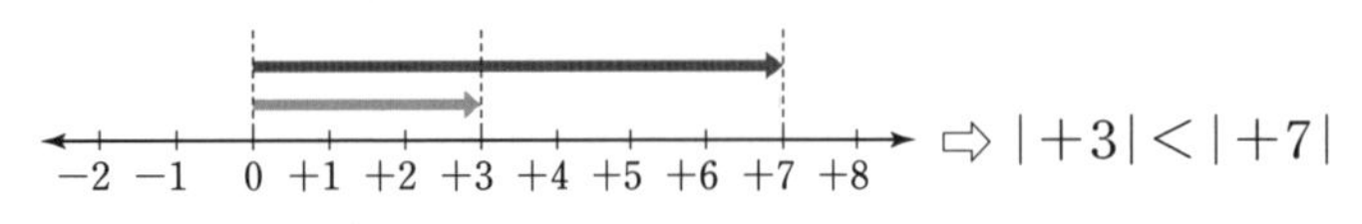

⇨ $|+3|<|+7|$

② 두 음수끼리의 절댓값의 대소 관계

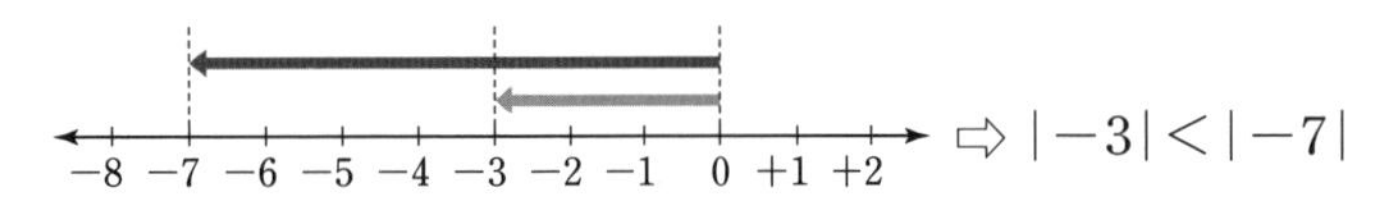

⇨ $|-3|<|-7|$

③ 양수, 음수의 절댓값의 대소 관계

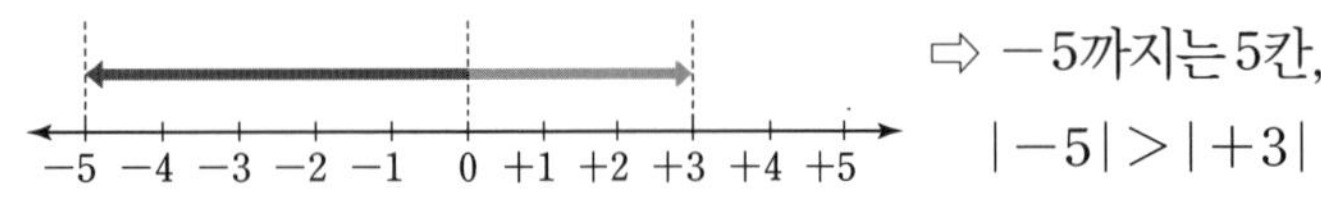

⇨ −5까지는 5칸, +3까지는 3칸
$|-5|>|+3|$

● 절댓값이 어떤 수 이하인 정수 찾기

① 절댓값이 1 이하인 정수

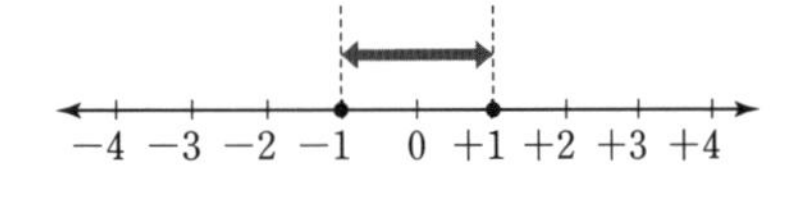

⇨ $-1, 0, +1$

② 절댓값이 $\frac{5}{2}$ 이하인 정수

−4 −3 −2 −1 0 +1 +2 +3 +4
$-\frac{5}{2}$ $+\frac{5}{2}$

⇨ $-2, -1, 0, +1, +2$

● 절댓값이 같은 두 수 사이의 거리

절댓값이 3인 두 수는 −3, +3
⇨ 두 수 사이의 거리는 6

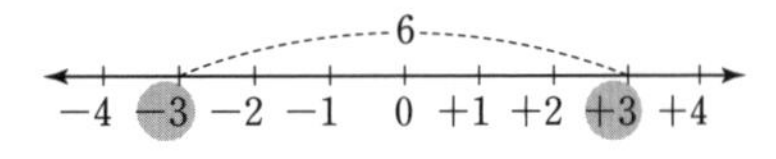

절댓값이 $\frac{1}{2}$인 두 수는 $-\frac{1}{2}$, $+\frac{1}{2}$
⇨ 두 수 사이의 거리는 1

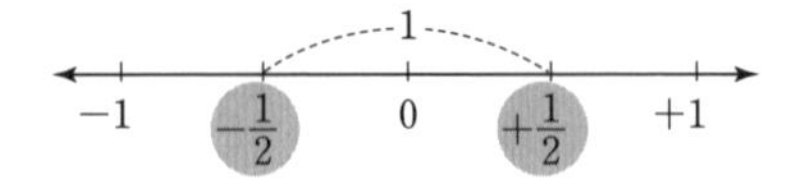

바빠 꿀팁

양수끼리의 절댓값의 대소 비교는 어렵지 않지만 음수끼리의 절댓값의 대소 관계는 혼동하기 쉬워. 또한, 대부분의 시험 문제는 양수와 음수의 절댓값의 대소 관계에서 나오는데, 부호를 생각하지 않고 수직선에서 멀리 떨어져 있을수록 절댓값이 크다는 것을 잊지 말아야 해.

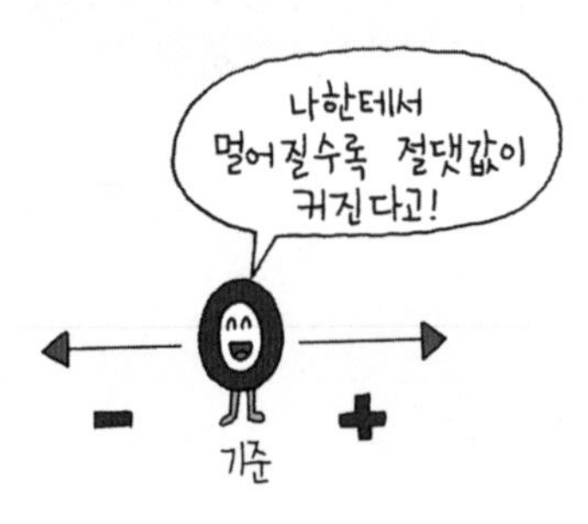

앗! 실수

절댓값이 4 이하인 정수를 찾을 때는 일단 수직선 위에 4를 표시하고 4와 거리가 같고 원점에 대하여 반대편의 수인 −4를 찾은 다음 문제를 풀면 돼. 이 과정에서 0을 빼먹고 쓰는 경우가 많은데 0의 존재를 절대 잊으면 안 돼.

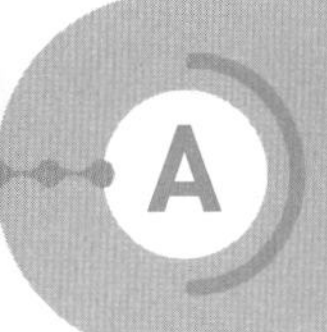

두 수 중 절댓값이 큰 수 찾기

절댓값이 큰 수를 찾을 때에는 부호를 떼고 두 수의 크기를 비교하지만 답을 쓸 때는 부호가 있는 원래 수로 써야 해. 간혹 부호 뗀 수로 답을 써서 틀리는 경우가 있거든!
잊지 말자. 꼬~옥!

■ 다음 두 수 중 절댓값이 큰 수를 구하시오.

1. -1, $+3$

Help $|-1|=1$, $|+3|=3$
1과 3의 크기를 비교한다.

2. -6, -4

3. -5, $+7$

4. $+7$, -10

5. -5.5, $+4.5$

6. -11.8, $+11.4$

7. -0.7, $-\frac{3}{5}$

Help $|-0.7|=0.7$, $\left|-\frac{3}{5}\right|=\frac{3}{5}$
0.7과 $\frac{3}{5}$의 크기를 비교한다.

8. $+\frac{7}{2}$, -2.5

9. $-\frac{5}{3}$, $+\frac{3}{4}$

10. $-\frac{9}{7}$, $+\frac{4}{3}$

11. $+\frac{3}{4}$, $-\frac{7}{6}$

12. $+\frac{16}{9}$, $-\frac{13}{6}$

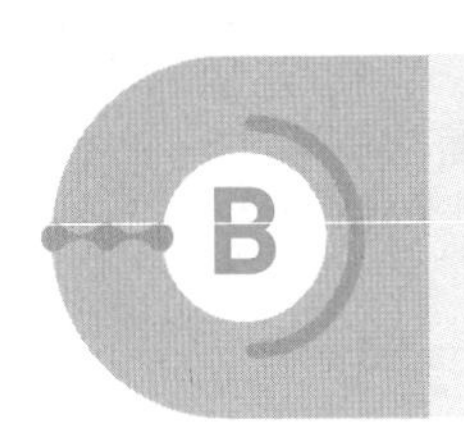

절댓값이 어떤 수 이하인 정수 찾기

절댓값이 5 이하인 정수를 구하라는 문제가 나오면 많은 학생들이 -5, -4, -3, -2, -1, 1, 2, 3, 4, 5라고 구해. 무엇이 잘못된 걸까?
언제나 학생들을 함정에 빠뜨리는 0이 빠져 있잖아.
잊지 말자. 꼬~옥!

■ 절댓값이 아래와 같이 주어질 때, 다음을 모두 구하시오.

앗! 실수

1. 절댓값이 1 이하인 정수

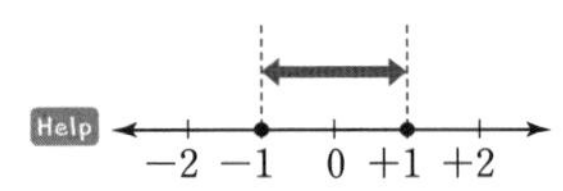

2. 절댓값이 2 이하인 정수

3. 절댓값이 3 이하인 정수

4. 절댓값이 1.3 이하인 정수

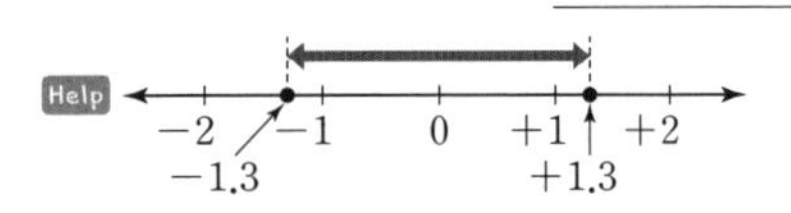

5. 절댓값이 1.9 이하인 정수

6. 절댓값이 2.5 이하인 정수

7. 절댓값이 3.7 이하인 정수

8. 절댓값이 4.8 이하인 정수

9. 절댓값이 $\frac{1}{2}$ 이하인 정수

10. 절댓값이 $\frac{3}{2}$ 이하인 정수

11. 절댓값이 $\frac{7}{3}$ 이하인 정수

12. 절댓값이 $\frac{9}{2}$ 이하인 정수

절댓값이 같고 부호가 반대인 두 점 사이의 거리

절댓값이 같고 부호가 반대인 두 점 사이의 거리를 반으로 생각하면 두 수의 절댓값을 구할 수 있어.
절댓값이 같고 부호가 반대인 두 점 사이의 거리가 4일 때, 4의 반을 생각하면 절댓값이 2가 돼. 따라서 두 수는 $+2$, -2가 되는 거지.

■ 절댓값이 같고 부호가 반대인 두 수를 수직선 위에 점으로 나타내었다. 다음을 구하시오.

1. 절댓값이 1인 두 점 사이의 거리

Help 절댓값 1인 두 점 사이의 거리는 -1부터 1까지의 거리이므로 1×2이다.

2. 절댓값이 3인 두 점 사이의 거리

3. 절댓값이 9인 두 점 사이의 거리

4. 절댓값이 0.5인 두 점 사이의 거리

Help 절댓값 0.5인 두 점 사이의 거리는 -0.5부터 0.5까지의 거리이므로 0.5×2이다.

5. 절댓값이 3.4인 두 점 사이의 거리

6. 절댓값이 $\frac{9}{4}$인 두 점 사이의 거리

■ 절댓값이 같고 부호가 반대인 두 수를 수직선 위에 점으로 나타내었더니 두 점 사이의 거리가 아래와 같이 주어졌다. 다음을 구하시오.

7. 두 점 사이의 거리가 2일 때, 절댓값이 같고 부호가 다른 두 수

Help 절댓값이 같고 부호가 반대인 두 점 사이의 거리가 2일 때, 2의 반을 생각하면 절댓값이 1이다.

8. 두 점 사이의 거리가 8일 때, 절댓값이 같고 부호가 다른 두 수

9. 두 점 사이의 거리가 1.6일 때, 절댓값이 같고 부호가 다른 두 수

Help 절댓값이 같고 부호가 반대인 두 점 사이의 거리가 1.6일 때, 1.6의 반을 생각하면 절댓값이 0.8이다.

10. 두 점 사이의 거리가 4.6일 때, 절댓값이 같고 부호가 다른 두 수

11. 두 점 사이의 거리가 $\frac{8}{3}$일 때, 절댓값이 같고 부호가 다른 두 수

앗! 실수

12. 두 점 사이의 거리가 $\frac{12}{5}$일 때, 절댓값이 같고 부호가 다른 두 수

거저먹는 시험 문제

*정답과 해설 17쪽

적중률 70%

[1~2] 절댓값의 대소 비교

1. 다음 수를 절댓값이 작은 수부터 차례로 나열하시오.

-3.9	$+1$	-4.2	$+\frac{9}{2}$

2. 다음 수 중에서 절댓값이 2 이상인 수를 구하시오.

$+\frac{7}{4}$	-2.3	$+\frac{5}{2}$	-1

[3~4] 절댓값의 응용

3. 두 수 a와 b는 절댓값이 같고 a가 b보다 4만큼 작을 때, a와 b의 값을 각각 구하시오.

Help 절댓값이 같은 두 수 a, b에서 a가 b보다 4만큼 작다는 것은 이 두 수를 수직선에 나타내었을 때 거리가 4라는 뜻이다.

4. 두 수 a와 b는 절댓값이 같고 a가 b보다 7만큼 클 때, a의 값은?

① -7 ② -3.5 ③ 0
④ 3.5 ⑤ 7

앗! 실수 적중률 70%

[5~7] 절댓값의 범위가 주어진 수

5. 절댓값이 5 이하인 정수의 개수를 구하시오.

6. 절댓값이 1 이상 $\frac{10}{3}$ 이하인 정수의 개수를 구하시오.

Help 음수도 있음을 기억한다.

7. $|x|<\frac{21}{5}$을 만족시키는 정수 x의 개수는?

① 4 ② 5 ③ 6
④ 8 ⑤ 9

15 수의 대소 관계

개념 강의 보기

바빠 꿀팁

두 수의 대소 관계를 잘 모르면 수직선에 나타내 봐.
수직선에서 오른쪽에 표시되어 있는 수가 무조건 더 큰 수거든.

● 수의 대소 관계

유리수를 수직선 위에 나타내면 자연수와 마찬가지로 오른쪽에 있는 수가 그 왼쪽에 있는 수보다 크다.

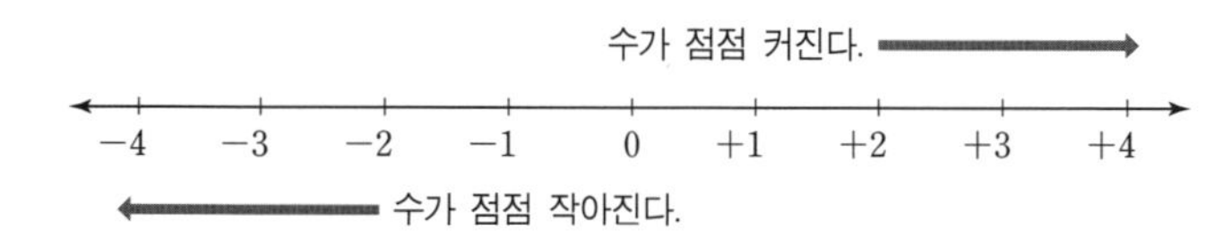

● 양수와 음수의 대소 관계

① 양수는 0보다 크고, 음수는 0보다 작다.
② 양수는 음수보다 크다.

● 양수와 음수의 절댓값과의 대소 관계

① **양수끼리는 절댓값이 큰 수가 더 크다.** ⇨ $+2<+3$

네 수 -3, -2, $+2$, $+3$을 수직선 위에 나타내면,

−4 −3 −2 −1 0 +1 +2 +3 +4

양수인 $+3$은 $+2$보다 오른쪽에 있으므로 $+2<+3$이 되고, 절댓값은 $|+3|=3$, $|+2|=2$이므로 $+3$의 절댓값이 $+2$의 절댓값보다 크다. 따라서 양수끼리는 절댓값이 클수록 원점에서 오른쪽으로 멀어지므로 절댓값이 큰 수가 크다.

② **음수끼리는 절댓값이 큰 수가 더 작다.** ⇨ $-3<-2$

음수인 -3은 -2보다 왼쪽에 있으므로 $-3<-2$이지만, 절댓값은 $|-3|=3$, $|-2|=2$이므로 -3의 절댓값이 -2의 절댓값보다 크다. 따라서 음수끼리는 절댓값이 큰 수일수록 원점에서 왼쪽으로 멀어지므로 절댓값이 큰 수가 작다.

양수와 음수의 대소 관계에서 항상 (양수) > (음수)이고 양수끼리의 대소 관계는 절댓값이 큰 수가 크므로 헷갈리지 않아. 그렇지만 음수끼리의 대소 관계는 실수할 수 있으므로 다시 정리해 두자. 두 음수가 주어지면 먼저 절댓값을 구해서 대소를 비교해. $|-3|<|-4|$처럼. 그리고 나서 절댓값이 없는 음수끼리 비교할 때는 부등호를 반대로 바꿔. 이렇게 정리하면 좀 쉬워져.
$|-3|<|-4|$이면 $-3>-4$

A 두 수의 대소 관계 1

양수는 절댓값이 클수록 큰 수이지만, 음수는 절댓값이 클수록 작은 수라는 것이 혼동된다면 머릿속에 수직선을 상상해 봐. 절대 틀리지 않아.

아하! 그렇구나~

■ 다음 설명 중 옳은 것은 ○표, 옳지 않은 것은 ×표를 하시오.

1. 수직선에서 오른쪽에 있는 수일수록 더 큰 수이다. ____________

2. 양수는 음수보다 항상 크다. ____________

3. 음수는 0보다 크다. ____________

4. 양수는 음수보다 수직선에서 왼쪽에 있다. ____________

5. 양수는 절댓값이 클수록 큰 수이다. ____________

6. 음수는 절댓값이 클수록 큰 수이다. ____________

■ 다음 ○ 안에 알맞은 $<$ 또는 $>$를 써넣으시오.

7. $+3$ ○ 0

8. -1 ○ 0

9. 0 ○ -5

10. -2 ○ $+5$

11. $+7$ ○ -3

12. -3 ○ $+1$

B 두 수의 대소 관계 2

부호가 같은 분수는 분모가 같도록 통분을 먼저 한 후 분자끼리의 대소를 비교해야 해. 아하! 그렇구나~

■ 다음 □ 안에 알맞은 < 또는 >를 써넣으시오.

1. $+3$ □ $+7$

   -3 □ -7

   Help 음수일 때는 절댓값이 클수록 작은 수이다.

2. $+4$ □ $+2$

   -4 □ -2

3. $+0.3$ □ $+0.5$

   -0.3 □ -0.5

4. $+\frac{3}{4}$ □ $+1$

   $-\frac{3}{4}$ □ -1

5. $+1.4$ □ $+\frac{3}{5}$

   -1.4 □ $-\frac{3}{5}$

6. $+\frac{1}{6}$ □ $+\frac{1}{4}$

   $-\frac{1}{6}$ □ $-\frac{1}{4}$

7. $+\frac{2}{3}$ □ $+\frac{5}{7}$

   $-\frac{2}{3}$ □ $-\frac{5}{7}$

앗! 실수

8. $+\frac{1}{10}$ □ $+\frac{1}{15}$

   $-\frac{1}{10}$ □ $-\frac{1}{15}$

9. $+\frac{7}{12}$ □ $+\frac{3}{8}$

   $-\frac{7}{12}$ □ $-\frac{3}{8}$

10. $+\frac{7}{9}$ □ $+\frac{5}{6}$

    $-\frac{7}{9}$ □ $-\frac{5}{6}$

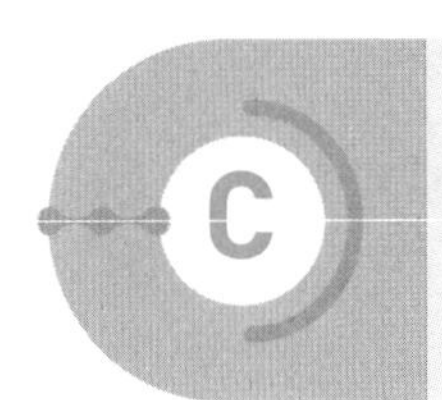

여러 개의 수의 대소 관계 1

- (양수) > (음수)이므로 여러 개의 수 중에서 가장 큰 수는 양수 중에서 가장 큰 수를 구하면 돼.
- 여러 개의 수 중에서 가장 작은 수는 음수 중에서 가장 작은 수를 구하면 돼. 아하! 그렇구나~

■ 다음 수 중에서 가장 큰 수를 구하시오.

1. $+3, 0, -1$

Help (음수)<0<(양수)

2. $-7.1, +2.4, +6$

Help 두 양수의 크기를 비교한다.

3. $+\frac{2}{9}, +\frac{4}{3}, 0$

4. $+\frac{1}{5}, +0.1, +0.3$

5. $-12, -11.5, -5.3$

Help 절댓값이 가장 작은 수를 고른다.

6. $-\frac{4}{15}, -1, -\frac{1}{5}$

■ 다음 수 중에서 가장 작은 수를 구하시오.

7. $0, -1, +\frac{1}{3}$

8. $-3, +2, +\frac{9}{4}$

9. $-3, -2.9, +\frac{1}{10}$

Help 두 음수의 크기를 비교한다.

10. $+\frac{13}{2}, -3.5, -\frac{1}{2}$

11. $-2.3, -1.5, -\frac{1}{4}$

앗! 실수

12. $-\frac{1}{5}, -\frac{1}{6}, -\frac{1}{7}$

여러 개의 수의 대소 관계 2

여러 개의 수의 대소를 비교할 때는 우선 양수와 음수로 갈라놓자. 그런 다음에 비교하면 수의 대소 비교가 쉬워져.

아하! 그렇구나~

■ 다음 수를 큰 수부터 차례로 나열하시오.

1. $+1, +5, -4$

Help 양수는 음수보다 크다.

2. $-2, +1, 0$

3. $+\frac{9}{2}, +\frac{5}{3}, +4$

4. $+\frac{1}{2}, +\frac{1}{3}, +\frac{1}{4}$

5. $-\frac{3}{4}, -\frac{3}{5}, -3$

6. $-\frac{1}{2}, -\frac{1}{3}, -\frac{1}{4}$

7. $+0.3, +\frac{3}{2}, -\frac{3}{8}$

8. $-3.3, 0, +\frac{1}{7}$

9. $-5.1, -7, +\frac{5}{4}$

10. $+2.5, +\frac{11}{4}, +\frac{7}{2}$

11. $-5, -\frac{7}{2}, -2.9$

12. $-\frac{5}{7}, 0, -\frac{3}{14}$

Help 0은 음수보다 크다.

거저먹는

시험 문제

*정답과 해설 19쪽

적중률 80%

[1~3] 수의 대소 비교

1. 다음 중 대소 관계가 옳은 것은?

① $-\frac{3}{2}>-\frac{4}{3}$　② $0<-\frac{1}{7}$

③ $-0.26<-\frac{1}{4}$　④ $2.4>\frac{5}{2}$

⑤ $\frac{1}{3}<0.3$

2. 다음 중 □ 안에 알맞은 부등호가 나머지 넷과 다른 것은?

① $-\frac{2}{3}\ \square\ \frac{1}{3}$　② $-5\ \square\ -\frac{1}{2}$

③ $-3\ \square\ -2$　④ $0\ \square\ |-2|$

⑤ $\left|-\frac{7}{2}\right|\ \square\ \frac{1}{5}$

3. 다음 중 대소 관계가 옳지 않은 것은?

① $-5<0$　② $-\frac{4}{3}<\frac{1}{3}$

③ $-7>-9$　④ $\left|-\frac{5}{3}\right|<\left|+\frac{3}{2}\right|$

⑤ $\left|-\frac{1}{9}\right|>\left|-\frac{1}{10}\right|$

적중률 70%

[4~6] 수의 배열

4. 다음 수를 작은 수부터 차례로 나열하시오.

0　-2　$+\frac{1}{5}$　$-\frac{9}{2}$　$+5$

5. 다음 수를 큰 수부터 차례로 나열하시오.

$+\frac{9}{4}$　-0.7　$-\frac{2}{5}$　$+4$　-1.5

6. 다음 수를 큰 수부터 차례로 나열할 때, 세 번째에 오는 수를 구하시오.

-2.2　$+1.7$　$+\frac{5}{6}$　$+3$　-0.5

16 두 유리수 사이에 있는 수

● 부등호 이해하기

$x>a$	$x<a$	$x\geq a$	$x\leq a$
x는 a 초과이다.	x는 a 미만이다.	x는 a 이상이다.	x는 a 이하이다.
x는 a보다 크다.	x는 a보다 작다.	x는 a보다 크거나 같다. x는 a보다 작지 않다.	x는 a보다 작거나 같다. x는 a보다 크지 않다.

● 부등호로 나타내기

① x는 3 초과 7 미만이다. ⇨ $3<x<7$

② x는 -1 이상 3 이하이다. ⇨ $-1\leq x\leq 3$

③ x는 -2보다 크거나 같다. ⇨ $x\geq -2$

④ x는 8보다 크지 않다. ⇨ $x\leq 8$

● 두 수 사이에 있는 수 구하기

① $-\frac{7}{2}$과 2 사이에 있는 정수 찾기 ⇦ 수직선을 이용한다.

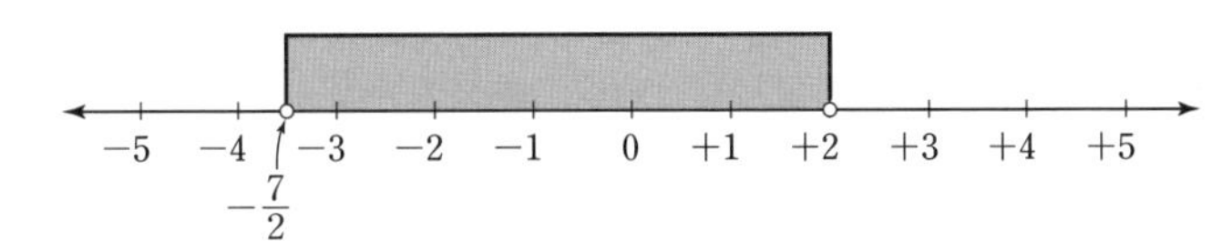

수직선에서 경계인 두 수 $-\frac{7}{2}$과 2를 제외한 두 수 사이에 있는 정수를 쓴다.

따라서 두 수 사이의 정수는 -3, -2, -1, 0, 1이다.

② $\frac{3}{10}$과 $\frac{7}{2}$ 사이에 있는 정수 찾기 ⇦ 분수를 소수로 바꾸어 찾는다.

⇨ $\frac{3}{10}=0.3$, $\frac{7}{2}=3.5$이므로, 두 수 사이에 있는 정수는 1, 2, 3이다.

③ $-\frac{3}{2}$과 $\frac{6}{5}$ 사이에 있는 유리수 중 분모가 2인 기약분수 찾기

⇨ $-\frac{3}{2}=-1.5$, $\frac{6}{5}=1.2$이므로 $-\frac{3}{2}$과 $\frac{6}{5}$ 사이에 있는 분모가 2인

분수를 모두 써 보면 $-\frac{2}{2}$, $-\frac{1}{2}$, $\frac{0}{2}$, $\frac{1}{2}$, $\frac{2}{2}$이다. 이 중에서 기약분수는

$-\frac{1}{2}$, $\frac{1}{2}$이다.

앗! 실수

부등호 중에서 가장 많이 실수하는 부분은 '작지 않다.'와 '크지 않다.'야.
'작지 않다.'는 말은 말 그대로 작지만 않으면 돼. 작지 않으면 '같아도 되고 커도 된다.'는 뜻이지.
마찬가지로 '크지 않다.'는 말은 크지만 않으면 되므로 '같아도 되고 작아도 된다.'가 되지.

바빠 꿀팁

'x는 3 초과 7 미만이다.'처럼 부등호가 2개 들어간 경우에는 x의 위치는 가운데 있어야 해.
왜냐하면 x는 주인공이니까!
또한, $7>x>3$이라고 쓰기보다는 $3<x<7$과 같이 작은 수를 왼쪽에 쓰고, 큰 수는 오른쪽에 쓰는 것이 일반적인 표현이야.

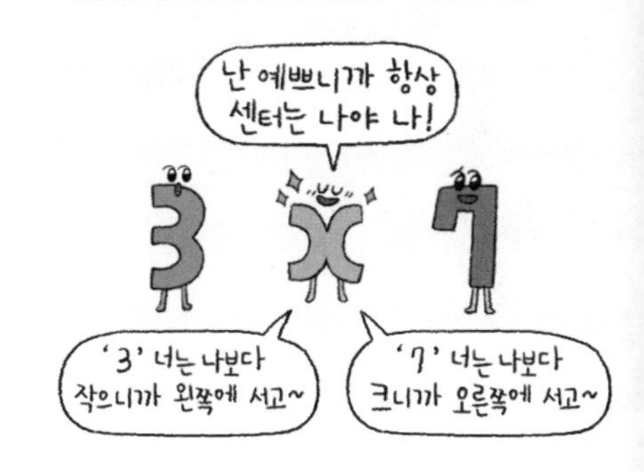

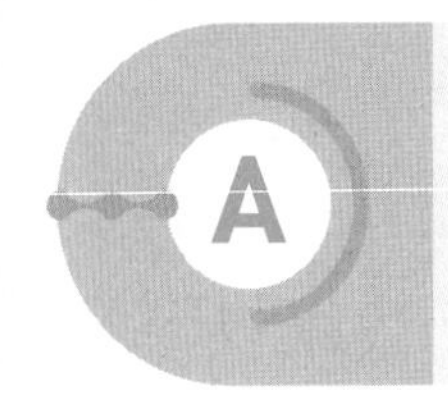

부등호의 이해 1

네 가지 부등호 $>$, $<$, $\geq$, $\leq$를 각각 사용하여 나타낼 때 x는 왼쪽에 쓰는 거야. 그런데 두 가지 부등호로 나타내려면 x는 가운데 써야 해. $a<x<b$처럼! 아하! 그렇구나~

■ 다음을 부등호를 사용하여 나타내시오.

1. x는 -2 초과이다.

x □ -2

2. x는 -3 미만이다.

3. x는 -1 이상이다.

4. x는 -4 이하이다.

5. x는 -1.2보다 크다.

6. x는 7보다 작다.

7. x는 $-\frac{5}{6}$ 이상 2.4 미만이다.

8. x는 $-\frac{1}{3}$ 이상 $\frac{3}{4}$ 이하이다.

9. x는 2.3 초과 5 이하이다.

10. x는 $-\frac{2}{3}$ 이상 1 미만이다.

11. x는 -0.7 초과 3 미만이다.

12. x는 -0.5 초과 1.7 이하이다.

B 부등호의 이해 2

'크다.' = '초과'
'작다.' = '미만'
'크거나 같다.' = '이상' = '작지 않다.'
'작거나 같다.' = '이하' = '크지 않다.'

■ 다음을 부등호를 사용하여 나타내시오.

1. x는 $-\frac{1}{3}$보다 크거나 같다.

2. x는 -2.5보다 작거나 같다.

3. x는 $\frac{1}{4}$보다 크거나 같고 3보다 작거나 같다.

4. x는 2보다 크거나 같고 5보다 작다.

5. x는 -4보다 크고 3.1보다 작거나 같다.

6. x는 2보다 크고 4보다 작거나 같다.

7. x는 5보다 작지 않다.

Help 5보다 작지 않다. ⇨ 5보다 크거나 같다.

앗! 실수

8. x는 4.2보다 크지 않다.

Help 4.2보다 크지 않다. ⇨ 4.2보다 작거나 같다.

9. x는 $\frac{2}{3}$보다 작지 않다.

10. x는 -1보다 크고 $\frac{1}{3}$보다 크지 않다.

11. x는 -2.3보다 크거나 같고 $\frac{1}{3}$보다 크지 않다.

12. x는 $-\frac{3}{4}$보다 작지 않고 2보다 크지 않다.

C 두 유리수 사이에 있는 정수 구하기

조건을 만족하는 정수를 구할 때는 수직선에 나타내어 보는 것이 틀리지 않는 비결이야.
잊지 말자. 꼬~옥!

■ 다음 조건을 만족하는 정수 x를 모두 구하시오.

1. $-3.8 \le x \le 2.2$인 정수 x

2. $-4 < x \le \frac{1}{2}$인 정수 x

3. $-\frac{1}{6} < x < \frac{1}{6}$인 정수 x

앗! 실수
4. $-\frac{5}{3} \le x < \frac{11}{3}$인 정수 x

5. $-1 < x < 1.1$인 정수 x

6. $-\frac{7}{3} \le x < \frac{11}{5}$인 정수 x

■ 다음을 만족하는 정수를 모두 구하시오.

7. -1보다 크고 3보다 작은 정수

□, □, □

8. -2보다 크거나 같고 $\frac{5}{2}$보다 작은 정수

9. -2보다 크고 4 이하인 정수

10. $-\frac{3}{2}$보다 크거나 같고 $\frac{7}{3}$ 미만인 정수

11. $-\frac{7}{4}$보다 작지 않고 $\frac{6}{5}$보다 작은 정수

앗! 실수
12. -2보다 작지 않고 3보다 크지 않은 정수

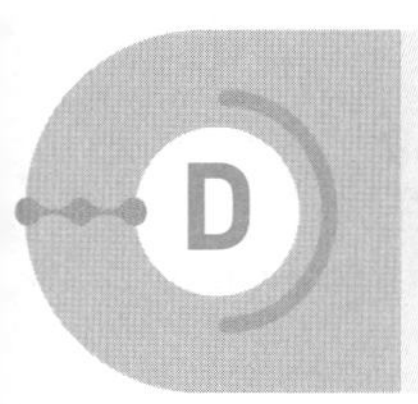

두 유리수 사이에 있는 기약분수 구하기

a와 b 사이에 있는 수는 a와 b는 포함하지 않고 a보다 크고 b보다 작은 수를 뜻해.
기약분수는 이미 약분이 된 분수, 즉 더 이상 약분되지 않는 분수야.
아하! 그렇구나~

■ 다음 조건을 만족하는 정수가 아닌 기약분수를 모두 구하시오.

1. $-\frac{1}{2}$과 $\frac{5}{2}$ 사이에 있는 분모가 2인 기약분수

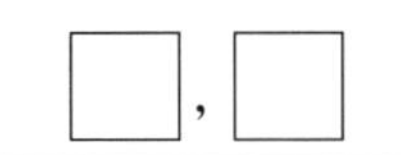

Help $\frac{0}{2}=0$이므로 분모가 2인 기약분수가 아니다.

2. $-\frac{2}{3}$와 $\frac{2}{3}$ 사이에 있는 분모가 3인 기약분수

3. $-\frac{4}{5}$와 $\frac{1}{5}$ 사이에 있는 분모가 5인 기약분수

4. $-\frac{1}{3}$과 $\frac{5}{6}$ 사이에 있는 분모가 6인 기약분수

5. $-\frac{3}{4}$과 $\frac{3}{2}$ 사이에 있는 분모가 4인 기약분수

6. -2와 1 사이에 있는 분모가 2인 기약분수

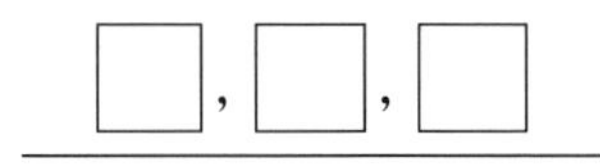

7. -3과 -1 사이에 있는 분모가 3인 기약분수

8. -1과 0.4 사이에 있는 분모가 5인 기약분수

Help -1과 0.4 사이에 있는 분모가 5인 기약분수 중 가장 작은 값은 $-\frac{4}{5}$이고 가장 큰 값은 $\frac{1}{5}$이다.

9. -4.5와 -1.5 사이에 있는 분모가 2인 기약분수

10. -2.8과 -1.6 사이에 있는 분모가 5인 기약분수

거저먹는

시험 문제

*정답과 해설 20쪽

[1] 부등호를 사용하여 나타내기

1. 다음 중 부등호를 사용하여 나타낸 것으로 옳지 않은 것은?

① x는 3보다 작지 않다. ⇨ $x \geq 3$

② x는 -1보다 크고 6 이하이다. ⇨ $-1 < x \leq 6$

③ x는 -4 이상이고 1보다 크지 않다.
⇨ $-4 \leq x \leq 1$

④ x는 -2보다 작지 않고 7보다 크지 않다.
⇨ $-2 < x < 7$

⑤ x는 6 초과 10 미만이다. ⇨ $6 < x < 10$

적중률 60%

[2~4] 두 유리수 사이의 정수 찾기

2. 두 유리수 $-\frac{3}{4}$과 $\frac{7}{2}$ 사이에 있는 정수의 개수는?

① 1 ② 2 ③ 3
④ 4 ⑤ 5

3. 두 유리수 $-\frac{31}{10}$과 3.9 사이에 있는 정수의 개수는?

① 3 ② 4 ③ 5
④ 6 ⑤ 7

4. -2.3과 2.5 사이에 있는 정수 중 가장 작은 수를 a, 가장 큰 수를 b라 할 때, $a+b$의 값을 구하시오.

[5~6] 두 유리수 사이의 기약분수 찾기

앗! 실수

5. 두 유리수 $-\frac{2}{5}$와 1 사이에 있는 정수가 아닌 기약분수 중 분모가 3인 기약분수의 개수를 구하시오.

Help $-\frac{2}{5} < -\frac{1}{3}$

6. 두 유리수 $\frac{1}{5}$과 $\frac{5}{2}$ 사이에 있는 정수가 아닌 기약분수 중 분모가 4인 기약분수의 개수를 구하시오.

Help $\frac{1}{5} < \frac{1}{4}$

넷째 마당

정수와 유리수의 계산

넷째 마당에서는 앞단원에서 배운 정수와 유리수를 계산하는 방법을 배워. 어려운 문제를 오랜 시간을 들여 풀었는데, 계산 실수로 답을 틀리면 너무 아깝겠지? 수의 계산은 아무리 강조해도 지나치지 않을 정도로 중요해. 정확하고 빠르게 계산할 수 있도록 연습해 보자.

공부할 내용	14일 진도	20일 진도	공부한 날짜
17 정수의 덧셈	8일 차	10일 차	월 일
18 유리수의 덧셈			월 일
19 정수의 뺄셈	9일 차	11일 차	월 일
20 유리수의 뺄셈		12일 차	월 일
21 덧셈과 뺄셈의 혼합 계산	10일 차	13일 차	월 일
22 부호나 괄호가 생략된 수의 덧셈과 뺄셈		14일 차	월 일
23 덧셈과 뺄셈의 응용	11일 차	15일 차	월 일
24 곱셈		16일 차	월 일
25 거듭제곱의 계산	12일 차	17일 차	월 일
26 나눗셈		18일 차	월 일
27 덧셈, 뺄셈, 곱셈, 나눗셈의 혼합 계산 - 괄호가 없는 계산, 소괄호가 있는 계산	13일 차	19일 차	월 일
28 덧셈, 뺄셈, 곱셈, 나눗셈의 혼합 계산 - 거듭제곱, 소괄호, 중괄호, 대괄호가 있는 계산	14일 차	20일 차	월 일

17 정수의 덧셈

● 수직선을 이용한 정수의 덧셈

① **(양의 정수) + (양의 정수)**: $(+2)+(+3)$

0에서 출발 ⇨ 오른쪽으로 2칸 이동
⇨ 다시 오른쪽으로 3칸 이동
⇨ $+5$에 도착
⇨ $(+2)+(+3)=+5$

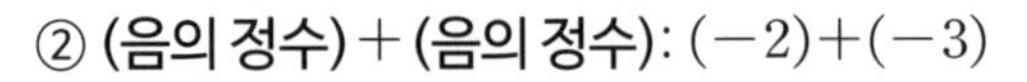

② **(음의 정수) + (음의 정수)**: $(-2)+(-3)$

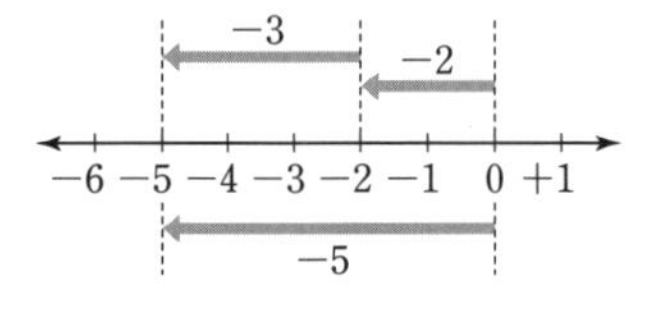

0에서 출발 ⇨ 왼쪽으로 2칸 이동
⇨ 다시 왼쪽으로 3칸 이동
⇨ -5에 도착
⇨ $(-2)+(-3)=-5$

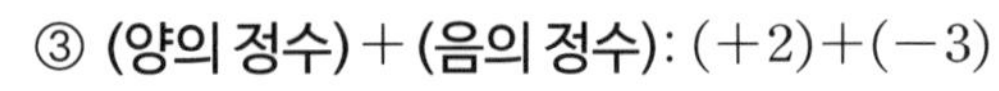

③ **(양의 정수) + (음의 정수)**: $(+2)+(-3)$

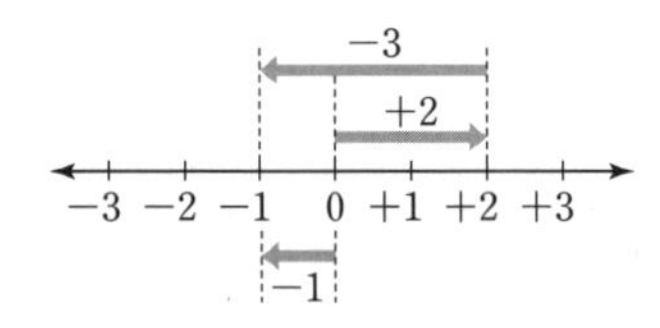

0에서 출발 ⇨ 오른쪽으로 2칸 이동
⇨ 다시 왼쪽으로 3칸 이동
⇨ -1에 도착
⇨ $(+2)+(-3)=-1$

④ **(음의 정수) + (양의 정수)**: $(-2)+(+3)$

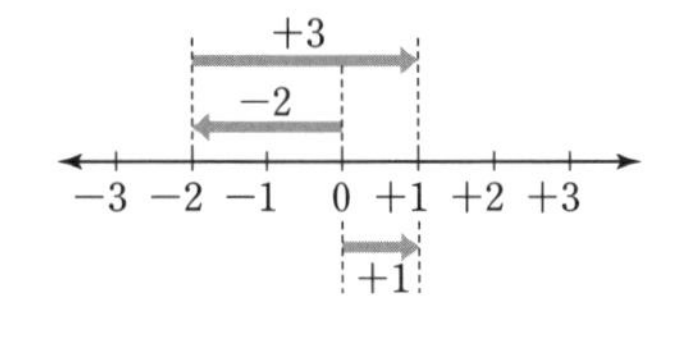

0에서 출발 ⇨ 왼쪽으로 2칸 이동
⇨ 다시 오른쪽으로 3칸 이동
⇨ $+1$에 도착
⇨ $(-2)+(+3)=+1$

바빠 꿀팁

절댓값이 같고 부호가 다른 두 수의 덧셈을 해 보면

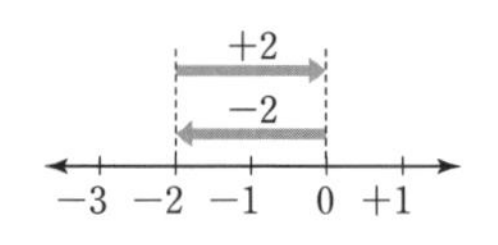

$(-2)+(+2)$
⇨ 왼쪽으로 2칸 이동
⇨ 오른쪽으로 2칸 이동
⇨ 0에 도착
⇨ $(-2)+(+2)=0$
위와 같이 절댓값이 같고 부호가 다른 두 수의 덧셈은 항상 0이야.

● 수직선을 이용하지 않는 빠른 계산

부호가 같은 두 수의 덧셈		부호가 다른 두 수의 덧셈	
$(+2)+(+3)$	$(-2)+(-3)$	$(+2)+(-3)$	$(-2)+(+3)$
$=+(2+3)=+5$	$=-(2+3)=-5$	$=-(3-2)=-1$	$=+(3-2)=+1$
절댓값의 합에 두 수의 공통인 부호를 붙인다.		절댓값의 차에 절댓값이 큰 수의 부호를 붙인다.	

음의 정수와 양의 정수의 덧셈은 덧셈이지만 절댓값이 큰 수에서 작은 수를 빼는 뺄셈을 해야 해.
그리고 부호를 절댓값이 큰 수의 부호를 붙이는 거지.

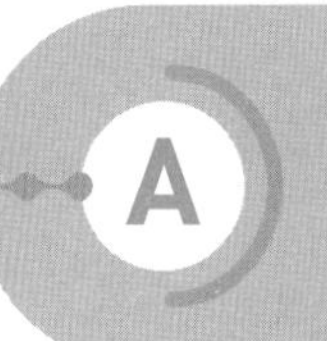

부호가 같은 수의 덧셈

(양의 정수) + (양의 정수)는 두 수의 부호를 떼고 더한 후 + 부호를 붙이고, (음의 정수) + (음의 정수)는 두 수의 부호를 떼고 더한 후 − 부호를 붙여. 잊지 말자. 꼬~옥!

■ 다음을 계산하시오.

1. $(+2)+(+3)$

Help $(+2)+(+3)=+(2+3)$

2. $(+4)+(+5)$

3. $(+12)+(+4)$

4. $(+13)+(+17)$

5. $(+11)+(+25)$

6. $(+26)+(+34)$

7. $(-1)+(-4)$

Help $(-1)+(-4)=-(1+4)$

8. $(-5)+(-7)$

9. $(-12)+(-7)$

10. $(-15)+(-9)$

11. $(-21)+(-37)$

12. $(-47)+(-24)$

부호가 다른 수의 덧셈

(양의 정수)+(음의 정수)는 부호가 정해져 있지 않아.
(양의 정수)+(음의 정수), (음의 정수)+(양의 정수)는 부호를 떼고 큰 수에서 작은 수를 뺀 후 절댓값이 큰 수의 부호를 붙여!
아하! 그렇구나~

■ 다음을 계산하시오.

앗! 실수
1. $(+3)+(-2)$

Help $(+3)+(-2)=+(3-2)$

2. $(+1)+(-1)$

3. $(+5)+(-4)$

앗! 실수
4. $(+2)+(-8)$

Help $(+2)+(-8)=\square(8-2)$

5. $(+6)+(-10)$

6. $(+7)+(-12)$

7. $(-1)+(+2)$

Help $(-1)+(+2)=\square(2-1)$

8. $(-4)+(+7)$

9. $(-3)+(+9)$

10. $(-5)+(+2)$

Help $(-5)+(+2)=\square(5-2)$

11. $(-9)+(+5)$

12. $(-15)+(+6)$

여러 가지 정수의 덧셈 1

덧셈의 부호 결정

$(+)+(+)=(+)$, $(-)+(-)=(-)$

$(+)+(-)=\square$, $(-)+(+)=\square$ 이 정도는 암기해야 해~ 암암!

절댓값이 큰 수의 부호

■ 다음을 계산하시오.

1. $(-3)+(+5)$

2. $(+7)+(-3)$

3. $(-6)+(-4)$

4. $(-7)+(-8)$

5. $(+6)+(+8)$

6. $(-4)+(+9)$

7. $(+7)+(+12)$

8. $(-4)+(-13)$

9. $(+12)+(+4)$

10. $(+9)+(-34)$

11. $(-8)+(+27)$

12. $(-10)+(+5)$

D 여러 가지 정수의 덧셈 2

더하는 두 수의 부호가 같은지 다른지 살펴보고,
먼저 부호부터 붙여 놓기! 잊지 말자. 꼬~옥!

■ 다음을 계산하시오.

1. $(-11)+(+16)$

2. $(+23)+(+14)$

3. $(-15)+(-25)$

4. $(-18)+(+24)$

5. $(-12)+(-19)$

6. $(-32)+(+45)$

7. $(+20)+(+12)$

8. $(-14)+(-13)$

9. $(-16)+(+11)$

10. $(+32)+(+14)$

11. $(+19)+(-34)$

12. $(-28)+(+57)$

거저먹는

시험 문제

시험에 자주 나오는 문제로 마무리

*정답과 해설 21쪽

[1～3] 수직선에서의 덧셈식의 의미

1. 다음 중 아래 수직선이 나타내는 덧셈식은?

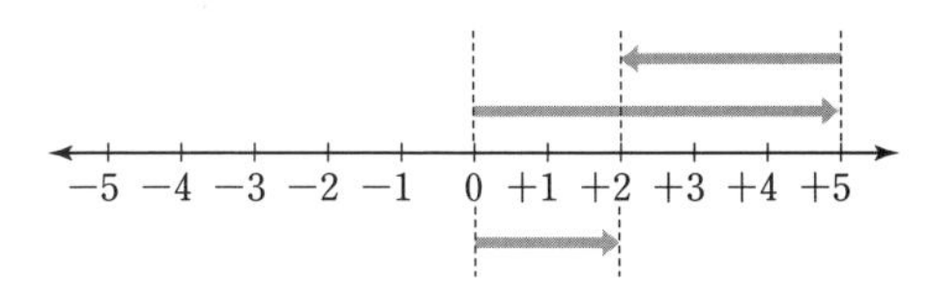

① $(+3)+(+5)=+8$
② $(+2)+(+3)=+5$
③ $(-8)+(+5)=-3$
④ $(+2)+(+5)=+7$
⑤ $(+5)+(-3)=+2$

2. 다음 중 아래 수직선이 나타내는 덧셈식은?

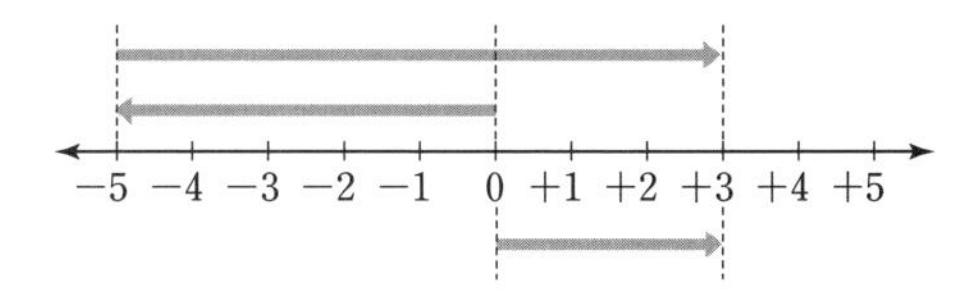

① $(+8)+(-3)=+5$
② $(+3)+(-5)=-2$
③ $(-8)+(+5)=-3$
④ $(-5)+(+8)=+3$
⑤ $(-3)+(+8)=+5$

3. 다음 중 아래 수직선이 나타내는 덧셈식은?

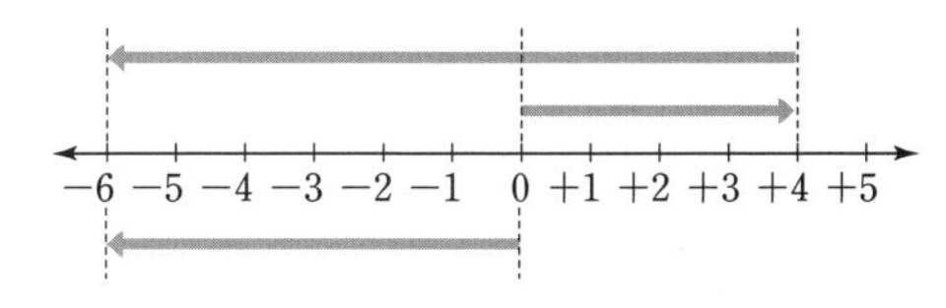

① $(+4)+(-10)=-6$
② $(-6)+(+5)=-1$
③ $(+6)+(+4)=+10$
④ $(+4)+(-6)=-2$
⑤ $(-10)+(-6)=-16$

적중률 70%

[4～6] 정수의 덧셈

4. 다음 중 계산 결과가 옳지 않은 것은?

① $(-3)+(-6)=-9$
② $(+7)+(-5)=+2$
③ $(-8)+(+10)=-2$
④ $(-3)+(+6)=+3$
⑤ $(-5)+(+7)=+2$

5. 다음 중 계산 결과가 나머지 넷과 다른 하나는?

① $(-3)+(-2)$
② $(-1)+(-4)$
③ $(-10)+(+5)$
④ $(-8)+(-3)$
⑤ $(+7)+(-12)$

6. 다음 중 계산 결과가 가장 큰 것은?

① $(+3)+(+6)$
② $(+7)+(-11)$
③ $(-5)+(+9)$
④ $(+8)+(-3)$
⑤ $(-2)+(+8)$

18 유리수의 덧셈

개념 강의보기

유리수의 덧셈

① 분모가 같은 유리수의 덧셈

분모가 같으면 공통분모를 분모로 쓰고 분자끼리 덧셈을 하는데 정수의 덧셈과 같은 방법이다.

② 분모가 다른 유리수의 덧셈

• 부호가 같은 유리수의 덧셈

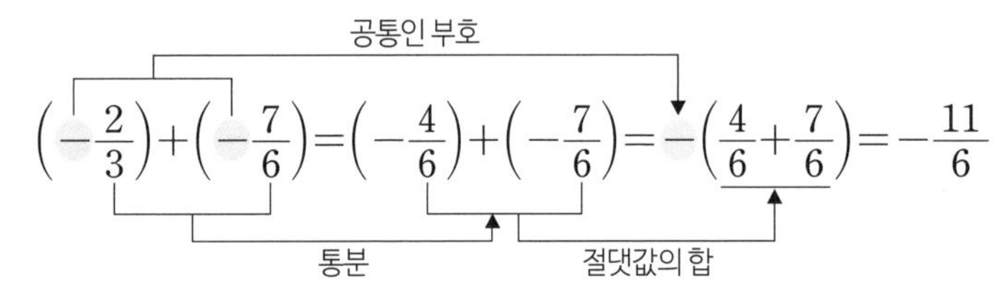

공통인 부호
$\left(-\frac{2}{3}\right)+\left(-\frac{7}{6}\right)=\left(-\frac{4}{6}\right)+\left(-\frac{7}{6}\right)=-\left(\frac{4}{6}+\frac{7}{6}\right)=-\frac{11}{6}$
통분
절댓값의 합

• 부호가 다른 유리수의 덧셈

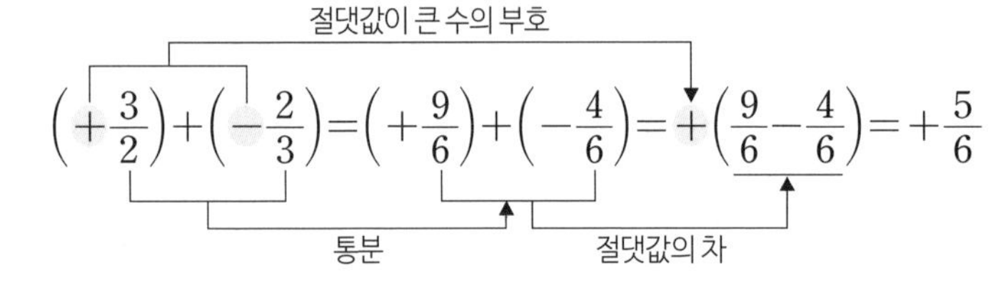

바빠 꿀팁

덧셈의 교환법칙과 결합법칙은 반드시 사용해야 할까? NO! 만약 생각이 안 나서 적용하지 않았다면 안 해도 돼. 답은 똑같으니까. 하지만 계산 속도를 높여주므로 적용하도록 노력하자. 연산은 빠를수록 잘하는 거야!

덧셈의 계산 법칙

① 덧셈의 교환법칙: $a+b=b+a$

서로의 위치를 바꾸어 계산해도 그 결과가 서로 같다.

$(+3)+(-4)=-1$

$(-4)+(+3)=-1$

② 덧셈의 결합법칙: $(a+b)+c=a+(b+c)$

앞의 두 수를 먼저 계산한 것과 뒤의 두 수를 먼저 계산한 것이 서로 같다.

$\{(-3)+(+2)\}+(+4)=(-1)+(+4)=+3$

$(-3)+\{(+2)+(+4)\}=(-3)+(+6)=+3$

앞을 먼저 계산해도 뒤를 먼저 계산해도 결과는 같다.

부호가 다른 두 유리수의 덧셈을 할 때 통분을 하기 전에는 어떤 수의 절댓값이 큰지 알기 어려워. 따라서 반드시 통분한 후에 판단해야 해.

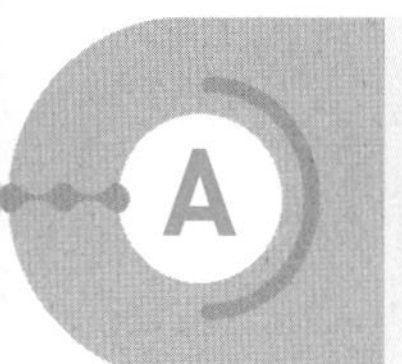

부호가 같은 유리수의 덧셈

(양의 유리수)＋(양의 유리수)는 초등 과정에서 배운 분수의 덧셈과 같으므로 통분하여 두 수를 더하고 ＋부호를 붙여!
(음의 유리수)＋(음의 유리수)는 부호를 떼고 통분하여 두 분수를 더한 후 － 부호를 붙여. 아하! 그렇구나~

■ 다음을 계산하시오.

1. $\left(+\frac{3}{5}\right)+\left(+\frac{1}{4}\right)$ __________

Help $\left(+\frac{3}{5}\right)+\left(+\frac{1}{4}\right)=+\left(\frac{12}{20}+\frac{5}{20}\right)$

2. $\left(+\frac{2}{3}\right)+\left(+\frac{2}{7}\right)$ __________

3. $\left(+\frac{1}{6}\right)+\left(+\frac{2}{9}\right)$ __________

4. $(+2.6)+\left(+\frac{2}{5}\right)$ __________

5. $\left(+\frac{3}{8}\right)+(+0.3)$ __________

6. $(+1.7)+(+4.9)$ __________

7. $\left(-\frac{7}{8}\right)+\left(-\frac{1}{4}\right)$ __________

Help $\left(-\frac{7}{8}\right)+\left(-\frac{1}{4}\right)=\square\left(\frac{7}{8}+\frac{\square}{8}\right)$

8. $\left(-\frac{4}{9}\right)+\left(-\frac{2}{15}\right)$ __________

9. $\left(-\frac{5}{12}\right)+\left(-\frac{3}{8}\right)$ __________

10. $\left(-\frac{5}{2}\right)+(-0.4)$ __________

11. $(-1.1)+\left(-\frac{1}{6}\right)$ __________

12. $(-6.7)+(-17.9)$ __________

B 부호가 다른 유리수의 덧셈

먼저 통분을 한다. ⇨ 분자의 절댓값이 큰 수에서 작은 수를 뺀다.
부호는 절댓값이 큰 수의 부호를 붙인다. 잊지 말자. 꼬~옥!

■ 다음을 계산하시오.

앗! 실수

1. $\left(-\frac{2}{3}\right)+\left(+\frac{6}{7}\right)$

Help $\left(-\frac{2}{3}\right)+\left(+\frac{6}{7}\right)=+\left(\frac{18}{21}-\frac{14}{21}\right)$

2. $\left(-\frac{7}{9}\right)+\left(+\frac{1}{3}\right)$

3. $\left(+\frac{4}{5}\right)+\left(-\frac{3}{4}\right)$

4. $\left(-\frac{2}{9}\right)+\left(+\frac{7}{6}\right)$

5. $\left(+\frac{5}{12}\right)+\left(-\frac{3}{8}\right)$

6. $\left(+\frac{1}{5}\right)+\left(-\frac{7}{20}\right)$

7. $(-2)+\left(+\frac{4}{3}\right)$

Help $(-2)+\left(+\frac{4}{3}\right)=\left(-\frac{6}{3}\right)+\left(+\frac{4}{3}\right)=-\left(\frac{6}{3}-\frac{4}{3}\right)$

8. $\left(-\frac{11}{9}\right)+(+2)$

9. $(+1.7)+(-0.3)$

10. $(+5.4)+(-7.7)$

11. $\left(-\frac{7}{5}\right)+(+3.5)$

12. $(+6.1)+\left(-\frac{17}{4}\right)$

덧셈의 교환법칙, 결합법칙

덧셈의 교환법칙: $a+b=b+a$
덧셈의 결합법칙: $(a+b)+c=a+(b+c)$
⇨ 교환법칙과 결합법칙을 적용하면 부호가 같은 수끼리 또는 분모가 같은 수끼리 모아서 계산할 수 있어서 계산이 쉬워져!

■ 다음 계산 과정에서 사용된 덧셈의 계산 법칙을 □ 안에 쓰고, 계산 과정에 들어갈 알맞은 수를 □ 안에 써넣으시오.

1. $(-4)+(+9)+(-5)$ ⟩ □
$=(+9)+(-4)+(-5)$ ⟩ □
$=(+9)+\{(-4)+(-5)\}$
$=(+9)+(\square)$
$=\square$

2. $(+8)+(-3)+(+7)$ ⟩ □
$=(+8)+(+7)+(-3)$ ⟩ □
$=\{(+8)+(+7)\}+(-3)$
$=(\square)+(-3)$
$=\square$

3. $(-2.4)+(+8.3)+(-6.7)$ ⟩ □
$=(+8.3)+(-2.4)+(-6.7)$ ⟩ □
$=(+8.3)+\{(-2.4)+(-6.7)\}$
$=(+8.3)+(\square)$
$=\square$

4. $\left(-\frac{1}{2}\right)+\left(+\frac{3}{5}\right)+\left(-\frac{5}{2}\right)$ ⟩ □
$=\left(-\frac{1}{2}\right)+\left(-\frac{5}{2}\right)+\left(+\frac{3}{5}\right)$ ⟩ □
$=\left\{\left(-\frac{1}{2}\right)+\left(-\frac{5}{2}\right)\right\}+\left(+\frac{3}{5}\right)$
$=(\square)+\left(+\frac{3}{5}\right)$
$=\square$

■ 덧셈의 계산 법칙을 이용하여 다음 □ 안에 들어갈 알맞은 수를 차례로 써넣으시오.

5. $(-5)+(+3)+(-4)$
$=(+3)+\{(\square)+(-4)\}$
$=(+3)+(\square)$
$=\square$

6. $(+6)+(-4)+(+7)$
$=(-4)+\{(\square)+(+7)\}$
$=(-4)+(\square)$
$=\square$

7. $(-4.6)+(+5)+(-5.4)$
$=\{(-4.6)+(\square)\}+(+5)$
$=(\square)+(+5)$
$=\square$

8. $\left(+\frac{5}{7}\right)+\left(-\frac{9}{14}\right)+\left(+\frac{11}{7}\right)$
$=\left\{\left(+\frac{5}{7}\right)+(\square)\right\}+\left(-\frac{9}{14}\right)$
$=(\square)+\left(-\frac{9}{14}\right)$
$=\square$

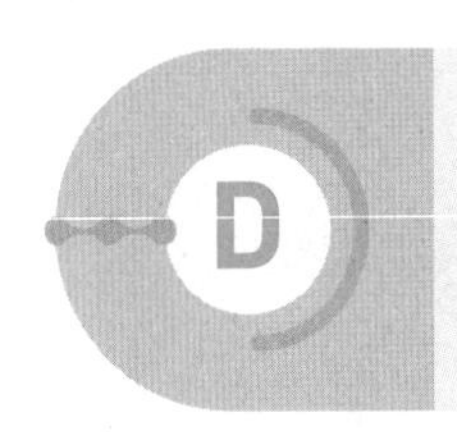

덧셈의 교환법칙, 결합법칙을 이용한 계산

정수의 덧셈의 교환법칙은 부호가 같은 것을 먼저 계산하기 위해 사용해. 유리수의 덧셈의 교환법칙은 분모가 같은 것을 모아서 계산하거나 통분하기 쉽게 하기 위해서 사용해. 아하! 그렇구나~

■ 다음을 계산하시오.

1. $(+3)+(-9)+(+7)$

Help $(+3)+(-9)+(+7)=(-9)+(+3)+(+7)$
$=(-9)+\{(+3)+(+7)\}$

2. $(+5)+(-11)+(+9)$

3. $(-9)+(+7)+(-5)$

4. $(-8)+(+20)+(-9)$

5. $(-2.3)+(+5)+(-3.2)$

6. $(-6.3)+(+4.1)+(-3.9)$

7. $\left(+\frac{3}{2}\right)+\left(+\frac{5}{4}\right)+\left(+\frac{7}{2}\right)$

Help $\left(+\frac{3}{2}\right)+\left(+\frac{5}{4}\right)+\left(+\frac{7}{2}\right)$
$=\left(+\frac{5}{4}\right)+\left\{\left(+\frac{3}{2}\right)+\left(+\frac{7}{2}\right)\right\}$

8. $\left(-\frac{3}{4}\right)+\left(-\frac{1}{3}\right)+\left(-\frac{5}{4}\right)$

9. $\left(+\frac{3}{8}\right)+\left(-\frac{13}{4}\right)+\left(+\frac{7}{8}\right)$

10. $\left(-\frac{2}{7}\right)+\left(+\frac{7}{3}\right)+\left(-\frac{5}{7}\right)$

11. $(+2.3)+\left(-\frac{11}{6}\right)+(+1.7)$

Help $(+2.3)+\left(-\frac{11}{6}\right)+(+1.7)$
$=\left(-\frac{11}{6}\right)+\{(+2.3)+(+1.7)\}$

12. $\left(-\frac{2}{5}\right)+(-2.8)+\left(+\frac{3}{5}\right)$

거저먹는

시험 문제

*정답과 해설 23쪽

[1~2] 유리수의 덧셈

1. 다음 중 가장 큰 수와 가장 작은 수의 합을 구하시오.

$$-\frac{2}{3} \quad +2 \quad +\frac{5}{2} \quad -3 \quad +\frac{7}{3}$$

2. 다음 중 가장 큰 수와 가장 작은 수의 합을 구하시오.

$$+2 \quad -\frac{4}{3} \quad +\frac{9}{8} \quad -2 \quad +\frac{15}{7}$$

적중률 70%

[3~5] 덧셈의 교환법칙과 결합법칙

3. 다음 계산 과정에서 ㉠, ㉡에 사용된 덧셈의 계산 법칙을 각각 말하고 ㉢, ㉣에 들어갈 알맞은 수를 각각 구하시오.

$$\begin{aligned}&(-3)+\left(+\frac{3}{4}\right)+(-1)+\left(+\frac{7}{8}\right)\\ &=(-3)+(-1)+\left(+\frac{3}{4}\right)+\left(+\frac{7}{8}\right) \quad ㉠\\ &=\{(-3)+(-1)\}+\left\{\left(+\frac{3}{4}\right)+\left(+\frac{7}{8}\right)\right\} \quad ㉡\\ &=(-4)+(\ ㉢\ )\\ &=(\ ㉣\ )\end{aligned}$$

㉠ ______ ㉡ ______ ㉢ ______ ㉣ ______

4. 다음 계산 과정에서 ㉠, ㉡에 사용된 덧셈의 계산 법칙을 각각 말하고 ㉢, ㉣, ㉤에 들어갈 알맞은 수를 각각 구하시오.

$$\begin{aligned}&\left(-\frac{2}{5}\right)+(-2.5)+\left(-\frac{5}{6}\right)+(+3.2)\\ &=\left(-\frac{2}{5}\right)+\left(-\frac{5}{6}\right)+(-2.5)+(+3.2) \quad ㉠\\ &=\left\{\left(-\frac{2}{5}\right)+\left(-\frac{5}{6}\right)\right\}+\{(-2.5)+(+3.2)\} \quad ㉡\\ &=(\ ㉢\ )+(\ ㉣\ )\\ &=(\ ㉤\ )\end{aligned}$$

㉠ ______ ㉡ ______ ㉢ ______
㉣ ______ ㉤ ______

5. 다음을 계산하면?

$$\left(-\frac{1}{4}\right)+\left(-\frac{7}{3}\right)+\left(+\frac{5}{2}\right)+\left(+\frac{2}{3}\right)$$

① $-\frac{5}{12}$ ② $-\frac{1}{2}$ ③ $+\frac{7}{12}$
④ $+\frac{2}{3}$ ⑤ $+\frac{11}{12}$

19 정수의 뺄셈

개념 강의 보기

덧셈과 뺄셈의 관계

덧셈과 뺄셈을 배울 때 다음과 같은 관계가 성립함을 배웠다.

$$3+5=8 \Longleftrightarrow 8-5=3,\ 8-3=5$$

따라서 다음과 같은 관계가 성립한다.

$(+2)+(+4)=+6 \Longleftrightarrow (+6)-(+4)=+2,\ (+6)-(+2)=+4$

$(-2)+(-4)=-6 \Longleftrightarrow (-6)-(-4)=-2,\ (-6)-(-2)=-4$

수직선에서 뺄셈의 이해

뺄셈을 수직선 위에서 생각해 보면 빼는 수가 양수이면 왼쪽으로 가고, 빼는 수가 음수이면 오른쪽으로 가면 된다.

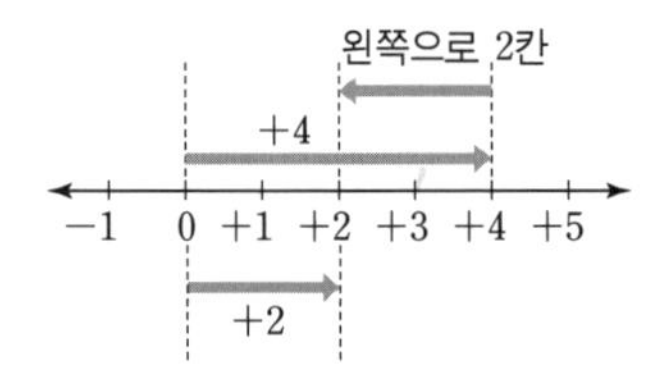

$(+4)-(+2)=+2$

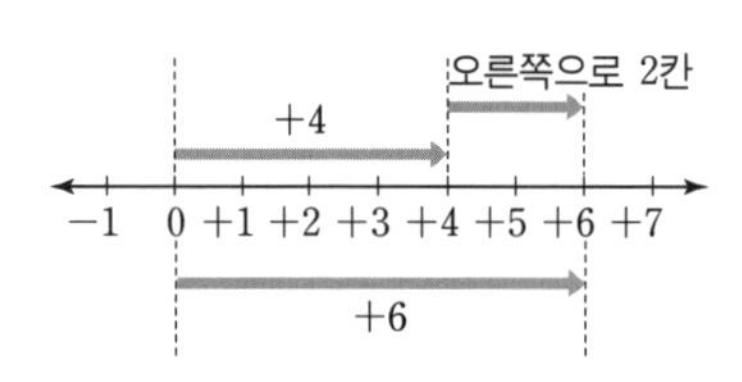

$(+4)-(-2)=+6$

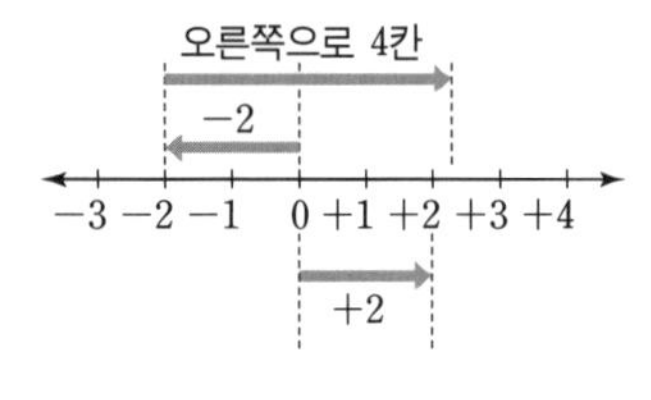

$(-2)-(-4)=+2$

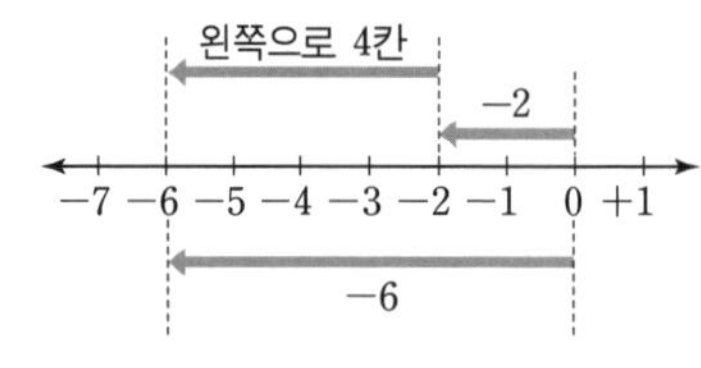

$(-2)-(+4)=-6$

뺄셈은 덧셈의 수직선에서 더하는 수가 양수이면 오른쪽으로 가고, 음수이면 왼쪽으로 가는 것과 완전히 반대이다. 즉, 양수를 빼는 것은 음수를 더하는 것과 같고 음수를 빼는 것은 양수를 더하는 것과 같다.

따라서 **뺄셈은 덧셈으로 바꾸고 빼는 수의 부호를 바꾸어 계산한다.**

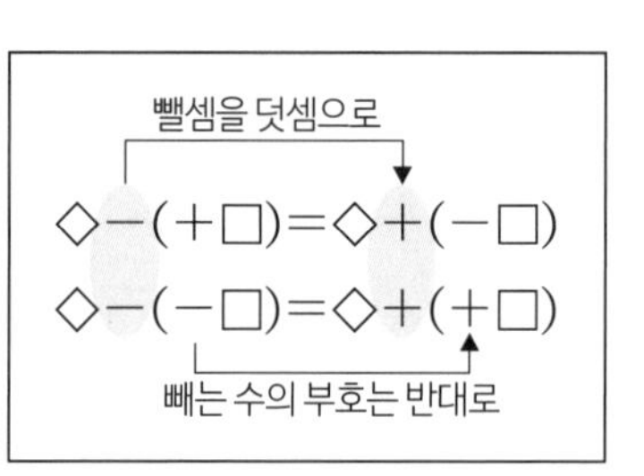

바빠 꿀팁

뺄셈을 할 때는 뺄셈을 모두 덧셈으로 바꾸고 빼는 수의 부호가 (−)이면 (+)로, (+)이면 (−)로 바꾸면 돼. 물론 뺄셈 기호 앞의 수는 그대로 두어야 해.
이렇게 바꾸면 앞 단원에서 연습했던 덧셈 문제와 같은 문제가 돼. 어렵지 않지?

(+) − (+) ⇨ (+) + (−)

(−) − (−) ⇨ (−) + (+)

(+) − (−) ⇨ (+) + (+)

(−) − (+) ⇨ (−) + (−)

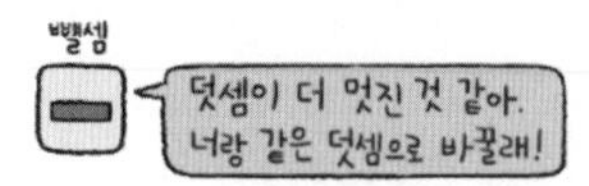

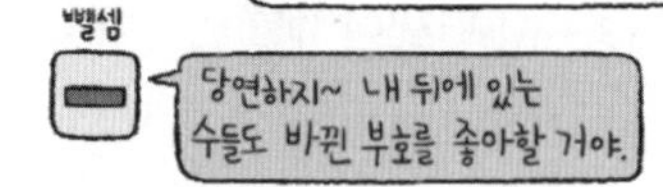

앗! 실수

(+5)−(+3)과 같은 계산은 초등 과정에서 배웠던 자연수의 뺄셈과 같아. 뺄셈으로 계산하여 +2라고 생각해도 되지만 경우에 따라 덧셈, 뺄셈을 선택해서 계산하면 헷갈리기 쉬워. 따라서 쉬운 정수라도 뺄셈은 모두 덧셈으로 고쳐서 계산해.

(양의 정수)−(음의 정수), (음의 정수)−(양의 정수)의 계산

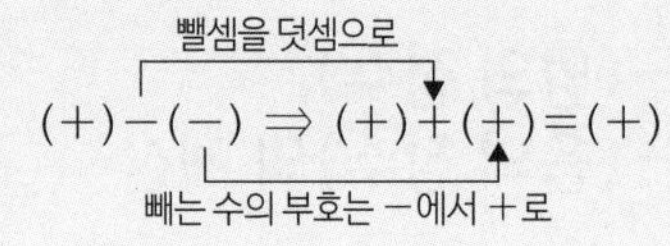

■ 다음을 계산하시오.

1. $(+2)-(-1)$

Help $(+2)-(-1)=(+2)+(+1)$

2. $(+5)-(-3)$

3. $(+12)-(-6)$

4. $(+13)-(-7)$

5. $(+15)-(-10)$

6. $(+25)-(-19)$

7. $(-2)-(+5)$

Help $(-2)-(+5)=(-2)+(-5)$

8. $(-4)-(+5)$

9. $(-5)-(+9)$

10. $(-7)-(+13)$

11. $(-10)-(+18)$

12. $(-17)-(+33)$

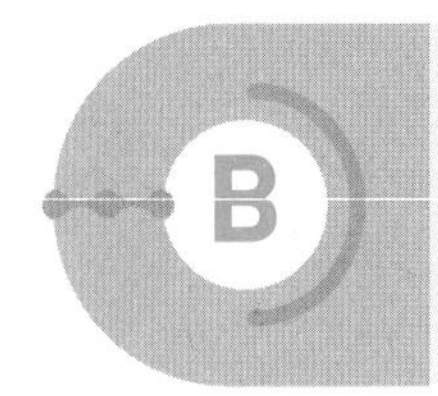

(양의 정수)−(양의 정수), (음의 정수)−(음의 정수)의 계산

(양의 정수)−(양의 정수), (음의 정수)−(음의 정수)는 뺄셈을 덧셈으로 바꾸면 (양의 정수)+(음의 정수), (음의 정수)+(양의 정수)가 되어 결국 정수의 덧셈 문제가 되지. 아하! 그렇구나~

■ 다음을 계산하시오.

앗! 실수

1. $(+4)-(+2)$

Help $(+4)-(+2)=(+4)+(-2)$

2. $(+5)-(+9)$

3. $(+7)-(+4)$

4. $(+12)-(+14)$

5. $(+25)-(+11)$

6. $(+30)-(+22)$

7. $(-3)-(-1)$

Help $(-3)-(-1)=(-3)+(+1)$

8. $(-2)-(-9)$

9. $(-5)-(-13)$

10. $(-17)-(-9)$

11. $(-18)-(-35)$

12. $(-43)-(-29)$

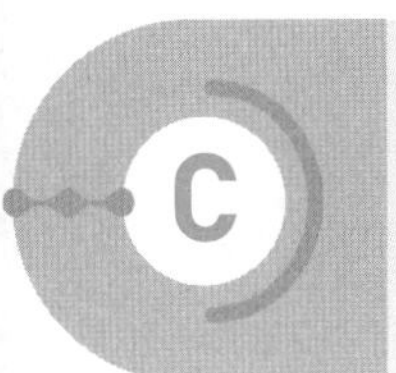

여러 가지 정수의 뺄셈 1

많은 학생들이 뺄셈이 덧셈보다 어렵다고 생각하지만, 정수의 뺄셈은 뺄셈을 덧셈으로 바꾸고 빼는 수의 부호만 잊지 않고 잘 바꾸면 덧셈과 똑같아져. 절대 어렵지 않아! 아하! 그렇구나~

■ 다음을 계산하시오.

1. $(+3)-(+8)$

2. $(+5)-(-7)$

3. $(-12)-(-8)$

4. $(+7)-(+13)$

5. $(+8)-(+9)$

6. $(+17)-(+3)$

7. $(+6)-(+5)$

8. $(+3)-(+10)$

9. $(+15)-(+3)$

10. $(+7)-(-17)$

11. $(-5)-(-16)$

12. $(+10)-(+1)$

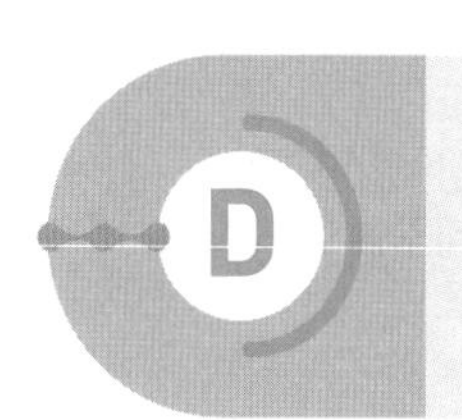

여러 가지 정수의 뺄셈 2

여러 가지 정수의 뺄셈을 틀리지 않는 비결은 많은 연습뿐이야!
생각하기 전에 이미 손이 풀고 있어야 해.
많은 반복과 연습만이 완벽한 뺄셈 실력을 만들어.
잊지 말자. 꼬~옥!

■ 다음을 계산하시오.

1. $(+2)-(+7)$

2. $(+13)-(-7)$

3. $(+17)-(+6)$

4. $(-8)-(+11)$

5. $(+3)-(+12)$

6. $(+25)-(+13)$

7. $(+16)-(+7)$

8. $(+29)-(+10)$

9. $(-17)-(-39)$

10. $(-23)-(-6)$

11. $(-21)-(+26)$

12. $(+18)-(+13)$

거저먹는

시험 문제

*정답과 해설 24쪽

적중률 100%

[1～4] 정수의 뺄셈

1. 다음 중 계산 결과가 옳은 것은?

① $(-9)-(-1)=-10$

② $(+3)-(+5)=+2$

③ $(+7)-(-2)=-5$

④ $(-12)-(+3)=-9$

⑤ $(-21)-(-15)=-6$

2. 다음 중 계산 결과가 가장 큰 것은?

① $(+10)-(+7)$　② $(-11)-(+2)$

③ $(+3)-(-8)$　④ $(+13)-(-2)$

⑤ $(+9)-(+18)$

3. 다음 중 계산 결과가 가장 작은 것은?

① $(+7)-(+13)$　② $(-5)-(-4)$

③ $(+15)-(+12)$　④ $(+11)-(+4)$

⑤ $(-12)-(-9)$

4. 다음 중 계산 결과가 다른 것은?

① $(+3)-(+1)$　② $(+1)-(-1)$

③ $(+7)-(+5)$　④ $(+8)-(+6)$

⑤ $(-10)-(-8)$

적중률 70%

[5～6] 정수의 뺄셈의 응용

5. $a=(-15)-(-9)$, $b=(+10)-(+8)$일 때, $a-b$의 값을 구하시오.

6. $a=(-123)-(-98)$, $b=(+21)-(+46)$일 때, $a-b$의 값을 구하시오.

유리수의 뺄셈

● **분모가 같은 유리수의 뺄셈**

분모가 같다면 유리수의 뺄셈이지만 정수의 뺄셈과 다르지 않다. 공통인 분모를 쓰고 분자의 계산은 정수와 같이 **뺄셈을 덧셈으로 바꾸고 빼는 수의 부호를 바꾸어** 계산한다.

$$\left(+\frac{3}{5}\right)-\left(-\frac{6}{5}\right)=\left(+\frac{3}{5}\right)+\left(+\frac{6}{5}\right)=+\frac{9}{5}$$

바빠 꿀팁

유리수의 뺄셈은 통분을 먼저 한 후 뺄셈을 덧셈으로 바꾸고 빼는 수의 부호를 바꿔야 실수를 줄일 수 있어.

● **분모가 다른 유리수의 뺄셈**

분모가 다르다면 유리수의 뺄셈은 통분하는 과정만 추가될 뿐 정수의 뺄셈과 같다.

① 두 분모를 비교해서 하나가 다른 하나의 배수라면 배수로 두 수를 통분하여 계산한다.

$$\left(+\frac{5}{2}\right)-\left(-\frac{1}{6}\right)=\left(+\frac{15}{6}\right)-\left(-\frac{1}{6}\right)$$

6은 2의 배수이므로 6으로 통분

$$=\left(+\frac{15}{6}\right)+\left(+\frac{1}{6}\right)=+\frac{16}{6}=+\frac{8}{3}$$

② 두 분모가 서로소라면 두 수의 곱을 공통인 분모로 놓고 두 수를 통분하여 계산한다.

$$\left(+\frac{3}{5}\right)-\left(+\frac{5}{3}\right)=\left(+\frac{9}{15}\right)-\left(+\frac{25}{15}\right)$$

5와 3은 서로소이므로 5×3=15로 통분

$$=\left(+\frac{9}{15}\right)+\left(-\frac{25}{15}\right)=-\frac{16}{15}$$

절댓값의 차에 절댓값이 큰 분수의 부호

③ 두 분모가 1 이외의 공약수를 가지고 있다면 최소공배수를 찾아서 공통인 분모로 놓고 두 수를 통분하여 계산한다.

$$\left(-\frac{7}{4}\right)-\left(+\frac{5}{6}\right)=\left(-\frac{21}{12}\right)-\left(+\frac{10}{12}\right)$$

4와 6의 최소공배수인 12로 통분

$$=\left(-\frac{21}{12}\right)+\left(-\frac{10}{12}\right)=-\frac{31}{12}$$

유리수의 뺄셈은 조금 복잡해 보여요~

3단계만 기억해!
1단계: 통분
2단계: 뺄셈은 덧셈으로
3단계: 빼는 수의 부호는 반대로!

앗! 실수

유리수의 계산에서 주의해야 할 점은 계산을 한 후에 분모, 분자를 약분하여 기약분수로 나타내어야 한다는 거야.
초등학교 때는 약분을 잘했던 학생들도 유리수의 뺄셈을 하다 보면 부호에만 신경 쓰다가 약분을 안해서 문제를 틀리는 경우가 종종 있거든.

(양의 유리수)−(음의 유리수), (음의 유리수)−(양의 유리수)의 계산

(+)−(−) ⇨ (+)+(+) ⇨ +(절댓값의 합)
(−)−(+) ⇨ (−)+(−) ⇨ −(절댓값의 합)
잊지 말자. 꼬~옥!

■ 다음을 계산하시오.

1. $\left(+\frac{2}{3}\right)-\left(-\frac{2}{9}\right)$

Help $\left(+\frac{2}{3}\right)-\left(-\frac{2}{9}\right)=\left(+\frac{6}{9}\right)+\left(+\frac{2}{9}\right)$

2. $\left(+\frac{1}{4}\right)-\left(-\frac{4}{3}\right)$

3. $\left(+\frac{4}{5}\right)-\left(-\frac{1}{3}\right)$

앗! 실수
4. $\left(+\frac{5}{12}\right)-\left(-\frac{3}{4}\right)$

앗! 실수
5. $\left(+\frac{5}{18}\right)-\left(-\frac{17}{6}\right)$

6. $\left(+\frac{1}{16}\right)-\left(-\frac{5}{12}\right)$

7. $\left(-\frac{3}{2}\right)-\left(+\frac{7}{8}\right)$

Help $\left(-\frac{3}{2}\right)-\left(+\frac{7}{8}\right)=\left(-\frac{12}{8}\right)+\left(-\frac{7}{8}\right)$

8. $\left(-\frac{2}{5}\right)-\left(+\frac{5}{6}\right)$

9. $\left(-\frac{9}{7}\right)-\left(+\frac{7}{21}\right)$

10. $\left(-\frac{5}{6}\right)-\left(+\frac{10}{9}\right)$

11. $\left(-\frac{2}{9}\right)-\left(+\frac{17}{36}\right)$

12. $\left(-\frac{3}{10}\right)-\left(+\frac{4}{15}\right)$

B (양의 유리수)−(양의 유리수), (음의 유리수)−(음의 유리수)의 계산

(+)−(+) ⇨ (+)+(−)
(−)−(−) ⇨ (−)+(+)
절댓값이 큰 수의 부호(절댓값의 차)

잊지 말자. 꼬~옥!

■ 다음을 계산하시오.

1. $\left(+\frac{4}{3}\right)-\left(+\frac{7}{6}\right)$

Help $\left(+\frac{4}{3}\right)-\left(+\frac{7}{6}\right)=\left(+\frac{8}{6}\right)+\left(-\frac{7}{6}\right)$

2. $\left(+\frac{7}{2}\right)-\left(+\frac{10}{3}\right)$

3. $\left(+\frac{3}{2}\right)-\left(+\frac{9}{7}\right)$

4. $\left(+\frac{7}{5}\right)-\left(+\frac{9}{4}\right)$

5. $\left(+\frac{9}{14}\right)-\left(+\frac{11}{21}\right)$

6. $\left(+\frac{7}{12}\right)-\left(+\frac{11}{18}\right)$

7. $\left(-\frac{5}{4}\right)-\left(-\frac{8}{7}\right)$

Help $\left(-\frac{5}{4}\right)-\left(-\frac{8}{7}\right)=\left(-\frac{35}{28}\right)+\left(+\frac{32}{28}\right)$

8. $\left(-\frac{4}{9}\right)-\left(-\frac{5}{6}\right)$

9. $\left(-\frac{11}{12}\right)-\left(-\frac{9}{4}\right)$

10. $\left(-\frac{7}{8}\right)-\left(-\frac{5}{3}\right)$

11. $\left(-\frac{3}{5}\right)-\left(-\frac{9}{20}\right)$

12. $\left(-\frac{7}{12}\right)-\left(-\frac{11}{15}\right)$

여러 가지 유리수의 뺄셈 1

소수가 포함된 유리수의 뺄셈을 할 때는 분수를 소수로 만드는 것이 어려울 때가 많아. 그래서 대부분 소수를 분수로 바꾼 후 통분하는 것이 편리해. 아하! 그렇구나~

■ 다음을 계산하시오.

1. $(-1.2)-\left(+\frac{9}{5}\right)$

2. $\left(+\frac{7}{4}\right)-\left(-\frac{5}{6}\right)$

3. $\left(+\frac{10}{9}\right)-\left(+\frac{5}{4}\right)$

4. $\left(+\frac{3}{5}\right)-(+0.8)$

5. $\left(-\frac{9}{7}\right)-\left(-\frac{4}{3}\right)$

6. $\left(+\frac{5}{12}\right)-\left(+\frac{7}{18}\right)$

7. $(+0.7)-\left(+\frac{5}{6}\right)$

8. $(+0.6)-\left(+\frac{11}{12}\right)$

9. $\left(+\frac{5}{11}\right)-\left(+\frac{2}{3}\right)$

10. $(+0.3)-\left(-\frac{19}{20}\right)$

11. $\left(-\frac{7}{20}\right)-\left(-\frac{9}{15}\right)$

12. $\left(-\frac{8}{15}\right)-(+2.3)$

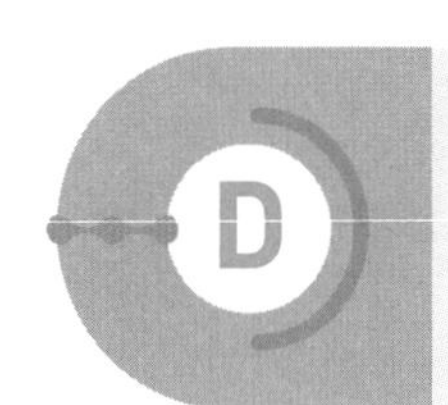

여러 가지 유리수의 뺄셈 2

통분할 때는 최소공배수부터 구하려고 하지 말고 두 분모가 배수 관계인지, 서로소 관계인지, 약수를 공유한 관계인지 판단하고 나서 공통분모를 구하는 습관을 들여야 해. 아하! 그렇구나~

■ 다음을 계산하시오.

1. $\left(-\frac{1}{7}\right)-\left(-\frac{2}{3}\right)$

2. $\left(+\frac{3}{10}\right)-\left(+\frac{2}{15}\right)$

3. $\left(-\frac{5}{6}\right)-\left(-\frac{7}{9}\right)$

4. $\left(-\frac{9}{8}\right)-\left(-\frac{11}{24}\right)$

5. $\left(-\frac{1}{4}\right)-\left(-\frac{7}{30}\right)$

6. $\left(+\frac{9}{14}\right)-\left(+\frac{8}{21}\right)$

7. $\left(-\frac{5}{28}\right)-\left(-\frac{3}{7}\right)$

8. $\left(+\frac{2}{13}\right)-\left(+\frac{1}{4}\right)$

앗! 실수

9. $\left(+\frac{8}{15}\right)-\left(-\frac{1}{6}\right)$

10. $\left(-\frac{3}{10}\right)-\left(-\frac{5}{4}\right)$

11. $\left(+\frac{15}{26}\right)-\left(+\frac{9}{13}\right)$

12. $\left(-\frac{5}{28}\right)-\left(-\frac{1}{8}\right)$

시험 문제

*정답과 해설 26쪽

적중률 90%

[1~2] 유리수의 뺄셈

1. 다음을 계산하시오.

$$-0.3-\left(-\frac{7}{12}\right)$$

2. 다음 중 계산 결과가 옳지 않은 것은?

① $\left(+\frac{1}{4}\right)-\left(+\frac{4}{3}\right)=-\frac{13}{12}$

② $\left(+\frac{7}{2}\right)-\left(+\frac{10}{3}\right)=+\frac{1}{6}$

③ $\left(-\frac{1}{5}\right)-\left(-\frac{9}{20}\right)=+\frac{1}{4}$

④ $\left(+\frac{5}{6}\right)-\left(+\frac{7}{10}\right)=+\frac{1}{3}$

⑤ $\left(-\frac{1}{7}\right)-\left(-\frac{1}{3}\right)=+\frac{4}{21}$

[3~4] 수를 골라서 계산하기

3. 다음 수 중에서 가장 큰 수에서 가장 작은 수를 뺀 값을 구하시오.

$$+\frac{4}{5} \quad -\frac{2}{3} \quad +\frac{3}{2} \quad -1 \quad -\frac{7}{5}$$

4. 다음 수 중에서 절댓값이 가장 큰 수를 a, 절댓값이 가장 작은 수를 b라 할 때, $b-a$의 값을 구하시오.

$$-2 \quad +\frac{9}{5} \quad -\frac{13}{6} \quad +0.5 \quad +\frac{11}{8}$$

적중률 70%

[5~6] 뺄셈한 값을 다시 뺄셈하기

앗! 실수

5. $a=\left(+\frac{2}{3}\right)-\left(-\frac{11}{6}\right)$, $b=\left(+\frac{3}{4}\right)-\left(+\frac{1}{2}\right)$일 때, $a-b$의 값은?

① $-\frac{7}{4}$　② -1　③ $-\frac{3}{4}$　④ $+\frac{5}{4}$　⑤ $+\frac{9}{4}$

6. $a=\left(-\frac{3}{10}\right)-\left(-\frac{4}{15}\right)$, $b=\left(+\frac{7}{6}\right)-\left(+\frac{5}{4}\right)$일 때, $b-a$의 값을 구하시오.

21 덧셈과 뺄셈의 혼합 계산

개념 강의 보기

● 덧셈과 뺄셈의 차이점

① 교환법칙

• 덧셈의 교환법칙

$(+3)+(-5)=-2$, $(-5)+(+3)=-2$

따라서 덧셈의 교환법칙은 성립한다.

• 뺄셈의 교환법칙

$(+3)-(-5)=(+3)+(+5)=+8$

$(-5)-(+3)=(-5)+(-3)=-8$

따라서 뺄셈의 교환법칙은 성립하지 않는다.

② 결합법칙

• 덧셈의 결합법칙

$\{(-2)+(-1)\}+(+4)=(-3)+(+4)=+1$

$(-2)+\{(-1)+(+4)\}=(-2)+(+3)=+1$

따라서 덧셈의 결합법칙은 성립한다.

• 뺄셈의 결합법칙

$\{(-2)-(-1)\}-(+4)=(-1)+(-4)=-5$

$(-2)-\{(-1)-(+4)\}=(-2)-(-5)=+3$

따라서 뺄셈의 결합법칙은 성립하지 않는다.

바빠 꿀팁

혼합 계산에서는 반드시 교환법칙이나 결합법칙을 사용해야 할까? NO! 그냥 앞에서부터 계산해도 돼.
그럼 왜 이렇게 여러 법칙을 사용할까?
일반적으로 같은 부호의 덧셈이 더 쉽고, 분모가 같은 수의 덧셈을 먼저 하는 것이 더 쉬우니까 바꾸고 모아서 계산하는 거야. 이렇게 하면 계산 속도도 높이고 오답도 줄일 수 있어.

● 덧셈과 뺄셈이 혼합된 계산을 쉽게 하는 방법

$(+2)-(+5)+(-6)-(-10)$을 쉽게 계산해 보자.

[1단계] 뺄셈은 모두 덧셈으로 고치고 빼는 수의 부호를 바꾼다.

$(+2)+(-5)+(-6)+(+10)$

[2단계] 덧셈의 교환법칙을 이용하여 양수끼리 모으고 음수끼리 모은다.

$(+2)+(+10)+(-5)+(-6)$

[3단계] 덧셈의 결합법칙을 이용하여 양수끼리, 음수끼리 먼저 계산한 후에 나온 두 값의 덧셈을 한다. ⇨ $(+12)+(-11)=+1$

앗! 실수

뺄셈에서는 교환법칙과 결합법칙이 성립하지 않아. 뺄셈에서 교환법칙과 결합법칙을 이용하여 계산하려면 뺄셈을 반드시 덧셈으로 바꾼 후에 덧셈의 교환법칙과 결합법칙을 이용하여 계산해야 해.

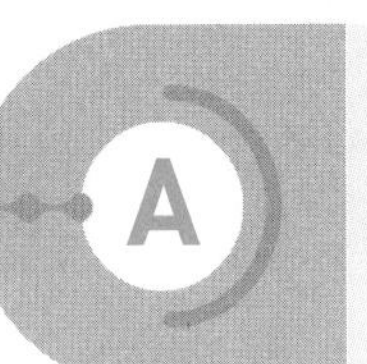

정수끼리의 덧셈과 뺄셈의 혼합 계산

1단계: 뺄셈은 모두 덧셈으로 바꾸고
2단계: 양수는 양수끼리, 음수는 음수끼리 모아서 먼저 계산하고
3단계: 나온 두 수를 더하자.
잊지 말자. 꼬~옥!

■ 다음을 계산하시오.

앗! 실수

1. $(+1)+(-2)-(+3)$

Help $(+1)+(-2)-(+3)=(+1)+(-2)+(-3)$
$=(+1)+\{(-2)+(-3)\}$

2. $(-2)+(+6)-(+5)$

3. $(+2)-(-7)+(-3)$

4. $(-11)+(-1)-(-4)$

5. $(-8)+(+3)-(+2)$

6. $(-9)+(+5)-(-6)$

7. $(-12)-(+3)+(+17)$

8. $(+2)-(-18)+(-13)$

9. $(-10)+(+5)-(-11)$

10. $(+18)-(+12)-(+9)$

11. $(+32)-(-14)+(-27)$

12. $(+17)+(-25)-(-18)$

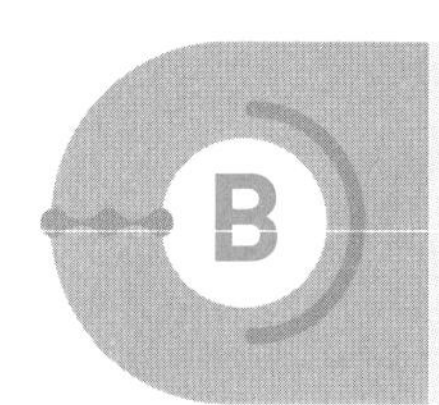

유리수끼리의 덧셈과 뺄셈의 혼합 계산 1

세 유리수 중 같은 분모가 있으면 같은 분모인 두 수를 모아서 계산하고, 세 유리수 중 같은 분모가 없다면 통분하기 쉽도록 교환법칙과 결합법칙을 이용하여 계산하자! 아하! 그렇구나~

■ 다음을 계산하시오.

앗! 실수

1. $\left(+\frac{5}{6}\right)-\left(+\frac{1}{3}\right)+\left(-\frac{5}{3}\right)$

Help $\left(+\frac{5}{6}\right)-\left(+\frac{1}{3}\right)+\left(-\frac{5}{3}\right)$
$=\left(+\frac{5}{6}\right)+\left\{\left(-\frac{1}{3}\right)+\left(-\frac{5}{3}\right)\right\}$
$=\left(+\frac{5}{6}\right)+(-2)$

2. $\left(+\frac{3}{4}\right)+\left(-\frac{1}{8}\right)-\left(+\frac{5}{8}\right)$

3. $\left(-\frac{2}{7}\right)-\left(+\frac{1}{3}\right)-\left(-\frac{7}{3}\right)$

4. $\left(+\frac{6}{5}\right)+\left(-\frac{7}{4}\right)-\left(+\frac{3}{4}\right)$

5. $\left(-\frac{1}{7}\right)+\left(+\frac{2}{5}\right)-\left(-\frac{8}{7}\right)$

6. $\left(-\frac{7}{8}\right)-\left(-\frac{2}{3}\right)+\left(-\frac{3}{8}\right)$

7. $\left(-\frac{5}{3}\right)+\left(+\frac{5}{4}\right)-\left(-\frac{7}{12}\right)$

8. $\left(+\frac{7}{6}\right)-\left(+\frac{3}{5}\right)+\left(-\frac{7}{30}\right)$

9. $\left(-\frac{3}{7}\right)+\left(-\frac{5}{6}\right)+\left(+\frac{5}{42}\right)$

10. $\left(-\frac{3}{8}\right)+\left(+\frac{5}{24}\right)+\left(-\frac{2}{3}\right)$

11. $\left(+\frac{3}{14}\right)+\left(-\frac{5}{2}\right)-\left(-\frac{11}{7}\right)$

12. $\left(+\frac{13}{40}\right)-\left(+\frac{9}{8}\right)+\left(+\frac{6}{5}\right)$

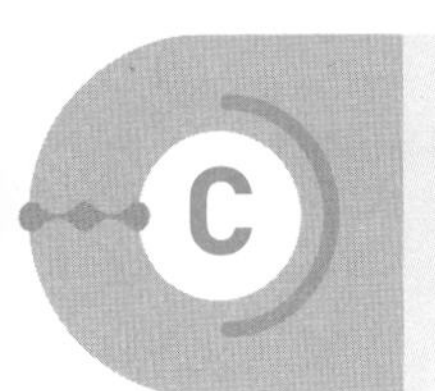

유리수끼리의 덧셈과 뺄셈의 혼합 계산 2

소수가 있는 혼합 계산에서는 소수를 분수로 고친 후 약분할 수 있으면 먼저 약분하는 게 좋아. 즉, $1.5=\frac{15}{10}$이지만 $\frac{3}{2}$으로 약분하면 분모의 최소공배수를 작은 수로 만들 수 있어. 잊지 말자. 꼬~옥!

■ 다음을 계산하시오.

1. $\left(-\frac{1}{2}\right)-\left(+\frac{4}{5}\right)+(-0.7)$

 Help $\left(-\frac{5}{10}\right)+\left(-\frac{8}{10}\right)+\left(-\frac{7}{10}\right)$

2. $\left(-\frac{2}{3}\right)-\left(-\frac{5}{2}\right)+\left(-\frac{7}{5}\right)$

3. $(-1.5)+\left(+\frac{3}{4}\right)-\left(-\frac{1}{3}\right)$

4. $\left(-\frac{1}{4}\right)+\left(+\frac{2}{3}\right)-\left(+\frac{2}{5}\right)$

5. $\left(+\frac{7}{5}\right)-(+2.3)+\left(+\frac{5}{4}\right)$

6. $(-3.5)-(-4.3)-\left(+\frac{5}{8}\right)$

7. $\left(+\frac{7}{4}\right)+\left(-\frac{1}{6}\right)-\left(+\frac{5}{12}\right)$

8. $\left(+\frac{5}{14}\right)-\left(-\frac{3}{8}\right)-\left(+\frac{3}{4}\right)$

9. $\left(+\frac{2}{3}\right)+\left(-\frac{7}{6}\right)-\left(-\frac{11}{15}\right)$

10. $\left(-\frac{7}{15}\right)+\left(-\frac{1}{5}\right)-\left(-\frac{5}{18}\right)$

11. $\left(-\frac{7}{16}\right)-\left(+\frac{5}{12}\right)-\left(-\frac{5}{4}\right)$

12. $\left(-\frac{9}{14}\right)-\left(-\frac{1}{3}\right)+\left(+\frac{10}{21}\right)$

D 정수가 포함된 유리수의 덧셈과 뺄셈

세 유리수 중에서 정수와 소수는 교환법칙과 결합법칙을 이용하여 모아서 먼저 계산! 통분은 나중에!
아하! 그렇구나~

■ 다음을 계산하시오.

1. $(-3)+\left(-\frac{23}{15}\right)-(-4.5)$

Help $(-3)+\left(-\frac{23}{15}\right)-(-4.5)$
$=\{(-3)+(+4.5)\}+\left(-\frac{23}{15}\right)$

2. $(+2)-\left(+\frac{11}{8}\right)+\left(-\frac{13}{20}\right)$

3. $(-2.5)+\left(+\frac{5}{4}\right)-(-1)$

4. $\left(-\frac{17}{8}\right)+(+3)-\left(+\frac{7}{12}\right)$

5. $(-2)-\left(+\frac{9}{10}\right)+\left(+\frac{32}{15}\right)$

6. $(-7.2)+\left(+\frac{13}{12}\right)-(-6)$

7. $\left(-\frac{17}{6}\right)+(+4)-\left(-\frac{2}{15}\right)$

8. $(+6)-\left(-\frac{12}{7}\right)+(-9)$

9. $\left(-\frac{8}{5}\right)+(+3)-\left(+\frac{9}{8}\right)$

10. $(+4.2)-\left(+\frac{5}{4}\right)+(-3)$

11. $(+2)+\left(-\frac{7}{6}\right)-\left(+\frac{8}{15}\right)$

12. $\left(+\frac{5}{18}\right)+\left(+\frac{7}{12}\right)-(+1)$

거저먹는

시험 문제

* 정답과 해설 29쪽

적중률 90%

[1～3] 덧셈과 뺄셈의 혼합 계산

1. $(-4)-(-6)+(+2)-(+13)$을 계산하시오.

2. $\left(+\frac{3}{2}\right)+(-3)-\left(+\frac{9}{5}\right)-(-2.7)$을 계산하면?

① $-\frac{7}{10}$ ② $-\frac{3}{5}$ ③ $+\frac{3}{10}$ ④ $+\frac{4}{5}$ ⑤ $+\frac{9}{10}$

3. $\left(+\frac{2}{3}\right)+\left(+\frac{4}{5}\right)-\left(-\frac{5}{6}\right)-\left(+\frac{11}{5}\right)$을 계산하시오.

[4～5] 계산 결과 중 가장 큰 값 또는 작은 값 찾기

4. 다음 중 계산 결과가 가장 큰 것은?

① $(+3)+(+2.5)-(+1.4)$
② $(+9.1)-(+7)+(+1.3)$
③ $(+2.4)-(+1.5)+(-3.1)$
④ $(+7)+(-10)-(-3)$
⑤ $(-1.7)-(-3.3)-(+5)$

5. 다음 중 계산 결과가 가장 작은 것은?

① $(-2)+\left(+\frac{21}{5}\right)-(+1.4)$
② $\left(+\frac{9}{4}\right)-(+3)+\left(-\frac{15}{8}\right)$
③ $\left(-\frac{7}{3}\right)+\left(+\frac{5}{2}\right)-\left(-\frac{1}{6}\right)$
④ $(+1.5)-\left(-\frac{3}{4}\right)+\left(-\frac{8}{5}\right)$
⑤ $(-2.8)-(-1.2)-\left(-\frac{3}{10}\right)$

22 부호나 괄호가 생략된 수의 덧셈과 뺄셈

개념 강의 보기

괄호가 없는 식의 덧셈과 뺄셈

① 괄호가 없는 식에 괄호를 넣어 계산하기

양수는 + 부호를 생략하여 쓸 수 있으므로

$(+4)-(+6)-(+5)+(+8)=4-6-5+8$로 쓸 수 있다.

따라서 $4-6-5+8$을 계산할 때는 반대로 양의 부호와 괄호를 넣어

$(+4)-(+6)-(+5)+(+8)$로 계산할 수 있다.

$$\begin{aligned}4-6-5+8&=(+4)-(+6)-(+5)+(+8)\\&=(+4)+(-6)+(-5)+(+8)\\&=\{\underbrace{(+4)+(+8)}_{\text{양수끼리}}\}+\{\underbrace{(-6)+(-5)}_{\text{음수끼리}}\}\\&=(+12)+(-11)=+1\end{aligned}$$

② 괄호가 없는 식을 괄호 없이 계산하기

뺄셈 기호 자체를 수의 부호로 보아 양수는 양수끼리, 음수는 음수끼리 모아서 계산하면 빠르게 계산된다.

$4-6-5+8=4+8-6-5=12-11=1$

뺄셈으로 생각하지 않고 음의 부호로 생각

분수들의 계산은 양수끼리, 음수끼리 모으는 것보다는 분모가 같은 분수끼리 모으는 것이 더 편리하다.

$$-\frac{3}{7}-\frac{5}{3}+\frac{4}{7}+\frac{1}{3}=\underbrace{-\frac{3}{7}+\frac{4}{7}}\underbrace{-\frac{5}{3}+\frac{1}{3}}=\frac{1}{7}-\frac{4}{3}$$

분모가 같은 분수끼리

$$=\frac{3}{21}-\frac{28}{21}=-\frac{25}{21}$$

괄호와 덧셈이 없는 유리수의 연산 식을 처음 대하면 많이 헷갈려. 괄호를 넣어야 비로소 이해가 되기도 하지. 하지만 앞으로의 모든 유리수의 계산은 괄호를 넣지 않아. 처음엔 어렵게 느껴져도 익숙해지도록 노력해야 해. 연산 속도가 두 배는 빨라지거든!

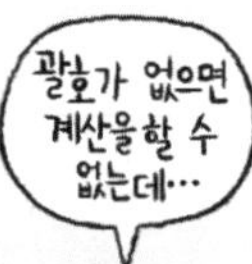

안녕히 계세요. 여러분
저는 떠납니다~!
내가 없어야 계산이 더
쉽다는 걸 알게예요!

출동! X맨과 O맨

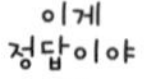

괄호를 없애고 계산한다고 배웠지만 모든 괄호를 없앨 수 있는 것은 아니야.

$4-(-2)$에서 괄호를 없애면 $4--2$ (×)

➡ +, −, ×, ÷와 부호를 괄호 없이 같이 쓰면 안 돼.

$4-(-2)$에서 괄호를 없애기 위해서는

$4-(-2)=4+2$ (○)

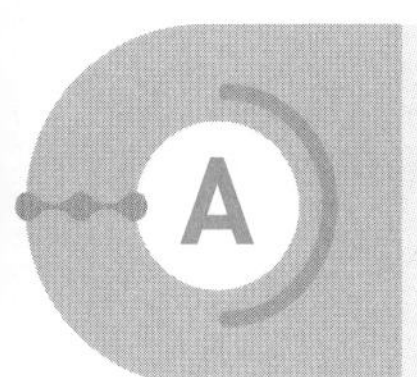

괄호와 부호를 넣어 식을 계산하기

$a-b$, $-a-b$에 괄호와 부호를 넣어 보면 $(+a)-(+b)$, $(-a)-(+b)$야.
부호가 없는 수는 무조건 $+$부호를 붙여야 해.
잊지 말자. 꼬~옥!

■ 괄호와 부호를 넣어 다음을 계산하시오.

1. $4-7$

Help $4-7=(+4)-(+7)$

2. $5-13$

3. $-6-14$

4. $-\frac{1}{6}-\frac{5}{4}$

5. $-\frac{5}{3}+\frac{7}{12}$

6. $\frac{9}{5}-\frac{9}{4}$

7. $-2+8-10$

Help $-2+8-10=(-2)+(+8)-(+10)$

8. $3-7+9$

9. $2-9-15$

10. $-6+10-13$

11. $-\frac{9}{5}+\frac{3}{2}-\frac{7}{10}$

12. $\frac{9}{4}-\frac{5}{8}-\frac{17}{16}$

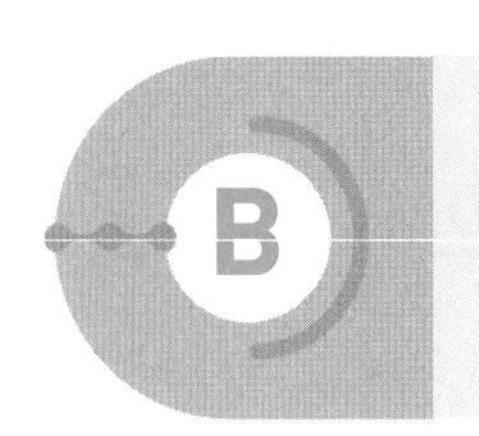

괄호나 부호를 넣지 않고 계산하기 1

2−3은 뺄셈이 아니라 −를 3의 부호라고 생각해 봐. 그렇게 생각하면 2와 −3의 덧셈이 되어 덧셈 기호를 넣어서 계산하고 싶어지지? 그래도 꾹 참고 덧셈 기호가 있다고 상상하며 계산해 보자.

아하! 그렇구나~

■ 괄호나 부호를 넣지 않고 다음을 계산하시오.

1. $-7+8$

2. $4-8$

3. $-5-5$

4. $-9+21$

5. $13-17$

6. $-6-18$

7. $-\frac{7}{15}-\frac{5}{6}$

8. $-\frac{14}{9}+\frac{7}{4}$

9. $-\frac{8}{7}+\frac{3}{14}$

10. $\frac{5}{12}-\frac{4}{15}$

11. $-\frac{5}{8}+\frac{9}{10}$

12. $\frac{5}{6}-\frac{5}{4}$

괄호나 부호를 넣지 않고 계산하기 2

유리수의 계산은 통분이 쉽게 될 수 있도록 교환법칙과 결합법칙을 이용하여 풀자. 부호가 같은 정수끼리, 분모가 같은 분수끼리 모아서!

아하! 그렇구나~

■ 괄호나 부호를 넣지 않고 다음을 계산하시오.

1. $-10+6+7$

______

2. $-12+7-9$

______

3. $-3-11+7$

______

4. $7-11-6+12$

______

Help $7-11-6+12=7+12-11-6$

5. $10-5-13+2$

______

6. $-4-14+9+5$

______

7. $-\frac{9}{8}-\frac{5}{4}+\frac{7}{8}$

______

8. $-\frac{4}{9}+\frac{7}{6}+\frac{2}{3}$

______

9. $-\frac{3}{2}+\frac{5}{6}+\frac{3}{8}$

______

10. $\frac{3}{5}+2+\frac{9}{4}-5$

______

Help $\frac{3}{5}+2+\frac{9}{4}-5=\frac{3}{5}+\frac{9}{4}+2-5$

11. $5-\frac{10}{3}-3+\frac{1}{6}$

______

12. $7-\frac{8}{3}+\frac{7}{4}-6$

______

거저먹는

시험 문제

시험에 자주 나오는 문제로 마무리

*정답과 해설 31쪽

적중률 80%

[1~3] 두 수를 괄호를 넣지 않고 계산하기

1. 다음 중 계산 결과가 가장 작은 것은?

① $-21+5$ ② $34-15$

③ $-13-9$ ④ $15+4$

⑤ $-3-13$

2. 다음 중 계산 결과가 옳지 않은 것은?

① $-1+3=2$ ② $-17-5=-22$

③ $-2+\frac{11}{9}=-\frac{7}{9}$ ④ $-\frac{3}{4}+\frac{4}{3}=-\frac{7}{12}$

⑤ $+\frac{7}{6}-\frac{3}{8}=\frac{19}{24}$

3. 다음 중 계산 결과가 다른 것은?

① $-3+6$ ② $-4+7$

③ $-\frac{2}{3}+\frac{11}{3}$ ④ $\frac{3}{4}-\frac{9}{20}$

⑤ $-\frac{1}{2}+\frac{7}{2}$

적중률 70%

[4~6] 세 수 또는 네 수를 괄호를 넣지 않고 계산하기

4. 다음을 계산한 값이 옳지 않은 것은?

① $7-2+11=16$ ② $16-8-2=6$

③ $-12+7+8=3$ ④ $19-3+4=20$

⑤ $-2-11+9=4$

5. $a=-6+17-5$, $b=4-2-11$일 때, $b-a$의 값을 구하시오.

6. 다음을 계산하시오.

$$-0.9+\frac{3}{2}+1.2-\frac{4}{5}$$

23 덧셈과 뺄셈의 응용

개념 강의보기

● 어떤 수보다 ~만큼 큰 수 또는 ~만큼 작은 수

① 어떤 수보다 ~만큼 큰 수는 덧셈으로 계산한다.

어떤 수 □보다 $+3$만큼 큰 수: □$+(+3)$

어떤 수 □보다 -3만큼 큰 수: □$+(-3)$

② 어떤 수보다 ~만큼 작은 수는 뺄셈으로 계산한다.

어떤 수 □보다 $+3$만큼 작은 수: □$-(+3)$

어떤 수 □보다 -3만큼 작은 수: □$-(-3)$

바빠 꿀팁

덧셈과 뺄셈 사이의 관계에서 가장 이해하기 힘든 것이 있어.
□$-4=6$에서 □$=6+4$로 뺄셈을 덧셈으로 만들어 구하지만 $10-$□$=6$과 같이 뺄셈 다음에 □가 있는 경우에는 앞의 경우와 다르게 □$=10-6$으로 구해. 헷갈리지 않도록 확실히 기억하자.

● 덧셈과 뺄셈 사이의 관계

① $4+$□$=6$ ⇨ 4와 □를 더해서 6이 되므로 □$=6-4$

□$+4=6$ ⇨ □와 4를 더해서 6이 되므로 □$=6-4$

② □$-4=6$ ⇨ □에서 4를 빼면 6이 되므로 □$=6+4$

$10-$□$=6$ ⇨ 10에서 □를 빼면 6이 되므로 □$=10-6$

내가 몇 박스 가져왔는지 안 알려주지~
네가 안 가르쳐 줘도 트럭에 10개가 실려 있으니 10개에서 내가 가져온 3개를 빼면 알 수 있지.

● 절댓값이 주어진 수의 덧셈과 뺄셈

$|a|=9$, $|b|=5$이면 $a=+9$ 또는 $a=-9$, $b=+5$ 또는 $b=-5$

① $a+b$의 값을 구할 때

가장 큰 값: 가장 큰 수끼리 더한다. ⇨ $(+9)+(+5)$

가장 작은 값: 가장 작은 수끼리 더한다. ⇨ $(-9)+(-5)$

② $a-b$의 값을 구할 때

가장 큰 값: 가장 큰 수에서 가장 작은 수를 뺀다. ⇨ $(+9)-(-5)$

가장 작은 값: 가장 작은 수에서 가장 큰 수를 뺀다. ⇨ $(-9)-(+5)$

● 바르게 계산한 값 구하기

어떤 수에 $+7$을 더해야 할 것을 잘못하여 빼었더니 그 결과가 $+13$이 되었다. 이때 어떤 수와 바르게 계산한 값을 각각 구해 보자.

어떤 수를 □라 하면 계산을 잘못하여 □$-(+7)=+13$이 되었으므로

□$=(+13)+(+7)=+20$

따라서 바르게 계산한 값은 어떤 수에 $+7$을 더하면 된다. 즉,

$(+20)+(+7)=+27$

출동! X맨과 O맨

• 어떤 수보다 -3만큼 작은 수

➡ □-3 (×)

• 어떤 수보다 -3만큼 작은 수

➡ □$-(-3)$ (○)

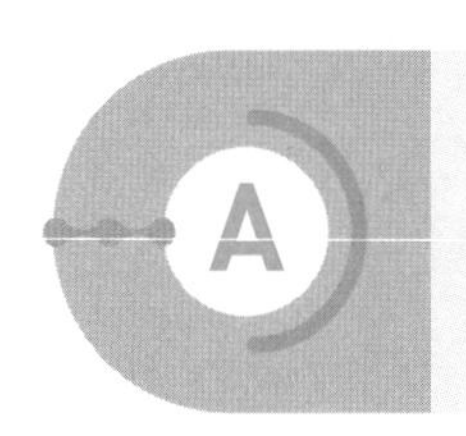

어떤 수보다 ~만큼 큰 수 또는 ~만큼 작은 수

~보다 큰 수는 덧셈으로, ~보다 작은 수는 뺄셈으로 구하면 돼!
□보다 −△만큼 큰 수 ⇨ □+(−△)
□보다 −△만큼 작은 수 ⇨ □−(−△)
잊지 말자. 꼬~옥!

■ 다음을 구하시오.

1. 8보다 -5만큼 큰 수

Help $8+(-5)$

2. -1보다 -9만큼 큰 수

3. -10보다 7만큼 큰 수

4. 5보다 $-\frac{6}{5}$만큼 큰 수

5. $-\frac{11}{6}$보다 $-\frac{5}{3}$만큼 큰 수

6. $-\frac{9}{4}$보다 3만큼 큰 수

7. -6보다 8만큼 작은 수

Help $-6-(+8)$

앗! 실수

8. 25보다 -12만큼 작은 수

Help $25-(-12)$

앗! 실수

9. -9보다 -17만큼 작은 수

10. $-\frac{5}{8}$보다 -2만큼 작은 수

11. 5보다 $\frac{17}{5}$만큼 작은 수

12. $-\frac{9}{7}$보다 $-\frac{4}{3}$만큼 작은 수

B 계산 결과가 주어졌을 때 덧셈과 뺄셈

- $2+\square=3 \Rightarrow \square=3-2$
- $\square+6=10 \Rightarrow \square=10-6$
- $\square-4=11 \Rightarrow \square=11+4$
- $12-\square=7 \Rightarrow \square=12-7$ 잊지 말자. 꼬~옥! 

■ 다음 □ 안에 알맞은 수를 구하시오.

1. $3+\square=7$

Help 3과 □를 더해서 7이므로 $\square=7-3$

2. $-5+\square=4$

3. $\square+6=17$

4. $\square+8=-9$

5. $\square+\frac{3}{7}=\frac{1}{2}$

6. $-\frac{2}{3}+\square=-\frac{5}{4}$

7. $\square-4=2$

Help □에서 4를 빼면 2이므로 $\square=2+4$

8. $\square-9=-13$

앗! 실수

9. $21-\square=11$

Help 어떤 수를 뺄 때가 가장 혼동하기 쉽다.
21에서 □를 빼서 11이므로 $\square=21-11$

10. $-15-\square=8$

11. $\square-\frac{5}{6}=-\frac{4}{9}$

12. $\frac{5}{12}-\square=\frac{1}{8}$

절댓값이 주어진 수의 덧셈과 뺄셈

절댓값이 2인 a와 절댓값이 1인 b에 대하여 다음을 구해 보자.
$a=-2$ 또는 $a=+2$, $b=-1$ 또는 $b=+1$이므로
$a+b$의 가장 큰 값은 $(+2)+(+1)$, 가장 작은 값은 $(-2)+(-1)$
$a-b$의 가장 큰 값은 $(+2)-(-1)$, 가장 작은 값은 $(-2)-(+1)$

■ 다음을 구하시오.

1. 절댓값이 3인 양수 a와 절댓값이 2인 음수 b에 대하여 $a+b$의 값 __________

2. 절댓값이 11인 음수 a와 절댓값이 4인 양수 b에 대하여 $a+b$의 값 __________

3. 절댓값이 9인 음수 a와 절댓값이 8인 음수 b에 대하여 $a+b$의 값 __________

4. 절댓값이 5인 양수 a와 절댓값이 1인 음수 b에 대하여 $a-b$의 값 __________

5. 절댓값이 13인 음수 a와 절댓값이 9인 양수 b에 대하여 $a-b$의 값 __________

6. 절댓값이 2인 음수 a와 절댓값이 14인 음수 b에 대하여 $a-b$의 값 __________

■ 절댓값이 5인 a와 절댓값이 4인 b에 대하여 다음을 구하시오.

7. $a+b$의 가장 큰 값 __________

8. $a+b$의 가장 작은 값 __________

9. $a-b$의 가장 큰 값 __________

10. $a-b$의 가장 작은 값 __________

■ 절댓값이 11인 a와 절댓값이 7인 b에 대하여 다음을 구하시오.

11. $a+b$의 가장 큰 값 __________

12. $a+b$의 가장 작은 값 __________

13. $a-b$의 가장 큰 값 __________

14. $a-b$의 가장 작은 값 __________

D 바르게 계산한 값

잘못한 계산을 바르게 계산하기 위해서는 잘못한 계산으로 식을 세워야 해. 어떤 수에 1을 더해야 할 것을 잘못하여 빼었더니 5가 되었다면 어떤 수를 □로 놓고 잘못한 식 □$-(+1)=+5$를 세운 후 □를 구해야 해.

아하! 그렇구나~

1. 어떤 수에 4를 더해야 할 것을 잘못하여 빼었더니 그 결과가 3이 되었다. 어떤 수와 바르게 계산한 값을 각각 구하시오.

어떤 수 ________

바르게 계산한 값 ________

2. 어떤 수에 6을 더해야 할 것을 잘못하여 빼었더니 그 결과가 2가 되었다. 어떤 수와 바르게 계산한 값을 각각 구하시오.

어떤 수 ________

바르게 계산한 값 ________

3. 어떤 수에 -5를 더해야 할 것을 잘못하여 빼었더니 그 결과가 10이 되었다. 어떤 수와 바르게 계산한 값을 각각 구하시오.

어떤 수 ________

바르게 계산한 값 ________

4. 어떤 수에 -1을 더해야 할 것을 잘못하여 빼었더니 그 결과가 -9가 되었다. 어떤 수와 바르게 계산한 값을 각각 구하시오.

어떤 수 ________

바르게 계산한 값 ________

5. 어떤 수에서 6을 빼야 할 것을 잘못하여 더하였더니 그 결과가 11이 되었다. 어떤 수와 바르게 계산한 값을 각각 구하시오.

어떤 수 ________

바르게 계산한 값 ________

6. 어떤 수에서 8을 빼야 할 것을 잘못하여 더하였더니 그 결과가 13이 되었다. 어떤 수와 바르게 계산한 값을 각각 구하시오.

어떤 수 ________

바르게 계산한 값 ________

7. 어떤 수에서 -3을 빼야 할 것을 잘못하여 더하였더니 그 결과가 7이 되었다. 어떤 수와 바르게 계산한 값을 각각 구하시오.

어떤 수 ________

바르게 계산한 값 ________

8. 어떤 수에서 -5를 빼야 할 것을 잘못하여 더하였더니 그 결과가 -8이 되었다. 어떤 수와 바르게 계산한 값을 각각 구하시오.

어떤 수 ________

바르게 계산한 값 ________

거저먹는 시험 문제

시험에 자주 나오는 문제로 마무리

*정답과 해설 32쪽

적중률 70%

[1～2] 어떤 수보다 ～만큼 큰 수 또는 작은 수

1. -5보다 3만큼 작은 수를 a, 4보다 -6만큼 큰 수를 b라 할 때, $a-b$의 값은?

① -6　② -4　③ 0　④ 2　⑤ 5

2. 다음 중 가장 큰 수는?

① 4보다 3만큼 큰 수
② 6보다 -2만큼 큰 수
③ -5보다 8만큼 작은 수
④ -9보다 -7만큼 작은 수
⑤ 13보다 -1만큼 큰 수

[3～4] 계산 결과가 주어졌을 때의 덧셈과 뺄셈

3. 다음 그림과 같은 전개도로 정육면체를 만들었다. 마주 보는 면에 적힌 두 수의 합이 $-\frac{3}{4}$일 때, a, b의 값을 각각 구하시오.

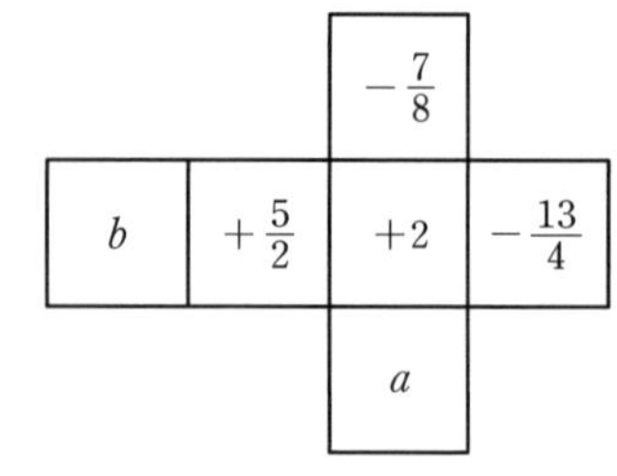

Help $-\frac{7}{8}+a=-\frac{3}{4}$, $b+2=-\frac{3}{4}$

4. 오른쪽 그림에서 삼각형의 한 변에 놓인 세 수의 합이 모두 같을 때, $a+b$의 값은?

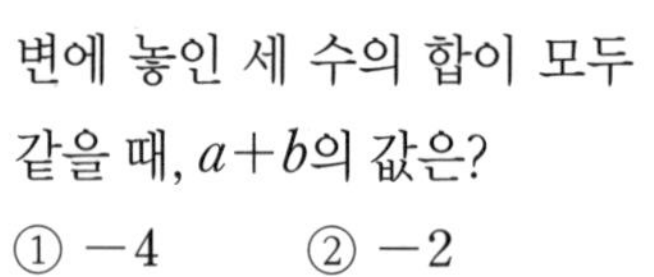

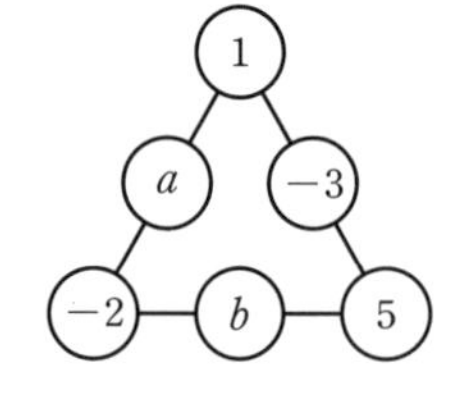

① -4　② -2　③ 0　④ 2　⑤ 4

Help $1-3+5=3$이므로 $1+a+(-2)=3$

적중률 60%

[5～6] 덧셈과 뺄셈의 응용

5. a는 절댓값이 6인 수이고 b는 절댓값이 1인 수이다. 이때 $b-a$의 값 중 가장 큰 값을 구하시오.

6. $\frac{7}{8}$에서 어떤 수를 빼야 할 것을 잘못하여 더했더니 그 결과가 $\frac{3}{2}$이 되었다. 바르게 계산한 값을 구하시오.

24 곱셈

● 두 수의 곱셈

① **부호가 같은 두 수의 곱셈**: 두 수의 절댓값의 곱에 **양의 부호 +**를 붙인다.

(양수)×(양수) ⇨ $(+4)\times(+2)=+(4\times2)=+8$

(음수)×(음수) ⇨ $(-4)\times(-2)=+(4\times2)=+8$

② **부호가 다른 두 수의 곱셈**: 두 수의 절댓값의 곱에 **음의 부호 −**를 붙인다.

(양수)×(음수) ⇨ $(+4)\times(-2)=-(4\times2)=-8$

(음수)×(양수) ⇨ $(-4)\times(+2)=-(4\times2)=-8$

● 곱셈의 교환법칙, 결합법칙

① **곱셈의 교환법칙**: $a\times b=b\times a$

두 수의 곱셈에서도 덧셈과 같이 두 수의 위치를 바꾸어 계산해도 그 결과가 서로 같다.

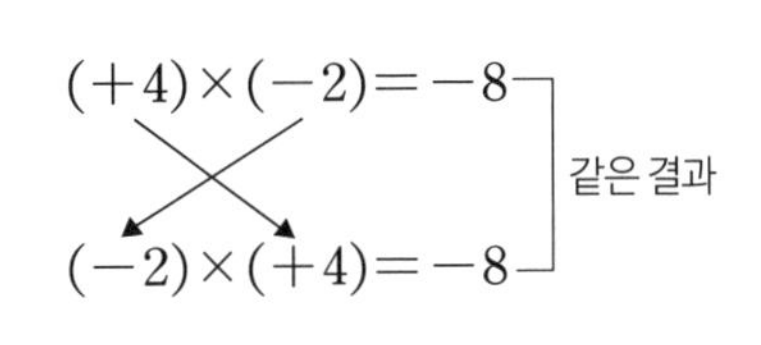

② **곱셈의 결합법칙**: $(a\times b)\times c=a\times(b\times c)$

세 수의 곱셈에서도 덧셈과 같이 순서에 관계없이 그 결과가 서로 같다.

$(-3)\times(+2)\times(+4)=(-6)\times(+4)=-24$ (앞의 두 수를 먼저 계산)

$(-3)\times(+2)\times(+4)=(-3)\times(+8)=-24$ (뒤의 두 수를 먼저 계산)

같은 결과

● 세 수 이상의 곱셈

① **음의 부호 −가 짝수 개이면 전체 곱의 부호는 +**

$\underbrace{(-)\times(-)}_{(+)}\times\underbrace{(-)\times(-)}_{(+)}\times\cdots\times\underbrace{(-)\times(-)}_{(+)}=(+)$

② **음의 부호 −가 홀수 개이면 전체 곱의 부호는 −**

$\underbrace{(-)\times(-)}_{(+)}\times\underbrace{(-)\times(-)}_{(+)}\times\cdots\times\underbrace{(-)\times(-)}_{(+)}\times\underbrace{(-)}_{(-)}=(-)$

바빠 꿀팁

곱셈의 교환법칙, 결합법칙을 사용하면 좋은 계산을 알아보자.

- 어떤 두 수의 곱의 결과가 10, 100, …이 되는 경우

$(+5)\times(-19)\times(+2)$
$=(-19)\times(+5)\times(+2)$
$=(-19)\times(+10)$
$=-190$

- 약분하여 정수가 되는 경우

$\left(-\frac{3}{2}\right)\times(+7)\times\left(+\frac{4}{3}\right)$
$=(+7)\times\left(-\frac{3}{2}\right)\times\left(+\frac{4}{3}\right)$
$=(+7)\times(-2)$
$=-14$

앗! 실수

세 수 이상의 곱셈은 먼저 부호부터 정하는 것이 편리해. 계산을 하면서 계속 부호를 바꾸다 보면 실수가 생겨.

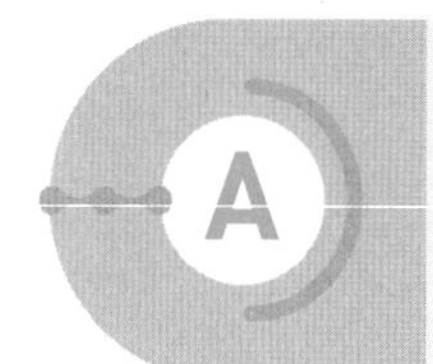

부호가 같은 두 수의 곱셈

(양수)×(양수), (음수)×(음수) ⇨ +(절댓값의 곱)

이 정도는 암기해야 해~ 암암!

■ 다음을 계산하시오.

1. $(+2)\times(+3)$

Help $(+2)\times(+3)=+(2\times3)$

2. $(+7)\times(+5)$

3. $\left(+\frac{1}{4}\right)\times(+4)$

4. $(+6)\times\left(+\frac{5}{4}\right)$

5. $\left(+\frac{10}{9}\right)\times(+0.5)$

Help $\left(+\frac{10}{9}\right)\times(+0.5)=+\left(\frac{10}{9}\times\frac{5}{10}\right)$

6. $\left(+\frac{5}{12}\right)\times\left(+\frac{4}{15}\right)$

7. $(-1)\times(-4)$

Help $(-1)\times(-4)=+(1\times4)$

8. $(-8)\times(-9)$

9. $\left(-\frac{2}{5}\right)\times(-10)$

Help $\left(-\frac{2}{5}\right)\times(-10)=+\left(\frac{2}{5}\times10\right)$

10. $(-48)\times\left(-\frac{7}{6}\right)$

11. $\left(-\frac{15}{8}\right)\times(-2.4)$

12. $\left(+\frac{12}{35}\right)\times\left(+\frac{15}{4}\right)$

B 부호가 다른 두 수의 곱셈

(양수)×(음수), (음수)×(양수) ⇨ −(절댓값의 곱)

이 정도는 암기해야 해~ 암암!

■ 다음을 계산하시오.

1. $(+3)\times(-7)$

Help $(+3)\times(-7)=-(3\times7)$

2. $(+2)\times(-9)$

3. $\left(+\frac{3}{2}\right)\times(-6)$

Help $\left(+\frac{3}{2}\right)\times(-6)=-\left(\frac{3}{2}\times6\right)$

4. $(+10)\times\left(-\frac{3}{4}\right)$

5. $\left(+\frac{2}{7}\right)\times(-1.4)$

6. $\left(+\frac{21}{10}\right)\times\left(-\frac{25}{6}\right)$

7. $(-4)\times(+5)$

8. $(-7)\times(+6)$

9. $\left(-\frac{10}{7}\right)\times(+21)$

10. $(-14)\times\left(+\frac{9}{28}\right)$

11. $\left(-\frac{2}{9}\right)\times(+1.8)$

12. $\left(-\frac{25}{36}\right)\times\left(+\frac{24}{5}\right)$

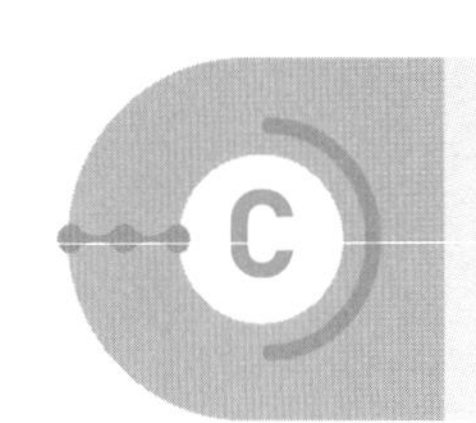

곱셈의 교환법칙, 결합법칙

곱셈의 교환법칙과 결합법칙을 이용하여 곱이 10, 100, 1000, ⋯ 등이 되도록 모으고, 유리수일 때는 약분하여 정수가 되는 것을 모아서 풀어야 쉬워져. 아하! 그렇구나~

■ 다음 계산 과정에서 사용된 곱셈의 계산 법칙을 □ 안에 쓰고, 계산 과정에 들어갈 알맞은 수를 □ 안에 써넣으시오.

1. $(+2)\times(+3)\times(-5)$
$=(+3)\times(+2)\times(-5)$ ← □법칙
$=(+3)\times\{(+2)\times(-5)\}$ ← □법칙
$=(+3)\times(\square)$
$=\square$

2. $(-5)\times(+7)\times(-6)$
$=(-5)\times(-6)\times(+7)$ ← □법칙
$=\{(-5)\times(-6)\}\times(+7)$ ← □법칙
$=(\square)\times(+7)$
$=\square$

3. $\left(-\frac{3}{2}\right)\times\left(+\frac{7}{5}\right)\times\left(-\frac{20}{3}\right)$
$=\left(+\frac{7}{5}\right)\times\left(-\frac{3}{2}\right)\times\left(-\frac{20}{3}\right)$ ← □법칙
$=\left(+\frac{7}{5}\right)\times\left\{\left(-\frac{3}{2}\right)\times\left(-\frac{20}{3}\right)\right\}$ ← □법칙
$=\left(+\frac{7}{5}\right)\times(\square)$
$=\square$

4. $\left(+\frac{8}{3}\right)\times\left(-\frac{7}{9}\right)\times\left(+\frac{5}{4}\right)\times\left(-\frac{9}{7}\right)$
$=\left(+\frac{8}{3}\right)\times\left(-\frac{7}{9}\right)\times\left(-\frac{9}{7}\right)\times\left(+\frac{5}{4}\right)$ ← □ 법칙
$=\left(+\frac{8}{3}\right)\times\left\{\left(-\frac{7}{9}\right)\times\left(-\frac{9}{7}\right)\right\}\times\left(+\frac{5}{4}\right)$ ← □ 법칙
$=\left(+\frac{8}{3}\right)\times(\square)\times\left(+\frac{5}{4}\right)$
$=\square$

■ 곱셈의 계산 법칙을 이용하여 □ 안에 알맞은 수를 써넣으시오.

5. $(-5)\times(+7)\times(-4)$
$=(+7)\times\{(\square)\times(-4)\}$
$=(+7)\times(\square)$
$=\square$

6. $(+25)\times(-3)\times(+4)$
$=(-3)\times\{(\square)\times(+4)\}$
$=(-3)\times(\square)$
$=\square$

7. $\left(+\frac{5}{7}\right)\times\left(-\frac{6}{13}\right)\times\left(+\frac{7}{10}\right)$
$=\left\{\left(+\frac{5}{7}\times(\square)\right)\right\}\times\left(-\frac{6}{13}\right)$
$=(\square)\times\left(-\frac{6}{13}\right)$
$=\square$

8. $\left(+\frac{7}{10}\right)\times\left(-\frac{9}{5}\right)\times\left(+\frac{5}{14}\right)\times\left(-\frac{10}{9}\right)$
$=\left(+\frac{7}{10}\right)\times\left(-\frac{9}{5}\right)\times(\square)\times\left(+\frac{5}{14}\right)$
$=\left(+\frac{7}{10}\right)\times\left\{\left(-\frac{9}{5}\right)\times(\square)\right\}\times\left(+\frac{5}{14}\right)$
$=\left\{\left(+\frac{7}{10}\right)\times(\square)\right\}\times\left(+\frac{5}{14}\right)$
$=(\square)\times\left(+\frac{5}{14}\right)$
$=\square$

세 수 이상의 곱셈

세 수 이상의 곱셈은 먼저 부호부터 결정해 놓고 절댓값만 가지고 계산해야 실수가 없어. 음의 부호 −가 짝수 개이면 전체 곱의 부호는 +, 음의 부호 −가 홀수 개이면 전체 곱의 부호는 −야.
잊지 말자. 꼬~옥!

■ 다음을 계산하시오.

앗! 실수

1. $(-5)\times(+17)\times(-2)$

Help $(-5)\times(+17)\times(-2)$
$=(+17)\times\{(-5)\times(-2)\}$

2. $(-6)\times(+3)\times(-5)$

3. $(-5)\times\left(+\frac{3}{2}\right)\times(+4)$

4. $(-3)\times\left(+\frac{5}{12}\right)\times(-4)$

5. $\left(+\frac{2}{7}\right)\times(-4)\times\left(+\frac{21}{6}\right)$

Help $\left(+\frac{2}{7}\right)\times(-4)\times\left(+\frac{21}{6}\right)$
$=(-4)\times\left\{\left(+\frac{2}{7}\right)\times\left(+\frac{21}{6}\right)\right\}$

6. $\left(-\frac{2}{5}\right)\times(+6)\times\left(+\frac{5}{4}\right)$

7. $\left(+\frac{2}{3}\right)\times\left(-\frac{10}{7}\right)\times\left(+\frac{9}{4}\right)$

8. $\left(+\frac{3}{5}\right)\times\left(-\frac{4}{9}\right)\times\left(+\frac{5}{6}\right)$

9. $\left(-\frac{5}{6}\right)\times\left(+\frac{3}{4}\right)\times\left(-\frac{12}{5}\right)$

10. $\left(+\frac{2}{3}\right)\times\left(-\frac{9}{5}\right)\times\left(+\frac{15}{2}\right)\times\left(-\frac{10}{9}\right)$

Help $\left(+\frac{2}{3}\right)\times\left(-\frac{9}{5}\right)\times\left(+\frac{15}{2}\right)\times\left(-\frac{10}{9}\right)$
$=\left\{\left(+\frac{2}{3}\right)\times\left(+\frac{15}{2}\right)\right\}\times\left\{\left(-\frac{9}{5}\right)\times\left(-\frac{10}{9}\right)\right\}$

11. $\left(+\frac{2}{9}\right)\times\left(-\frac{10}{3}\right)\times\left(-\frac{9}{4}\right)\times\left(+\frac{3}{20}\right)$

12. $\left(+\frac{5}{12}\right)\times\left(-\frac{10}{3}\right)\times\left(+\frac{6}{5}\right)\times\left(+\frac{9}{10}\right)$

시험에 자주 나오는 문제로 마무리

*정답과 해설 33쪽

적중률 90%

[1~2] 곱셈의 계산

1. 다음 중 계산 결과가 옳지 않은 것은?

① $(-7)\times(-3)=+21$

② $(-5)\times(-12)=+60$

③ $(-2)\times\left(+\frac{7}{8}\right)=-\frac{7}{4}$

④ $\left(-\frac{9}{5}\right)\times(+10)=-\frac{9}{2}$

⑤ $(-8)\times\left(-\frac{5}{16}\right)=+\frac{5}{2}$

2. 다음 중 계산 결과가 옳지 않은 것은?

① $\left(-\frac{6}{5}\right)\times\left(+\frac{7}{3}\right)=-\frac{14}{5}$

② $\left(+\frac{7}{4}\right)\times\left(+\frac{8}{21}\right)=+\frac{2}{3}$

③ $\left(-\frac{3}{2}\right)\times\left(+\frac{5}{9}\right)=-\frac{5}{18}$

④ $\left(-\frac{4}{15}\right)\times\left(-\frac{5}{12}\right)=+\frac{1}{9}$

⑤ $\left(+\frac{14}{3}\right)\times\left(-\frac{6}{7}\right)=-4$

[3~4] 계산 결과가 같은 것 고르기

3. 다음 중 계산 결과가 -1인 것을 모두 고르시오.

ㄱ. $(-2)\times(-3)\times\left(-\frac{1}{6}\right)$

ㄴ. $\left(-\frac{9}{10}\right)\times\left(-\frac{2}{3}\right)\times\left(-\frac{5}{3}\right)$

ㄷ. $\frac{3}{5}\times3\times\left(-\frac{5}{6}\right)$

ㄹ. $8\times\frac{3}{2}\times\left(-\frac{1}{12}\right)$

4. 다음 중 계산 결과가 2인 것을 모두 고르시오.

ㄱ. $(-3)\times\left(-\frac{1}{6}\right)\times4$

ㄴ. $(-5)\times\frac{1}{10}\times\left(-\frac{2}{5}\right)$

ㄷ. $\frac{3}{8}\times16\times\left(-\frac{2}{3}\right)$

ㄹ. $6\times\left(-\frac{5}{12}\right)\times\left(-\frac{4}{5}\right)$

적중률 80%

[5~6] 곱이 가장 클 수 있도록 수를 뽑아서 곱하기

앗! 실수

5. 다음 네 수 중에서 서로 다른 세 수를 뽑아 곱한 값 중 가장 큰 수를 구하시오.

$-\frac{3}{2}$ $\quad 1 \quad$ $\frac{5}{3}$ $\quad$ $-\frac{9}{5}$

Help 음수 두 개를 뽑아야 곱이 양수가 된다.

앗! 실수

6. 다음 네 수 중에서 서로 다른 세 수를 뽑아 곱한 값 중 가장 작은 수를 구하시오.

$-\frac{5}{2}$ $\quad -1 \quad$ $\frac{9}{10}$ $\quad$ $-\frac{2}{5}$

Help 양수를 한 개 뽑으면 나머지 둘은 음수가 뽑혀서 곱한 값이 양수가 된다.

25 거듭제곱의 계산

개념 강의 보기

● 양수의 거듭제곱

부호가 항상 양수이다.

$(+2)^2=(+2)\times(+2)=+(2\times2)=+4$

$(+2)^3=(+2)\times(+2)\times(+2)=+(2\times2\times2)=+8$

● 음수의 거듭제곱

① 지수가 짝수인 음수의 거듭제곱

음수가 짝수 번 곱해지므로 계산 결과의 부호는 +

$(-2)^2=(-2)\times(-2)=+(2\times2)=+4$

② 지수가 홀수인 음수의 거듭제곱

음수가 홀수 번 곱해지므로 계산 결과의 부호는 −

$(-2)^3=(-2)\times(-2)\times(-2)=-(2\times2\times2)=-8$

바빠 꿀팁

$(-2)^2$, -2^2, $-(-2)^2$의 값을 혼동하지 말자.

- $(-2)^2=(-2)\times(-2)=+4$
  ⇨ 괄호를 써서 나타내면 −2를 두 번 곱하라는 뜻이야.
- $-2^2=-2\times2=-4$
  ⇨ 괄호가 없으면 2를 두 번 곱하고 부호만 −를 붙이라는 뜻이야.
- $-(-2)^2=-(-2)\times(-2)$
  $=-4$
  ⇨ 괄호 앞에 − 부호가 있다는 것은 −2를 두 번 곱한 후 그 부호를 바꾼다는 뜻이야.

● 분배법칙

세 수 a, b, c에 대하여 다음이 성립한다.

어떤 수에 두 수의 합을 곱한 것은 어떤 수에 각각의 수를 곱하여 더한 것과 같다.

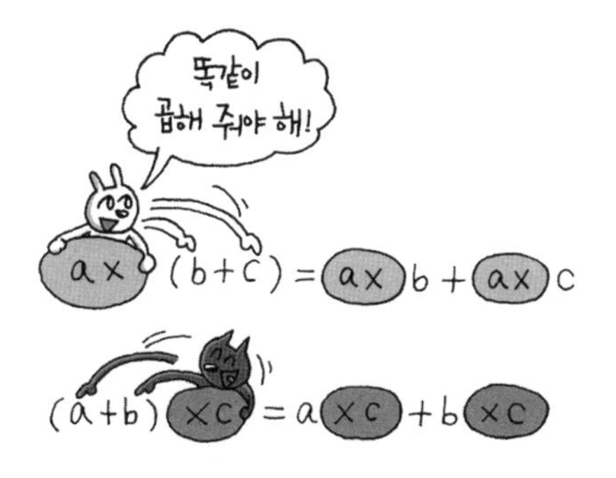

넓이를 이용하여 분배법칙을 증명하여 보자.

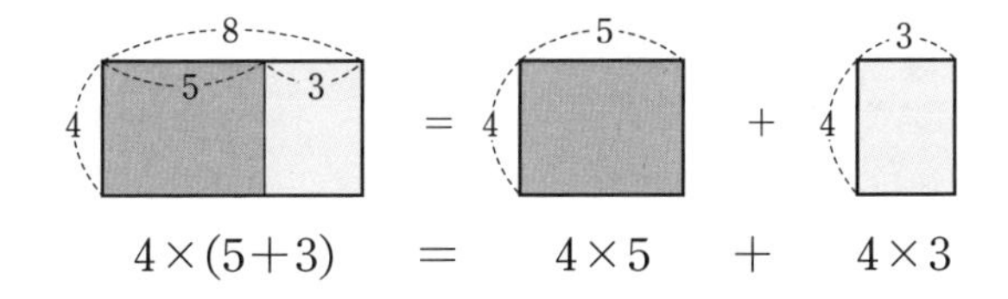

$4\times(5+3) \quad = \quad 4\times5 \quad + \quad 4\times3$

앗! 실수

분배법칙은 계산을 좀더 편리하게 하기 위해 괄호를 풀 때도 사용하지만 괄호를 묶을 때도 사용해.

괄호 풀기: $13\times(100+1)=13\times100+13\times1=1300+13=1313$

괄호 묶기: $(-3)\times98+(-3)\times2=(-3)\times(98+2)=-3\times100=-300$

이렇게 분배법칙을 이용하면 13×101, $(-3)\times98+(-3)\times2$를 계산하는 것보다 간단해서 실수를 줄일 수 있어.

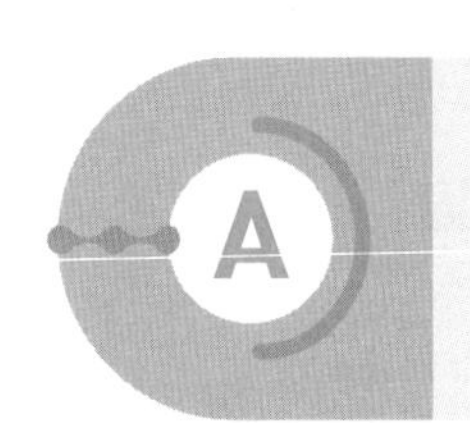

음수의 짝수 번 거듭제곱

$(-4)^2=(-4)\times(-4)$이므로 $-$ 부호가 2개 있어 $+16$이야.
이와 같이 음수의 짝수 번 거듭제곱의 부호는 항상 $+$가 돼.
이 정도는 암기해야 해~ 암암!

■ 다음을 계산하시오.

1. $(-1)^2$

Help $(-1)^2=(-1)\times(-1)=\square(1\times1)$
음수가 짝수 번 곱해지면 부호는 언제나 $+$

2. $(-1)^{10}$

3. $(-2)^2$

4. $(-2)^4$

5. $(-3)^2$

6. $(-5)^2$

7. $\left(-\frac{1}{2}\right)^2$

Help $\left(-\frac{1}{2}\right)^2=+\frac{1^2}{2^2}$

8. $\left(-\frac{2}{3}\right)^2$

9. $\left(-\frac{1}{3}\right)^4$

10. $\left(-\frac{5}{7}\right)^2$

11. $\left(-\frac{9}{5}\right)^2$

12. $\left(-\frac{3}{10}\right)^2$

B 음수의 홀수 번 거듭제곱

$(-7)^3$은 $(-7)\times(-7)\times(-7)$이므로 − 부호가 3개가 되어 부호는 −야. $(-7)^3=-343$이 되는 거지. 이와 같이 음수의 홀수 번 거듭제곱의 부호는 항상 −야. 이 정도는 암기해야 해~ 암암!

■ 다음을 계산하시오.

앗! 실수

1. $(-1)^3$

Help $(-1)^3=(-1)\times(-1)\times(-1)$
$=-(1\times1\times1)$
음수가 홀수 번 곱해지면 − 부호가 된다.

2. $(-2)^3$

Help $(-2)^3=\square 2^3$

3. $(-2)^5$

4. $(-3)^3$

5. $(-4)^3$

6. $(-5)^3$

7. $\left(-\frac{1}{2}\right)^3$

Help $\left(-\frac{1}{2}\right)^3=-\frac{1^3}{2^3}$
음수의 홀수 번 거듭제곱은 − 부호가 된다.

8. $\left(-\frac{1}{3}\right)^3$

9. $\left(-\frac{1}{5}\right)^3$

10. $\left(-\frac{3}{4}\right)^3$

11. $\left(-\frac{5}{2}\right)^3$

12. $\left(-\frac{2}{3}\right)^5$

여러 가지 거듭제곱의 계산

-2^n은 $-(2\times2\times\cdots\times2)$와 같으므로 부호는 $-$가 돼.
거듭제곱으로 곱하는 수는 2이고 $-$는 한 개만 곱한 거니까.
$-(-2)^n$은 $(-2)^n$을 구하고, 앞에 $-$가 있으므로 구해진 부호를 바꿔!
아하! 그렇구나~

■ 다음 거듭제곱을 계산하시오.

1. -2^2

Help $-2^2=-2\times2$

2. $-\left(\frac{2}{5}\right)^2$

Help $-\left(\frac{2}{5}\right)^2=-\frac{2^2}{5^2}$

3. $-\left(\frac{3}{7}\right)^2$

4. $-(-3)^2$

5. $-\left(-\frac{3}{2}\right)^3$

Help $-\left(-\frac{3}{2}\right)^3=-\left(-\frac{3^3}{2^3}\right)$

6. $-\left(-\frac{2}{5}\right)^3$

■ 다음을 계산하시오.

7. $(-1)^2+(-1)^3$

Help $(-1)^2+(-1)^3=+1+(-1)$
음수의 짝수 번 거듭제곱은 $+$,
음수의 홀수 번 거듭제곱은 $-$

8. $(-1)^3-(-1)^2$

앗! 실수

9. $(-1)^{99}-(-1)^{100}$

10. $(-1)^2-(-1)^3+(-1)^4$

Help $(-1)^2-(-1)^3+(-1)^4=+1-(-1)+(+1)$
$=+1+(+1)+(+1)$

11. $(-1)^5+(-1)^2-(-1)^{10}$

12. $(-1)^{101}+(-1)^{99}-(-1)^{100}$

D 분배법칙

$a\times(b+c)=a\times b+a\times c$와 같이 괄호를 푸는 것도 분배법칙이고,
$a\times b+a\times c=a\times(b+c)$와 같이 괄호로 묶어 주는 것도 분배법칙이야.
아하! 그렇구나~

■ 분배법칙을 이용하여 다음을 계산하시오.

앗! 실수

1. $5\times(100+4)$

Help $5\times(100+4)=5\times100+5\times4$

2. $3\times(200-5)$

3. $(50+6)\times2$

4. $20\times\left(\frac{3}{4}+\frac{7}{5}\right)$

Help $20\times\left(\frac{3}{4}+\frac{7}{5}\right)=20\times\frac{3}{4}+20\times\frac{7}{5}$

5. $55\times\left(\frac{2}{11}-\frac{3}{5}\right)$

6. $\left(\frac{4}{5}-\frac{3}{7}\right)\times35$

7. $21\times7+21\times3$

Help $21\times7+21\times3=21\times(7+3)$

8. $103\times43+(-3)\times43$

9. $5.2\times14-5.2\times4$

10. $(-46)\times3.15+(-54)\times3.15$

11. $\frac{2}{3}\times(-26)+\frac{2}{3}\times(-34)$

12. $117\times\frac{4}{5}-17\times\frac{4}{5}$

거저먹는

시험 문제

시험에 자주 나오는 문제로 마무리

*정답과 해설 35쪽

적중률 80%

[1~2] 거듭제곱을 계산하여 가장 큰 값 찾기

1. 다음 중 계산 결과가 가장 큰 것은?

① $(-2)^3$ ② -3^2 ③ $-(-2)^3$

④ $-(-3)^2$ ⑤ $(-2)^2$

2. 다음 중 계산 결과가 가장 작은 것은?

① $\left(-\frac{1}{2}\right)^3$ ② $-\left(-\frac{1}{2}\right)^3$

③ $-\frac{1}{2^4}$ ④ $\left(-\frac{1}{3}\right)^2$

⑤ $-\left(-\frac{1}{3}\right)^2$

Help 음수는 절댓값이 클수록 작다.

적중률 70%

[3~4] -1의 짝수 번 거듭제곱, 홀수 번 거듭제곱

앗! 실수

3. n이 짝수일 때,

$(-1)^n+(-1)^{n+1}-(-1)^{n+2}$

을 계산하시오.

Help n이 짝수이므로 $n+1$은 홀수, $n+2$는 짝수이다.

4. n이 홀수일 때,

$(-1)^{n+3}-(-1)^{n+1}-(-1)^{n+2}$

을 계산하시오.

Help n이 홀수이므로 $n+1$은 짝수, $n+2$는 홀수, $n+3$은 짝수이다.

[5~7] 분배법칙을 이용한 계산

5. 분배법칙을 이용하여 $6.2\times17.5+3.8\times17.5$의 값을 구하시오.

6. 세 수 a, b, c에 대하여 $a\times b=7$, $a\times c=13$일 때, $a\times(b+c)$의 값을 구하시오.

7. 세 수 a, b, c에 대하여 $a\times(b+c)=24$, $a\times b=15$일 때, $a\times c$의 값을 구하시오.

26 나눗셈

개념 강의 보기

수의 나눗셈

① **부호가 같은 두 수의 나눗셈**: 두 수의 절댓값을 나눈 후 몫에 양의 부호 $+$를 붙인다.

(양수)$\div$(양수) ⇨ $(+4)\div(+2)=+(4\div2)=+2$

(음수)$\div$(음수) ⇨ $(-4)\div(-2)=+(4\div2)=+2$

② **부호가 다른 두 수의 나눗셈** : 두 수의 절댓값을 나눈 후 몫에 음의 부호 $-$를 붙인다.

(양수)$\div$(음수) ⇨ $(+4)\div(-2)=-(4\div2)=-2$

(음수)$\div$(양수) ⇨ $(-4)\div(+2)=-(4\div2)=-2$

바빠 꿀팁

역수는 앞으로 계산 과정에서 정말 많이 쓰여!
역수를 구하는 여러 가지 방법을 익혀 보자.

- 정수는 $\frac{(정수)}{1}$로 고친 후 역수로!
- 대분수는 가분수로 고친 후 역수로!
- 소수는 분수로 고친 후 역수로!

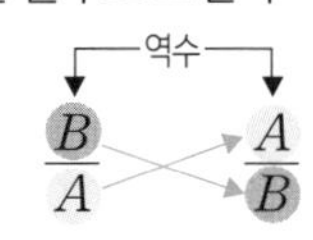

역수를 이용한 나눗셈

① 역수: **두 수의 곱이 1이 될 때 한 수를 다른 수의 역수**라 한다.

$\left(-\frac{4}{5}\right)\times\left(-\frac{5}{4}\right)=1$ ⇨ $-\frac{4}{5}$의 역수는 $-\frac{5}{4}$, $-\frac{5}{4}$의 역수는 $-\frac{4}{5}$

서로 역수

$\frac{2}{3}\times\frac{3}{2}=1$ ⇨ $\frac{2}{3}$의 역수는 $\frac{3}{2}$, $\frac{3}{2}$의 역수는 $\frac{2}{3}$

서로 역수

② **역수를 이용한 나눗셈**: 나누는 수를 그 역수로 바꾸고 나눗셈은 곱셈으로 고쳐서 계산한다.

나눗셈 → 곱셈

$\left(-\frac{7}{6}\right)\div\left(+\frac{2}{3}\right)=\left(-\frac{7}{6}\right)\times\left(+\frac{3}{2}\right)=-\frac{7}{4}$

역수

곱셈과 나눗셈의 혼합 계산

[1단계] 나눗셈을 모두 곱셈으로 고친 다음

[2단계] 부호를 먼저 정한다. 음수의 개수가 짝수이면 $+$, 홀수이면 $-$이다.

[3단계] 절댓값의 곱에 정한 부호를 붙인다.

앗! 실수

- 역수를 구할 때 가장 실수하기 쉬운 부분은 부호로 원래 수와 역수는 같은 부호야!

  $+\frac{5}{2}$의 역수: $+\frac{2}{5}$, $-\frac{1}{3}$의 역수: -3
- 0에 어떤 수를 곱하여도 1이 될 수 없으므로 0의 역수는 없어!

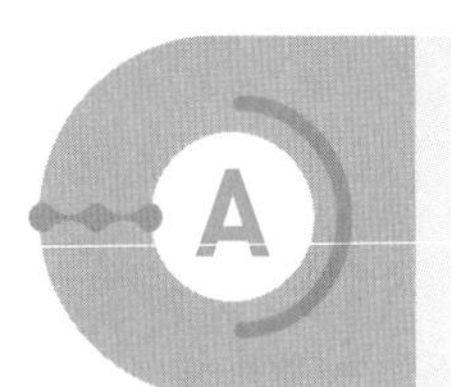

두 수의 나눗셈

- $(+)\div(+)=(+)$, $(-)\div(-)=(+)$
  ⇨ 같은 부호의 나눗셈의 부호는 언제나 $+$
- $(+)\div(-)=(-)$, $(-)\div(+)=(-)$
  ⇨ 다른 부호의 나눗셈의 부호는 언제나 $-$

■ 다음을 계산하시오.

1. $(+20)\div(+5)$

Help $(+20)\div(+5)=+(20\div5)$

2. $(+36)\div(+4)$

3. $(+72)\div(+9)$

4. $(-12)\div(-6)$

Help $(-12)\div(-6)=+(12\div6)$

5. $(-27)\div(-3)$

6. $(-56)\div(-8)$

7. $(-12)\div(+2)$

Help $(-12)\div(+2)=\square(12\div2)$

8. $(-28)\div(+4)$

9. $(-32)\div(+2)$

10. $(+18)\div(-6)$

Help $(+18)\div(-6)=\square(18\div6)$

11. $(+36)\div(-2)$

12. $(+51)\div(-3)$

B 역수 구하기

부호 그대로 $+\frac{6}{5} \Longleftrightarrow +\frac{5}{6}$ 분모, 분자 바꾸기

부호 그대로 $-3=-\frac{3}{1} \Longleftrightarrow -\frac{1}{3}$

부호 그대로 $-4.3=-\frac{43}{10} \Longleftrightarrow -\frac{10}{43}$ 분모, 분자 바꾸기

■ 다음 수의 역수를 구하시오.

1. 1

Help $1\times\square=1$

⇨ 역수는 곱해서 1이 되는 수이다.

2. 4

Help $4\times\square=1$

3. $\frac{1}{2}$

Help $\frac{1}{2}\times\square=1$

4. $\frac{7}{8}$

5. 1.7

Help $\frac{17}{10}\times\square=1$

6. 3.3

앗! 실수

7. -2

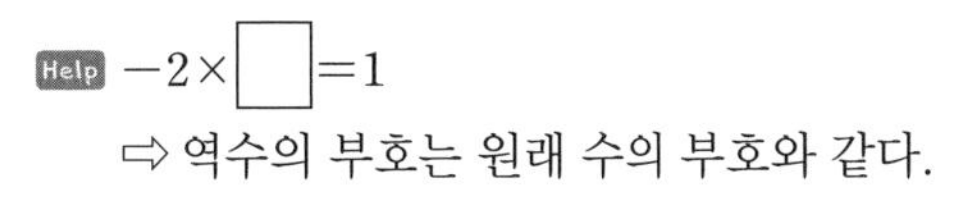

Help $-2\times\square=1$
⇨ 역수의 부호는 원래 수의 부호와 같다.

8. -7

9. $-\frac{7}{4}$

Help $-\frac{7}{4}\times\square=1$

10. $-\frac{5}{17}$

11. -2.3

Help $-\frac{23}{10}\times\square=1$

12. -5.1

역수를 이용한 나눗셈

$\frac{b}{a} \div c = \frac{b}{a} \times \frac{1}{c}$

나눗셈은 곱셈으로 바꾸고 나누는 수는 역수로 바꿔!

아하! 그렇구나~

■ 다음을 계산하시오.

1. $\frac{2}{3} \div (-2)$

Help $\frac{2}{3} \div (-2) = \frac{2}{3} \times \left(-\frac{1}{2}\right)$

2. $\frac{5}{4} \div 10$

3. $\left(-\frac{12}{5}\right) \div (-6)$

4. $5 \div \frac{15}{4}$

Help $5 \div \frac{15}{4} = 5 \times \frac{4}{15}$

5. $(-8) \div \left(-\frac{6}{5}\right)$

6. $15 \div \left(-\frac{5}{2}\right)$

7. $\left(-\frac{9}{8}\right) \div \frac{3}{4}$

Help $\left(-\frac{9}{8}\right) \div \frac{3}{4} = \left(-\frac{9}{8}\right) \times \frac{4}{3}$

8. $\frac{2}{9} \div \frac{10}{3}$

9. $\left(-\frac{7}{12}\right) \div \left(-\frac{14}{6}\right)$

10. $\frac{5}{36} \div \left(-\frac{20}{9}\right)$

11. $\left(-\frac{7}{6}\right) \div \frac{21}{12}$

12. $\left(-\frac{12}{35}\right) \div \left(-\frac{2}{5}\right)$

D 곱셈과 나눗셈의 혼합 계산

• 먼저 부호를 결정해!
 −부호가 짝수 개이면 +, −부호가 홀수 개이면 −
• 그런 다음 나눗셈은 나누는 수를 역수로 바꾸어 곱해!

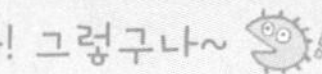

■ 다음을 계산하시오.

1. $\left(-\frac{3}{11}\right)\div(-9)\times 33$

Help $\left(-\frac{3}{11}\right)\div(-9)\times 33=\left(-\frac{3}{11}\right)\times\left(-\frac{1}{9}\right)\times 33$

2. $\left(-\frac{7}{12}\right)\div\left(-\frac{21}{5}\right)\div\frac{10}{3}$

3. $\left(-\frac{16}{5}\right)\div\frac{15}{2}\times\frac{25}{12}$

4. $\left(-\frac{9}{14}\right)\times\left(-\frac{21}{12}\right)\div\left(-\frac{3}{4}\right)$

5. $\left(-\frac{1}{3}\right)\div\frac{5}{4}\times\frac{15}{28}$

6. $\left(-\frac{18}{7}\right)\div\left(-\frac{2}{3}\right)\times\left(-\frac{7}{12}\right)$

7. $\left(\frac{3}{4}\right)^2\div(-1)^5\times\left(-\frac{2}{9}\right)$

Help $\left(\frac{3}{4}\right)^2\div(-1)^5\times\left(-\frac{2}{9}\right)=\frac{3^2}{4^2}\times(-1)\times\left(-\frac{2}{9}\right)$

8. $\left(-\frac{3}{2}\right)^3\div\frac{9}{5}\div\left(-\frac{9}{4}\right)$

9. $\frac{40}{3}\times\left(-\frac{3}{4}\right)^2\div 5$

10. $\frac{6}{13}\div\left(-\frac{2}{5}\right)^2\times\left(-\frac{26}{25}\right)$

11. $\left(-\frac{1}{2}\right)^5\times 12\div\frac{15}{4}$

12. $(-1)^{100}\div\left(\frac{5}{3}\right)^2\times\frac{5}{6}$

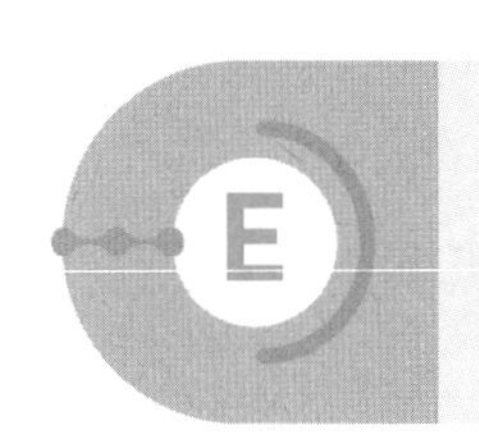

계산 결과가 주어졌을 때 곱셈과 나눗셈

- $4\times\square=20 \Rightarrow \square=20\div4$
- $\square\times5=-15 \Rightarrow \square=(-15)\div5$
- $\square\div6=-7 \Rightarrow \square=-7\times6$
- $-24\div\square=8 \Rightarrow \square=-24\div8$ 잊지 말자. 꼬~옥!

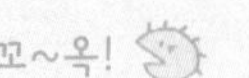

■ 다음 □ 안에 알맞은 수를 구하시오.

1. $2\times\square=8$

Help 2와 □를 곱하면 8이므로 $\square=8\div2$

2. $-3\times\square=18$

3. $\square\times6=-48$

4. $\square\times(-5)=-45$

5. $\square\times\frac{3}{7}=\frac{5}{14}$

6. $-\frac{5}{6}\times\square=-\frac{25}{3}$

7. $\square\div2=3$

Help □를 2로 나누면 3이므로 $\square=3\times2$

8. $\square\div(-4)=5$

9. $36\div\square=-3$

Help 어떤 수로 나눌 때가 가장 혼동하기 쉬운데 36을 □로 나누면 -3이므로 $\square=36\div(-3)$

10. $(-45)\div\square=-9$

11. $\square\div\frac{9}{5}=-\frac{10}{27}$

12. $-\frac{7}{11}\div\square=\frac{7}{2}$

거저먹는

시험 문제

시험에 자주 나오는 문제로 마무리

*정답과 해설 36쪽

적중률 70%

[1~2] 역수 구하기

1. $-\frac{5}{3}$의 역수를 a, 0.6의 역수를 b라 할 때, $a\times b$의 값을 구하시오.

2. 다음 중 두 수가 서로 역수가 아닌 것은?

① 1, 1
② $-\frac{3}{4}$, $-\frac{4}{3}$
③ $-\frac{1}{5}$, 5
④ 0.3, $\frac{10}{3}$
⑤ -0.4, $-\frac{5}{2}$

[3~4] 나눗셈의 응용

3. 두 수 a, b가 다음과 같을 때, $a\div b$의 값을 구하시오.

$$a=(-15)\div(+3),\ b=(-10)\div(-2)$$

4. 두 수 a, b가 다음과 같을 때, $a\times b$의 값을 구하시오.

$$a\times\left(-\frac{8}{5}\right)=\frac{24}{35},\ \frac{5}{4}\div b=-\frac{15}{2}$$

적중률 90%

[5~6] 곱셈, 나눗셈의 혼합 계산

5. $x=\left(-\frac{5}{4}\right)\div\frac{15}{2}\div\left(-\frac{10}{3}\right)$, $y=(-2)^3\times\frac{6}{5}\div\left(-\frac{4}{5}\right)^2$일 때, $x\times y$의 값을 구하시오.

6. $a=(-2)^2\times\frac{3}{8}\div\left(-\frac{3}{4}\right)^2$, $b=\left(-\frac{7}{6}\right)\times\frac{3}{14}\div\left(-\frac{9}{8}\right)$일 때, $a\div b$의 값을 구하시오.

덧셈, 뺄셈, 곱셈, 나눗셈의 혼합 계산
- 괄호가 없는 계산, 소괄호가 있는 계산

개념 강의 보기

괄호가 없는 혼합 계산

곱셈 또는 나눗셈을 먼저 계산한 후, 덧셈 또는 뺄셈을 계산한다.

$-8+18\div2$
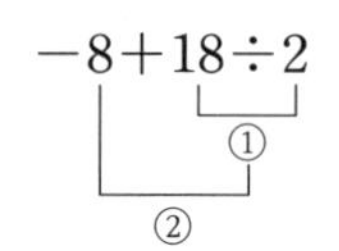

① **나눗셈:** $18\div2=9$
② **덧셈:** $-8+9=1$

$-25\div5-6\times2$
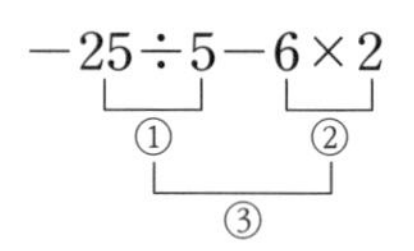

① **나눗셈:** $-25\div5=-5$
② **곱셈:** $-6\times2=-12$
③ **덧셈, 뺄셈:** $-5-12=-17$

$-\frac{5}{6}\times2\div\frac{4}{3}-\frac{7}{9}\times\frac{3}{14}$
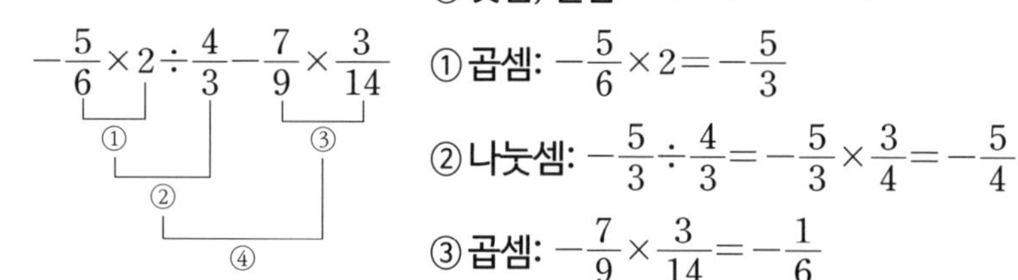

① **곱셈:** $-\frac{5}{6}\times2=-\frac{5}{3}$
② **나눗셈:** $-\frac{5}{3}\div\frac{4}{3}=-\frac{5}{3}\times\frac{3}{4}=-\frac{5}{4}$
③ **곱셈:** $-\frac{7}{9}\times\frac{3}{14}=-\frac{1}{6}$
④ **덧셈, 뺄셈:** $-\frac{5}{4}-\frac{1}{6}=-\frac{15}{12}-\frac{2}{12}=-\frac{17}{12}$

바빠 꿀팁
괄호는 언제 사용하는 걸까? 괄호가 없는 식은 곱셈, 나눗셈을 먼저 하기로 약속되어 있기 때문에 계산 순서에 혼동이 없어. 그러나 괄호는 약속한 계산 법칙을 따르지 않고 먼저 하고 싶은 계산이 있을 때 사용하는 거야. 따라서 괄호가 있는 식을 반드시 먼저 해야만 해!

소괄호가 있는 혼합 계산

괄호 안을 먼저 계산한 후, 곱셈 또는 나눗셈을 계산하고 덧셈 또는 뺄셈을 마지막으로 계산한다.

$-12\div(6-9)$

① **괄호:** $6-9=-3$
② **나눗셈:** $-12\div(-3)=4$

$10\div(-4+6)+3\times(-1)$
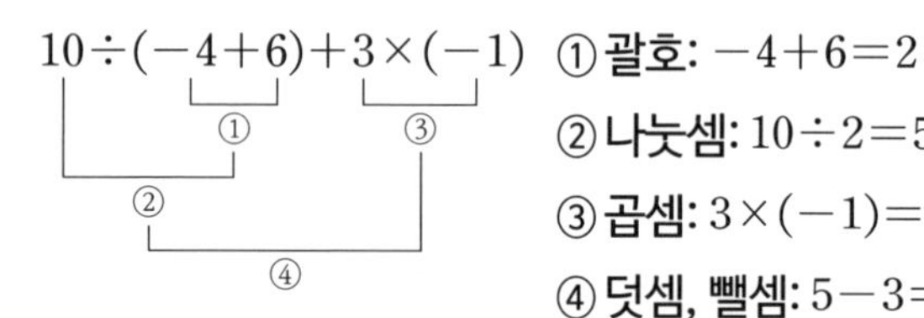

① **괄호:** $-4+6=2$
② **나눗셈:** $10\div2=5$
③ **곱셈:** $3\times(-1)=-3$
④ **덧셈, 뺄셈:** $5-3=2$

$-\frac{21}{10}-\left(-2\div\frac{10}{3}+\frac{2}{5}\right)$
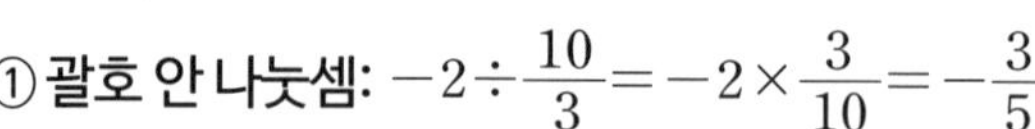
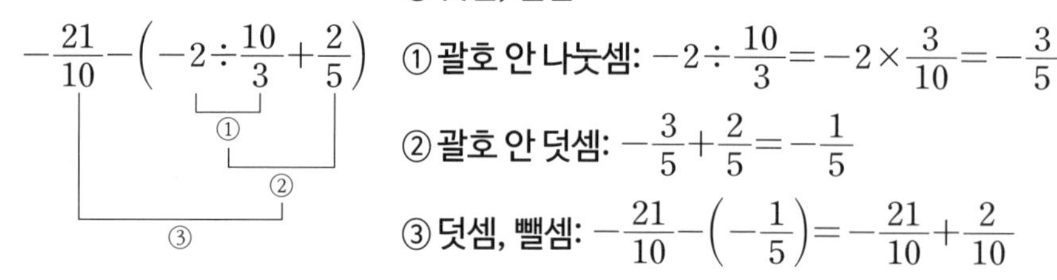

① **괄호 안 나눗셈:** $-2\div\frac{10}{3}=-2\times\frac{3}{10}=-\frac{3}{5}$
② **괄호 안 덧셈:** $-\frac{3}{5}+\frac{2}{5}=-\frac{1}{5}$
③ **덧셈, 뺄셈:** $-\frac{21}{10}-\left(-\frac{1}{5}\right)=-\frac{21}{10}+\frac{2}{10}$
$=-\frac{19}{10}$

혼합 계산에서는 순서가 매우 중요해. 따라서 복잡한 식일수록 번호를 붙여서 순서를 정한 후 계산해야 해. 계산 순서가 틀려 오답이 나오는 경우가 매우 많거든.

괄호가 없는 혼합 계산 1

괄호가 없는 혼합 계산은 곱셈 또는 나눗셈을 먼저 하고 나머지 수와 덧셈 또는 뺄셈을 해야 해. 곱셈 또는 나눗셈을 할 때에는 부호에 주의해서 풀어야 답이 틀리지 않아. 아하! 그렇구나~

■ 다음을 계산하시오.

1. $10-2\times3$

Help $10-2\times3=10-\square$

2. $-12\times2+10$

3. $15-4\div2$

4. $-8-2\times7$

5. $-24\div3-10$

6. $9\times2+7$

7. $-15+12\div2$

Help $-15+12\div2=-15+\square$

8. $3\times12-17$

9. $-20\div4-12$

10. $-10\times3+15$

11. $-14-2\times11$

12. $-13-24\div6$

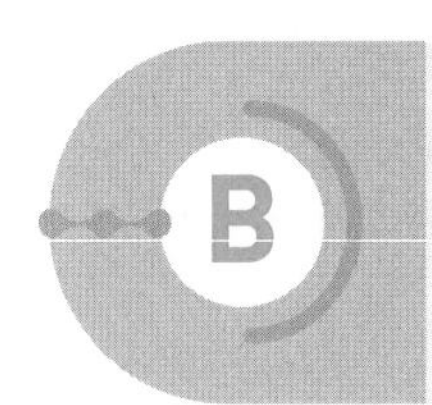

괄호가 없는 혼합 계산 2

혼합 계산은 순서가 제일 중요하므로 순서를 먼저 써놓고 계산하자.
잊지 말자. 꼬~옥!

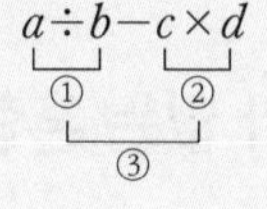

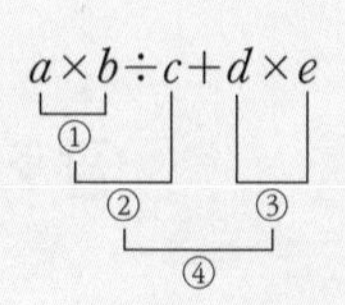

■ 다음을 계산하시오.

앗! 실수

1. $-15\div5-3\times2$

Help ① $-15\div5$, ② 3×2, ③

2. $-12\div4+18\div9$

3. $6\times\frac{5}{2}-2\div\frac{2}{3}$

4. $-\frac{5}{21}\div\frac{15}{7}+\frac{2}{5}\times\frac{10}{9}$

5. $13\times4-2\times24\div6$

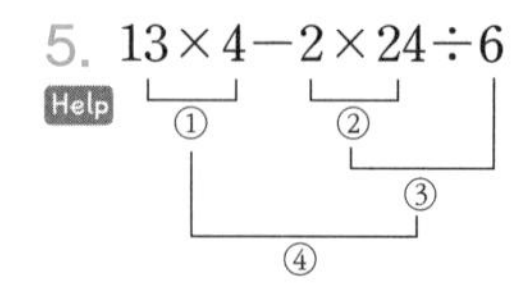

6. $3\times12-14\times8\div7$

7. $-9\times7\div3+36\div9$

8. $\frac{8}{9}\div\frac{2}{27}\div\frac{2}{3}-\frac{2}{3}\times27$

소괄호가 있는 혼합 계산 1

1단계: 괄호 안의 계산을 하는데, 괄호 안에 여러 연산이 혼합되어 있다면 곱셈과 나눗셈을 먼저 해.
2단계: 괄호 안의 값과 곱셈, 나눗셈을 먼저 하고 덧셈, 뺄셈을 해.
아하! 그렇구나~

■ 다음을 계산하시오.

앗! 실수

1. $-6\div(5-7)+8$

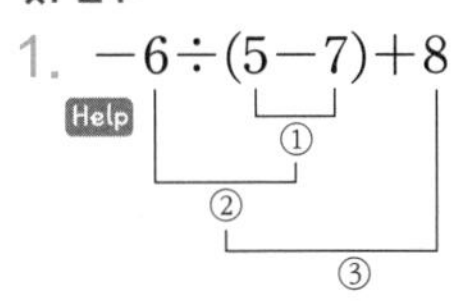

2. $21\div(7-4)-12$

3. $9\div(-15+2\times6)-11$

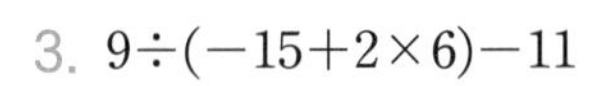

4. $-2-(4+3\times2)\div(-5)$

5. $15\div(-3+5)-7\div4$

Help ① ② ③ ④

6. $14\div4-(12-9)\div3$

7. $(-14-20)\div5+2\times4$

8. $15\div2-5\times(-5+8)$

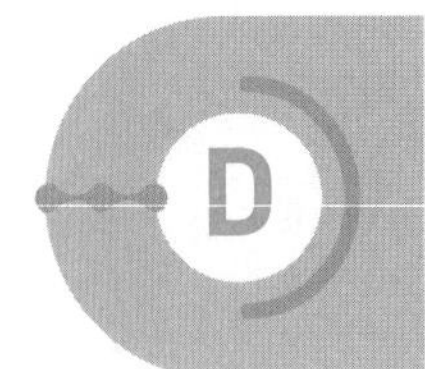

소괄호가 있는 혼합 계산 2

괄호가 있는 혼합 계산은
괄호를 먼저 계산해야 해.

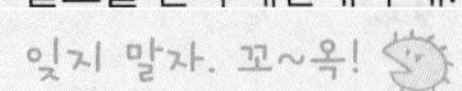

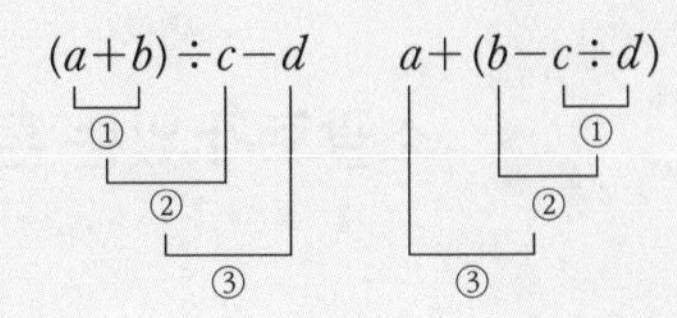

■ 다음을 계산하시오.

1. $-\frac{3}{2}\div\left(2-\frac{5}{3}\right)+\frac{5}{2}$

______

Help $-\frac{3}{2}\div\left(2-\frac{5}{3}\right)+\frac{5}{2}=-\frac{3}{2}\div\square+\frac{5}{2}$

2. $(-2+7)\times\frac{6}{5}-\frac{5}{3}$

______

3. $2\div\left(\frac{3}{2}-\frac{4}{3}\right)-\frac{23}{4}$

______

4. $\frac{15}{4}\div\frac{5}{2}-\frac{3}{10}\times(-8+10)$

______

5. $\frac{12}{5}-\left(\frac{5}{2}\times3-\frac{23}{4}\right)$

______

6. $\left(\frac{7}{3}-\frac{5}{4}\times2\right)\div\frac{1}{6}-3\times\frac{5}{18}$

______

7. $\frac{5}{16}\div\left(-8+\frac{7}{12}\times3\right)-\frac{9}{20}$

______

8. $2+\left(\frac{7}{6}+3\times\frac{5}{9}\right)\div\left(-\frac{17}{8}\right)$

______

거저먹는

시험 문제

시험에 자주 나오는 문제로 마무리

* 정답과 해설 38쪽

적중률 90%

[1～6] 혼합 계산의 값 구하기

1. 두 수 a, b가 $a=6-(3-7)\div2$, $b=10\div(5\times4)-1$일 때, $a\times b$의 값은?

① -5　② -4　③ -3

④ -2　⑤ -1

2. 다음을 계산하시오.

$$-\frac{3}{2}\div\frac{21}{4}\div\frac{6}{7}+\frac{5}{4}\times\frac{16}{25}$$

3. 다음 중 계산 결과가 가장 작은 것은?

① $15\div3-5\times(-5+8)$

② $10\div(-6+2\times2)-4$

③ $3\times4-2\times6\div4$

④ $(-10+8)\times(-4)-6$

⑤ $-7-(-6\div2+2)$

4. 다음 중 계산 결과가 옳지 않은 것은?

① $(-3+11)\times\frac{3}{4}-\frac{13}{2}=-\frac{1}{2}$

② $\frac{3}{10}\div\left(-2+\frac{4}{5}\right)-\frac{3}{2}=-\frac{7}{4}$

③ $\left(\frac{4}{3}-1\right)\div2\times\left(-\frac{1}{5}\right)=-\frac{1}{30}$

④ $\left(-\frac{2}{3}+1\right)\div\frac{5}{3}-4\times\frac{1}{8}=-\frac{3}{10}$

⑤ $-2\times\left(\frac{1}{2}-\frac{2}{3}\right)+3=\frac{4}{3}$

5. 다음을 계산하시오.

$$\left(-\frac{5}{2}+2\times\frac{7}{4}\right)\div\frac{3}{5}-2\times\frac{2}{3}$$

6. 다음을 계산하시오.

$$\frac{5}{2}\div\left(-1+\frac{3}{2}\times4\right)-\frac{1}{4}$$

덧셈, 뺄셈, 곱셈, 나눗셈의 혼합 계산
- 거듭제곱, 소괄호, 중괄호, 대괄호가 있는 계산

● 거듭제곱, 소괄호, 중괄호가 있는 혼합 계산

거듭제곱을 먼저 계산하고 소괄호, 중괄호 순서로 계산을 한다.

$$\frac{20}{9}-\left\{\left(-\frac{4}{3}\right)^2+\frac{4}{15}\times(12-7)\right\}$$

① 거듭제곱의 계산: $\left(-\frac{4}{3}\right)^2=\frac{16}{9}$

② 소괄호 안 뺄셈 : $12-7=5$

③ 곱셈: $\frac{4}{15}\times5=\frac{4}{3}$

④ 덧셈: $\frac{16}{9}+\frac{4}{3}=\frac{16}{9}+\frac{12}{9}=\frac{28}{9}$

⑤ 뺄셈: $\frac{20}{9}-\frac{28}{9}=-\frac{8}{9}$

바빠 꿀팁

덧셈, 뺄셈, 곱셈, 나눗셈의 혼합 계산에 거듭제곱, 소괄호, 중괄호, 대괄호가 모두 나오는 식을 풀 때는 어떤 계산 문제를 풀 때보다 집중해야 해. 왜냐하면 첫 번째 계산에서 틀린다면 뒤에 계산을 아무리 잘해도 답이 틀리게 되기 때문이지. 단계마다 정확히 푸는 습관을 들여야 실수가 없어져.

● 거듭제곱, 소괄호, 중괄호, 대괄호가 있는 혼합 계산

거듭제곱을 먼저 계산하고 소괄호, 중괄호, 대괄호 순서로 계산을 한다.

$$-\left[-6+3\times\left\{(-2+10)\times\frac{5}{24}-(-1)^8\right\}\right]-3$$

① 거듭제곱의 계산: $(-1)^8=1$

② 소괄호 안 덧셈: $-2+10=8$

③ 곱셈: $8\times\frac{5}{24}=\frac{5}{3}$

④ 뺄셈: $\frac{5}{3}-1=\frac{2}{3}$

⑤ 곱셈: $3\times\frac{2}{3}=2$

⑥ 덧셈: $-6+2=-4$

⑦ 뺄셈: $-(-4)-3=1$

앗! 실수

혼합 계산에서 가장 잘 틀리는 부분은 괄호가 있는 음수의 거듭제곱이야. 다시 한 번 익히고 가자.

$(-2)^2=4$	$(-2)^3=-8$
⇕	⇕
$-2^2=-4$	$-2^3=-8$
⇕	⇕
$-(-2)^2=-4$	$-(-2)^3=8$

거듭제곱과 소괄호가 있는 혼합 계산

거듭제곱을 꼭 먼저 하지 않아도 되는 경우가 있어. 소괄호 안에 거듭제곱이 없다면 소괄호를 먼저 계산해도 상관없어. 하지만 여러 가지 경우에 따라 모두 다르게 생각하기가 쉽지 않으므로, 거듭제곱을 먼저 계산하기로 약속하자. 아하! 그렇구나~

■ 다음을 계산하시오.

앗! 실수

1. $(-2)^3 \times 3-(-1)^2 \times 4$

Help $(-2)^3=-8$, $(-1)^2=1$

2. $16 \div (-2)^2+(-3)^3 \div 3$

3. $-5^2 \times (-2)-3^3 \times 2$

4. $6^2 \div 3-20 \div (-2)^2$

5. $-2^2 \times \frac{5}{16}-\left(\frac{17}{2}-3^2\right)$

Help $-2^2=-4$, $-3^2=-9$

6. $\frac{7}{16} \times 2^5-\left(3^2+\frac{10}{3}\right)$

7. $\left(\frac{5}{6}-\frac{3}{4}\right) \times (-3)^2-\left(-\frac{5}{6}\right)^2$

8. $\left(-\frac{2}{3}\right)^4 \times 3^2-\left(\frac{5}{4}+\frac{4}{3}\right) \div \frac{31}{24}$

B 거듭제곱, 소괄호, 중괄호가 있는 혼합 계산

거듭제곱 ⇨ 소괄호 ⇨ 중괄호 순서로 풀어!
중간 단계 계산을 할 때 아직 계산하고 있지 않은 부분도 계속해서 되풀이해서 써야만 실수를 줄일 수 있어. 잊지 말자. 꼬~옥!

■ 다음을 계산하시오.

1. $1-\{(-3^2+5)\times(-2)-7\}$

Help ① -3^2+5 ② $(-3^2+5)\times(-2)$ ③ $(-3^2+5)\times(-2)-7$ ④ $1-\{(-3^2+5)\times(-2)-7\}$

2. $-\{(-1^2-2^3)\times5+30\}-22$

Help $-\{(-1^2-2^3)\times5+30\}-22$
$=-\{(\square-\square)\times5+30\}-22$

3. $-9-\{(-2)^4+4\times(1-5)\}$

4. $3\times\{-2\times(3^2-5)+7\}+11$

5. $\frac{3}{5}-\left\{(-2^2-4)\times\frac{5}{2}+18\right\}$

Help $\frac{3}{5}-\left\{(-2^2-4)\times\frac{5}{2}+18\right\}$
$=\frac{3}{5}-\left\{(\square-4)\times\frac{5}{2}+18\right\}$

6. $-\frac{5}{4}-\left\{\left(-\frac{3}{2}\right)^2+\frac{1}{6}\times(10-7)\right\}$

7. $\left\{(3^2-10)\times\left(-\frac{4}{5}\right)-2\right\}\div\frac{3}{5}-7$

8. $(-4)^2\times\frac{3}{8}-\left\{(-2^3+7)\times2+\frac{9}{2}\right\}$

거듭제곱, 소괄호, 중괄호, 대괄호가 있는 혼합 계산

거듭제곱, 소괄호, 중괄호, 대괄호가 있는 혼합 계산은
거듭제곱 ⇨ (소괄호) ⇨ {중괄호} ⇨ [대괄호]
순으로 풀어야 해. 처음에는 천천히 정확하게 푸는 것이 좋고 자신감이 생기면 스피드를 내보자구. 잊지 말자. 꼬~옥!

■ 다음을 계산하시오.

앗! 실수

1. $10-[-12-\{(-3^2+6)\times 7+2\}]$

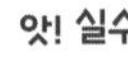

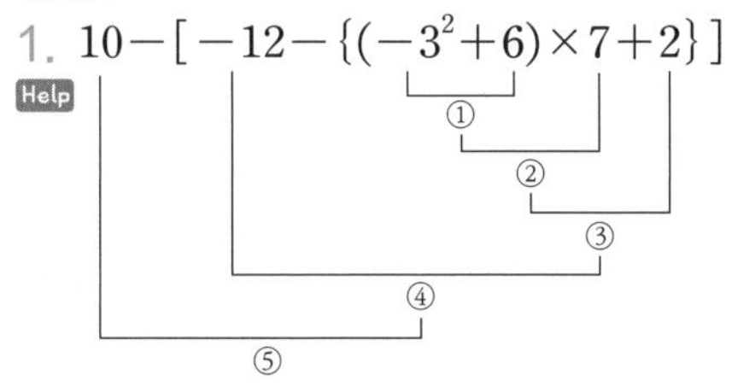

2. $-[(-4)^2-\{(7-3)\div 2-2\}]+12$

3. $7-[8-\{2^2-(-3+1)\}]$

4. $-[-\{(5-1)\times 3^2-30\}+4]+8$

5. $\left(-\frac{1}{4}\right)^2-\left[-\frac{3}{2}-\left\{(1-7)\times\frac{2}{3}+2\right\}\right]$

6. $-\left[-2^2+4\times\left\{(10-4)\div\frac{4}{5}-7\right\}\right]+5$

7. $\frac{1}{4}\times\left[-\left\{\left(2-\frac{9}{5}\right)\times 5^2-7\right\}+2\right]-\frac{9}{11}$

8. $-\left(-\frac{1}{2}\right)^3-\left[\frac{5}{4}-\left\{(8-3)\times\frac{9}{20}\right\}\right]$

거저먹는
시험 문제

시험에 자주 나오는 문제로 마무리

*정답과 해설 40쪽

적중률 80%

[1~2] 식의 계산 순서 찾기

1. 다음 식의 계산 순서를 차례로 나열하시오.

$$3-\frac{5}{4}\times\{5-(-2)^2\div4\}$$

↑ ↑ ↑ ↑ ↑

㉠ ㉡ ㉢ ㉣ ㉤

2. 다음 식의 계산 순서를 차례로 나열하시오.

$$-\left[-\frac{5}{6}+\frac{1}{12}\times\left\{(-3)^2\times\frac{5}{3}+(-7)\right\}\right]+2$$

↑ ↑ ↑ ↑ ↑ ↑

㉠ ㉡ ㉢ ㉣ ㉤ ㉥

[3~4] 계산한 값 중 가장 큰 값, 작은 값 찾기

3. 다음 중 계산 결과가 가장 작은 것은?

① $6-\{(1-2)\times3-2\}$

② $-\{(2^2-3)\times3^2-11\}-6$

③ $-3+2\times\{-1^2-(-2+1)\}$

④ $(-3)^2+(-5)\times\{(5-3)^2\div2-1\}$

⑤ $10-\{(-2^3-2)\times3+20\}$

4. 다음 중 계산 결과가 가장 큰 것은?

① $7-\{(-3)^2-(4-10)\}$

② $(-2)^3-\{(7-5)\times3-4\}$

③ $10-\{(-3^2+4)\times5+20\}$

④ $-16-\{(2^3-7)\times2-3^3\}$

⑤ $2\times\{(9-7)\times3^2-20\}-2$

적중률 60%

[5~6] 복잡한 혼합 계산하기

앗! 실수

5. 다음을 계산하시오.

$$-(-2)^3\div4-\left[-\frac{5}{3}-\left\{(-1)^5\times\frac{5}{3}+2\right\}\right]$$

앗! 실수

6. 다음을 계산하시오.

$$-\left[3\times\left\{\left(-\frac{5}{6}+\frac{4}{3}\right)\times3^2-\frac{11}{6}\right\}-(-2)^4\right]+10$$

2학기, 가장 먼저 풀어야 할 문제집!

바쁜 중1을 위한 빠른 중학도형

1학년 2학기 과정 | <기본 도형과 작도, 평면도형, 입체도형, 통계>

★ ★ ★

2학기 수학 기초 완성!

기초부터 시험 대비까지! 바빠로 끝낸다!

이번 학기 가장 먼저 푸는 책!

중학교 2학기 첫 수학은 '바빠 중학도형'이다!

★ 2학기, 가장 먼저 풀어야 할 문제집!
도형뿐만 아니라 확률과 통계까지 기본 문제를 한 권에 모아, 기초가 탄탄해져요.

★ 대치동 명강사의 노하우가 쏙쏙 '바빠 꿀팁'
책에는 없던, 말로만 듣던 꿀팁을 그대로 담아 더욱 쉽게 이해돼요.

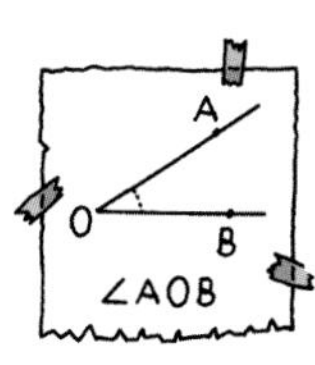

★ '앗! 실수' 코너로 실수 문제 잡기!
중학생 70%가 틀린 문제를 짚어 주어, 실수를 확~ 줄여 줘요.

★ 내신 대비 '거저먹는 시험 문제' 수록
이 문제들만 풀어도 2학기 학교 시험은 문제없어요.

★ 선생님들도 박수 치며 좋아하는 책!
자습용이나 학원 선생님들이 숙제로 내주기 딱 좋은 책이에요.

허세 없는 기본 문제집 — 새 교육과정 반영 (2025년 중1 적용)

대치동 임쌤 수학
임미연 지음

바쁜 중1을 위한 빠른 중학연산

1권 1학년 1학기
1, 2단원

정답과 해설

중간고사 범위

- 소인수분해
- 정수와 유리수

"쉬운 문제부터 풀면 수포자가 되지 않습니다."

— 전국의 명강사들이 박수 치며 추천한 책!

이지스에듀

이번 학기
가장 먼저 푸는 책!

01 소수와 합성수

A 소수와 합성수의 뜻 13쪽

1 × 2 ○ 3 × 4 ×
5 × 6 ○ 7 × 8 ○
9 × 10 ○ 11 × 12 ○

1 2는 소수이지만 짝수이다.
3 1은 소수도 합성수도 아니다.
4 자연수는 소수와 합성수와 1로 이루어져 있다.
5 짝수 중에 2는 소수이다.
7 소수는 1과 자기 자신의 곱으로만 나타낼 수 있다.
9 합성수는 약수를 3개만 가지는 것이 아니라 3개 이상 가지는 수이다.
11 1의 약수는 1이고 1개이다.

B 1부터 20까지의 수 중에서 약수 구하기 14쪽

1 1 2 1, 2 3 1, 3 4 1, 2, 4
5 1, 5 6 1, 2, 3, 6 7 1, 7
8 1, 2, 4, 8 9 1, 3, 9 10 1, 2, 5, 10 11 1, 11
12 1, 2, 3, 4, 6, 12 13 1, 13 14 1, 2, 7, 14
15 1, 3, 5, 15 16 1, 2, 4, 8, 16 17 1, 17
18 1, 2, 3, 6, 9, 18 19 1, 19
20 1, 2, 4, 5, 10, 20 21 2, 3, 5, 7
22 11, 13, 17, 19

C 21부터 50까지의 수 중에서 소수, 합성수 구하기 15쪽

1 합 2 합 3 소 4 합
5 합 6 합 7 합 8 합
9 소 10 합 11 소 12 합
13 합 14 합 15 합 16 합
17 소 18 합 19 합 20 합
21 소 22 합 23 소 24 합
25 합 26 합 27 소 28 합
29 합 30 합

D 1부터 50까지의 수 중에서 소수, 합성수 구하기 16쪽

1

1	②	③	4	⑤
6	⑦	8	9	10

2 4, 6, 8, 9, 10 3 1

4

⑪	12	⑬	14	15
16	⑰	18	⑲	20

5 12, 14, 15, 16, 18, 20

6

21	22	㉓	24	25
26	27	28	㉙	30

7 21, 22, 24, 25, 26, 27, 28, 30

8

㉛	32	33	34	35
36	㊲	38	39	40
㊶	42	㊸	44	45
46	㊼	48	49	50

9 32, 33, 34, 35, 36, 38, 39, 40, 42, 44, 45, 46, 48, 49, 50

거저먹는 시험 문제 17쪽

1 ④ 2 ③ 3 ③, ④ 4 4개
5 3개 6 ②, ④ 7 8, 36, 16

1 ④ 합성수는 약수가 3개 이상인 수이다.
2 ① 소수 중 가장 작은 홀수는 3이다.
② 가장 작은 소수는 2이다.
④ 합성수는 약수가 3개 이상이다.
⑤ 소수가 아닌 자연수는 1 또는 합성수이다.
따라서 옳은 것은 ③이다.
3 ① 자연수는 소수, 합성수와 1로 이루어져 있다.
② 23의 약수는 1과 23이다.
⑤ 두 소수의 곱은 합성수이다.
따라서 옳은 것은 ③, ④이다.
4 소수는 11, 5, 3, 7로 4개이다.
5 합성수는 22, 16, 24로 3개이다.

02 거듭제곱의 뜻과 표현

A 거듭제곱의 뜻과 표현 19쪽

1 1, 3 2 3, 2 3 10, 4 4 $\frac{1}{2}$, 3
5 $\frac{3}{4}$, 5 6 $\frac{2}{5}$, 4 7 2 8 3^3
9 7^5 10 $\frac{1}{2}$ 11 $\left(\frac{1}{5}\right)^3$ 또는 $\frac{1}{5^3}$
12 $\left(\frac{3}{8}\right)^5$

B 여러 수의 거듭제곱 20쪽

1 2, 3　2 $2^2\times3^2$　3 $4^3\times5^2$　4 $5^4\times6^2$
5 $3\times4^2\times5^2$　6 $3^2\times4^2\times5^3$　7 $\frac{1}{5}$, $\frac{3}{5}$
8 $\left(\frac{3}{8}\right)^2\times\left(\frac{5}{9}\right)^2$　9 $2^3\times\left(\frac{2}{5}\right)^2$
10 $\left(\frac{1}{3}\right)^3\times4^4$ 또는 $\frac{1}{3^3}\times4^4$　11 2, 3
12 $\frac{1}{2^2\times7^3\times3}$ 또는 $\left(\frac{1}{2}\right)^2\times\left(\frac{1}{7}\right)^3\times\frac{1}{3}$ 또는 $\frac{1}{2^2}\times\frac{1}{7^3}\times\frac{1}{3}$

C 거듭제곱의 값 구하기 21쪽

1 1 / 1　2 8 / 8　3 16　4 9
5 27　6 16　7 64　8 25
9 125　10 $\frac{1}{16}$ / $\frac{1}{16}$　11 $\frac{8}{27}$　12 $\frac{16}{49}$

10 $\left(\frac{1}{2}\right)^4=\frac{1^4}{2^4}=\frac{1}{16}$
11 $\left(\frac{2}{3}\right)^3=\frac{2^3}{3^3}=\frac{8}{27}$
12 $\left(\frac{4}{7}\right)^2=\frac{4^2}{7^2}=\frac{16}{49}$

D 밑이 주어질 때 거듭제곱으로 나타내기 22쪽

1 2　2 3^2　3 4, 2　4 3^3
5 3, 2　6 3^4, 9^2　7 3　8 $\left(\frac{2}{5}\right)^2$
9 $\left(\frac{2}{3}\right)^3$　10 $\left(\frac{3}{7}\right)^2$　11 $\left(\frac{2}{3}\right)^4$　12 $\left(\frac{9}{10}\right)^2$

E 여러 번의 덧셈과 곱셈의 차이 23쪽

1 3, 6, 3, 8　2 4, 12, 4, 81　3 8, 16　4 15, 125
5 $\frac{1}{2}$, $\frac{1}{16}$　6 2, $\frac{8}{27}$　7 2^3　8 5×4
9 5^3　10 $\left(\frac{1}{2}\right)^5$ 또는 $\frac{1}{2^5}$　11 $\left(\frac{2}{3}\right)^3$
12 $\frac{1}{5^3\times7^2}$ 또는 $\left(\frac{1}{5}\right)^3\times\left(\frac{1}{7}\right)^2$ 또는 $\frac{1}{5^3}\times\frac{1}{7^2}$

1 $2+2+2=2\times3=6$
$2\times2\times2=2^3=8$
2 $3+3+3+3=3\times4=12$
$3\times3\times3\times3=3^4=81$
3 $4+4=4\times2=8$
$4\times4=4^2=16$
4 $5+5+5=5\times3=15$
$5\times5\times5=5^3=125$
5 $\frac{1}{4}+\frac{1}{4}=\frac{1}{4}\times2=\frac{1}{2}$
$\frac{1}{4}\times\frac{1}{4}=\left(\frac{1}{4}\right)^2=\frac{1}{16}$
6 $\frac{2}{3}+\frac{2}{3}+\frac{2}{3}=\frac{2}{3}\times3=2$
$\frac{2}{3}\times\frac{2}{3}\times\frac{2}{3}=\left(\frac{2}{3}\right)^3=\frac{8}{27}$

거저먹는 시험 문제 24쪽

1 1　2 3　3 ②　4 ③
5 21　6 84

1 $3\times3=3^2$이므로 $a=3$, $b=2$
$\therefore a-b=3-2=1$
2 $7\times7\times7\times7=7^4$이므로 $a=7$, $b=4$
$\therefore a-b=7-4=3$
3 ① $1^{99}=1$
③ $5+5+5=5\times3=15$
④ $\frac{3}{2}+\frac{3}{2}+\frac{3}{2}=\frac{3}{2}\times3=\frac{9}{2}$
⑤ $5^2=25$
5 $2^a=16=2^4$에서 $a=4$, $b=5^2=25$
$\therefore b-a=25-4=21$
6 $a=3^4=81$, $5^b=125=5^3$에서 $b=3$
$\therefore a+b=81+3=84$

03 소인수분해

A 인수와 소인수 26쪽

1 6, 3, 3, 6, 2, 3　2 12, 6, 4, 4, 6, 12, 2, 3
3 15, 5, 5, 15, 3, 5　4 1, 2, 3, 1, 2, 3, 2, 3
5 24, 2, 8, 4, 2, 4, 8, 24, 2, 3　6 1, 5 / 5
7 1, 2, 4, 8 / 2　8 1, 2, 5, 10 / 2, 5
9 1, 3, 7, 21 / 3, 7　10 1, 2, 4, 7, 14, 28 / 2, 7
11 1, 2, 23, 46 / 2, 23

B 소인수분해 1 27쪽

1 2, 2, 3 / 2, 2, 3 / 2, 3　2 2, 3, 3, / 2, 3, 3 / 2, 3
3 2, 3, 5 / 2, 3, 5 / 2, 3, 5　4 2, 3, 7 / 2, 3, 7 / 2, 3, 7
5 3, 3, 5 / 3, 3, 5 / 3, 5　6 2, 3, 3, 3 / 2, 3, 3, 3 / 2, 3

C 소인수분해 2 28쪽

1 2, 2 / 2^3　2 2×5　3 3×5　4 $2^2\times5$
5 $2^3\times3$　6 3^3　7 2^5　8 2×19
9 $2^3\times7$　10 $2^2\times3\times5$　11 $2^3\times3^2$　12 $2^2\times3\times7$

1
2) 8
2) 4
　2
$\therefore 8=2^3$

2
2) 10
　5
$\therefore 10=2\times5$

3
3) 15
　5
$\therefore 15=3\times5$

4
2) 20
2) 10
　5
$\therefore 20=2^2\times5$

5
2) 24
2) 12
2) 6
　3
$\therefore 24=2^3\times3$

6
3) 27
3) 9
　3
$\therefore 27=3^3$

7
2) 32
2) 16
2) 8
2) 4
　2
$\therefore 32=2^5$

8
2) 38
　19
$\therefore 38=2\times19$

9
2) 56
2) 28
2) 14
　7
$\therefore 56=2^3\times7$

10
2) 60
2) 30
3) 15
　5
$\therefore 60=2^2\times3\times5$

11
2) 72
2) 36
2) 18
3) 9
　3
$\therefore 72=2^3\times3^2$

12
2) 84
2) 42
3) 21
　7
$\therefore 84=2^2\times3\times7$

D 소인수 구하기 29쪽

1 2×3 / 2, 3　2 2^4 / 2
3 7 / $2^2\times7$ / 2, 7　4 $2^2\times3^2$ / 2, 3
5 3×13 / 3, 13　6 $2^2\times11$ / 2, 11
7 $2^2\times13$ / 2, 13　8 $2\times3\times11$ / 2, 3, 11
9 $2\times3\times13$ / 2, 3, 13　10 2×7^2 / 2, 7
11 27, 3, 9, 3 / $2^2\times3^3$ / 2, 3　12 $2\times3^2\times7$ / 2, 3, 7

1
2) 6
　3
$\therefore 6=2\times3$
소인수: 2, 3

2
2) 16
2) 8
2) 4
　2
$\therefore 16=2^4$
소인수: 2

3
2) 28
2) 14
　7
$\therefore 28=2^2\times7$
소인수: 2, 7

4
2) 36
2) 18
3) 9
　3
$\therefore 36=2^2\times3^2$
소인수: 2, 3

5
3) 39
　13
$\therefore 39=3\times13$
소인수: 3, 13

6
2) 44
2) 22
　11
$\therefore 44=2^2\times11$
소인수: 2, 11

7
2) 52
2) 26
　13
$\therefore 56=2^2\times13$
소인수: 2, 13

8
2) 66
3) 33
　11
$\therefore 66=2\times3\times11$
소인수: 2, 3, 11

9
2) 78
3) 39
　13
$\therefore 78=2\times3\times13$
소인수: 2, 3, 13

10
2) 98
7) 49
　7
$\therefore 98=2\times7^2$
소인수: 2, 7

11
2) 108
2) 54
3) 27
3) 9
　3
$\therefore 108=2^2\times3^3$
소인수: 2, 3

12
2) 126
3) 63
3) 21
　7
$\therefore 126=2\times3^2\times7$
소인수: 2, 3, 7

거저먹는 시험 문제 30쪽

1 ③　2 10　3 7　4 2, 3
5 2, 3, 5　6 ⑤

1
2) 90
3) 45
3) 15
　5
$\therefore 90=2\times3^2\times5$

2
3) 63
3) 21
　7
$\therefore 63=3^2\times7$

따라서 $a=3$, $b=7$이므로 $a+b=10$

3
$$\begin{array}{r|l} 2 & 168 \\ \hline 2 & 84 \\ \hline 2 & 42 \\ \hline 3 & 21 \\ \hline & 7 \end{array}$$
$\therefore 168=2^3\times3\times7$

따라서 $a=3$, $b=3$, $c=7$이므로 $a-b+c=7$

4
$$\begin{array}{r|l} 2 & 48 \\ \hline 2 & 24 \\ \hline 2 & 12 \\ \hline 2 & 6 \\ \hline & 3 \end{array}$$
$\therefore 48=2^4\times3$

소인수: 2, 3

5
$$\begin{array}{r|l} 2 & 120 \\ \hline 2 & 60 \\ \hline 2 & 30 \\ \hline 3 & 15 \\ \hline & 5 \end{array}$$
$\therefore 120=2^3\times3\times5$

소인수: 2, 3, 5

6
$$\begin{array}{r|l} 2 & 220 \\ \hline 2 & 110 \\ \hline 5 & 55 \\ \hline & 11 \end{array}$$
$\therefore 220=2^2\times5\times11$

따라서 소인수는 2, 5, 11이므로 소인수의 합은 $2+5+11=18$

04 제곱수 만들기

A 제곱수 구하기 32쪽

1 1 2 3 3 7 4 9
5 11 6 13 7 4 8 6
9 8 10 10 11 12 12 20

B 제곱수 만들기 1 33쪽

1 3, 2, 3, 6 / 3, 6 2 5, 10 3 7, 14
4 11, 22 5 5, 15 6 2, 10 7 7, 21
8 3, 15 9 2, 14 10 3, 21 11 5, 30
12 7, 42

1 $12=2^2\times3$이므로 3을 곱하면 $2^2\times3^2=(2\times3)^2=6^2$
2 $20=2^2\times5$이므로 5를 곱하면 $2^2\times5^2=(2\times5)^2=10^2$
3 $28=2^2\times7$이므로 7을 곱하면 $2^2\times7^2=(2\times7)^2=14^2$
4 $44=2^2\times11$이므로 11을 곱하면 $2^2\times11^2=(2\times11)^2=22^2$
5 $45=3^2\times5$이므로 5를 곱하면 $3^2\times5^2=(3\times5)^2=15^2$
6 $50=2\times5^2$이므로 2를 곱하면 $2^2\times5^2=(2\times5)^2=10^2$
7 $63=3^2\times7$이므로 7을 곱하면 $3^2\times7^2=(3\times7)^2=21^2$
8 $75=3\times5^2$이므로 3을 곱하면 $3^2\times5^2=(3\times5)^2=15^2$
9 $98=2\times7^2$이므로 2를 곱하면 $2^2\times7^2=(2\times7)^2=14^2$
10 $147=3\times7^2$이므로 3을 곱하면 $3^2\times7^2=(3\times7)^2=21^2$
11 $180=2^2\times3^2\times5$이므로 5를 곱하면
$2^2\times3^2\times5^2=(2\times3\times5)^2=30^2$
12 $252=2^2\times3^2\times7$이므로 7을 곱하면
$2^2\times3^2\times7^2=(2\times3\times7)^2=42^2$

C 제곱수 만들기 2 34쪽

1 6 / 6, 6 2 2, 4 3 10, 10 4 12 / 6, 12
5 3, 9 6 10, 20 7 6, 18 8 14, 28
9 22, 44 10 14, 42 11 33, 66 12 35, 70

1 $6=2\times3$이므로 2×3을 곱하면 $2^2\times3^2=(2\times3)^2=6^2$
2 $8=2^3$이므로 2를 곱하면 $2^4=4^2$
3 $10=2\times5$이므로 2×5를 곱하면 $2^2\times5^2=(2\times5)^2=10^2$
4 $24=2^3\times3$이므로 2×3을 곱하면 $2^4\times3^2=(4\times3)^2=12^2$
5 $27=3^3$이므로 3을 곱하면 $3^4=9^2$
6 $40=2^3\times5$이므로 2×5를 곱하면 $2^4\times5^2=(4\times5)^2=20^2$
7 $54=2\times3^3$이므로 2×3을 곱하면 $2^2\times3^4=(2\times9)^2=18^2$
8 $56=2^3\times7$이므로 2×7을 곱하면 $2^4\times7^2=(4\times7)^2=28^2$
9 $88=2^3\times11$이므로 2×11을 곱하면
$2^4\times11^2=(4\times11)^2=44^2$
10 $126=2\times3^2\times7$이므로 2×7을 곱하면
$2^2\times3^2\times7^2=(2\times3\times7)^2=42^2$
11 $132=2^2\times3\times11$이므로 3×11을 곱하면
$2^2\times3^2\times11^2=(2\times3\times11)^2=66^2$
12 $140=2^2\times5\times7$이므로 5×7을 곱하면
$2^2\times5^2\times7^2=(2\times5\times7)^2=70^2$

D 제곱수 만들기 3 35쪽

1 2, 2 / 2, 2 2 3, 3 3 13, 2 4 3, 5
5 11, 3 6 5, 5 7 10, 10 / 10, 3
8 14, 3 9 6, 5 10 5, 6 11 22, 3
12 10, 5

1 $8=2^3$이므로 2로 나누면 $2^3\div2=2^2$
2 $27=3^3$이므로 3으로 나누면 $3^3\div3=3^2$
3 $52=2^2\times13$이므로 13으로 나누면 $2^2\times13\div13=2^2$
4 $75=3\times5^2$이므로 3으로 나누면 $3\times5^2\div3=5^2$
5 $99=3^2\times11$이므로 11로 나누면 $3^2\times11\div11=3^2$
6 $125=5^3$이므로 5로 나누면 $5^3\div5=5^2$
7 $90=2\times3^2\times5$이므로 2×5로 나누면
$2\times3^2\times5\div(2\times5)=3^2$
8 $126=2\times3^2\times7$이므로 2×7로 나누면
$2\times3^2\times7\div(2\times7)=3^2$
9 $150=2\times3\times5^2$이므로 2×3으로 나누면
$2\times3\times5^2\div(2\times3)=5^2$
10 $180=2^2\times3^2\times5$이므로 5로 나누면
$2^2\times3^2\times5\div5=(2\times3)^2=6^2$

11 $198=2\times3^2\times11$이므로 2×11로 나누면
$2\times3^2\times11\div(2\times11)=3^2$
12 $250=2\times5^3$이므로 2×5로 나누면 $2\times5^3\div(2\times5)=5^2$

거저먹는 시험 문제 36쪽

1 45　2 ④　3 15　4 ①
5 $a=10$, $b=30$　6 35

1 $60=2^2\times3\times5$이므로 3×5를 곱하면
$2^2\times3^2\times5^2=(2\times3\times5)^2=30^2$
따라서 $a=15$, $b=30$이므로 $a+b=45$
2 $84=2^2\times3\times7$이므로 3×7로 나누면
$2^2\times3\times7\div(3\times7)=2^2$
따라서 $a=21$, $b=2$이므로 $a-b=19$
3 $108=2^2\times3^3$이므로 3을 곱하면
$2^2\times3^4=(2\times9)^2=18^2$
따라서 $a=3$, $b=18$이므로 $b-a=15$
4 $252=2^2\times3^2\times7$이므로 7로 나누면
$2^2\times3^2\times7\div7=(2\times3)^2$
따라서 나누어야 할 수는 7이다.
5 $90=2\times3^2\times5$이므로 2×5를 곱하면
$2^2\times3^2\times5^2=(2\times3\times5)^2=30^2$
$\therefore a=10$, $b=30$
6 $132=2^2\times3\times11$이므로 3×11로 나누면
$2^2\times3\times11\div(3\times11)=2^2$
따라서 $a=33$, $b=2$이므로 $a+b=35$

05 소인수분해를 이용하여 약수와 약수의 개수 구하기

A 소인수분해를 이용하여 약수 구하기 1 38쪽

1

×	1	3
1	1	3
2	2	6

2

×	1	5
1	1	5
2	2	10
2^2	4	20

3

×	1	3	3^2
1	1	3	9
2	2	6	18
2^2	4	12	36

4

×	1	7
1	1	7
2	2	14
2^2	4	28
2^3	8	56

5

×	1	5
1	1	5
2	2	10

6

×	1	5
1	1	5
3	3	15
3^2	9	45

7

×	1	5	5^2
1	1	5	25
2	2	10	50
2^2	4	20	100

8

×	1	5
1	1	5
3	3	15
3^2	9	45
3^3	27	135

B 소인수분해를 이용하여 약수 구하기 2 39쪽

1 2×3^2

×	1	3	3^2
1	1	3	9
2	2	6	18

1, 2, 3, 6, 9, 18
2 $2^2\times7$

×	1	7
1	1	7
2	2	14
2^2	4	28

1, 2, 4, 7, 14, 28
3 2×3^3

×	1	3	3^2	3^3
1	1	3	9	27
2	2	6	18	54

1, 2, 3, 6, 9, 18, 27, 54

4 3×5^2

×	1	5	5^2
1	1	5	25
3	3	15	75

1, 3, 5, 15, 25, 75

5 2×7^2

×	1	7	7^2
1	1	7	49
2	2	14	98

1, 2, 7, 14, 49, 98

6 $2^2\times3^3$

×	1	3	3^2	3^3
1	1	3	9	27
2	2	6	18	54
2^2	4	12	36	108

1, 2, 3, 4, 6, 9, 12, 18, 27, 36, 54, 108

C 약수의 개수 구하기 40쪽

1 6　2 9　3 12　4 15
5 18　6 27　7 2×5, 4　8 $2^3\times3$, 8
9 5^2, 3　10 $2\times3\times5$, 8　11 $3^2\times7$, 6
12 $2^2\times3\times7$, 12

1 $(2+1)\times(1+1)=6$
2 $(2+1)\times(2+1)=9$
3 $(3+1)\times(2+1)=12$
4 $(4+1)\times(2+1)=15$
5 $(1+1)\times(2+1)\times(2+1)=18$
6 $(2+1)\times(2+1)\times(2+1)=27$
7 $10=2\times5$이므로 약수의 개수는
$(1+1)\times(1+1)=4$
8 $24=2^3\times3$이므로 약수의 개수는
$(3+1)\times(1+1)=8$
9 $25=5^2$이므로 약수의 개수는
$2+1=3$
10 $30=2\times3\times5$이므로 약수의 개수는
$(1+1)\times(1+1)\times(1+1)=8$
11 $63=3^2\times7$이므로 약수의 개수는
$(2+1)\times(1+1)=6$
12 $84=2^2\times3\times7$이므로 약수의 개수는
$(2+1)\times(1+1)\times(1+1)=12$

D 약수의 개수가 주어질 때 지수 구하기 41쪽

1 2　2 4　3 6　4 1
5 2　6 1　7 3　8 5
9 4　10 3　11 2　12 3

1 약수의 개수가 3이므로 2의 지수 a는 $3-1=2$가 된다.
2 약수의 개수가 5이므로 3의 지수 a는 $5-1=4$가 된다.
3 약수의 개수가 7이므로 5의 지수 a는 $7-1=6$이 된다.
4 약수의 개수가 4이고 2의 지수가 1이므로 $4=(1+1)\times2$가 되어야 한다.
따라서 3의 지수 a는 $2-1=1$이 된다.
5 약수의 개수가 9이고 3의 지수가 2이므로 $9=3\times(2+1)$이 되어야 한다.
따라서 2의 지수 a는 $3-1=2$가 된다.
6 약수의 개수가 8이고 2의 지수가 3이므로 $8=(3+1)\times2$가 되어야 한다.
따라서 3의 지수 a는 $2-1=1$이 된다.
7 약수의 개수가 20이고 5의 지수가 4이므로 $20=4\times(4+1)$이 되어야 한다.
따라서 2의 지수 a는 $4-1=3$이 된다.
8 약수의 개수가 18이고 5의 지수가 2이므로 $18=(2+1)\times6$이 되어야 한다.
따라서 7의 지수 a는 $6-1=5$가 된다.
9 약수의 개수가 20이고 7의 지수가 3이므로 $20=5\times(3+1)$이 되어야 한다.
따라서 3의 지수 a는 $5-1=4$가 된다.
10 약수의 개수가 16이고 3과 5의 지수가 1이므로
$16=4\times(1+1)\times(1+1)$이 되어야 한다.
따라서 2의 지수 a는 $4-1=3$이 된다.
11 약수의 개수가 27이고 2와 5의 지수가 2이므로
$27=(2+1)\times(2+1)\times3$이 되어야 한다.
따라서 7의 지수 a는 $3-1=2$가 된다.
12 약수의 개수가 32이고 5의 지수가 3, 7의 지수가 1이므로
$32=4\times(3+1)\times(1+1)$이 되어야 한다.
따라서 3의 지수 a는 $4-1=3$이 된다.

거저먹는 시험 문제 42쪽

1 ④　2 ④　3 ②　4 ⑤
5 3　6 5

1 $96=2^5\times3$의 약수는 2의 지수는 5 이하이고 3의 지수는 1 이하이다.
④ $2^2\times3^2$은 3의 지수가 2이기 때문에 약수가 아니다.
2 $84=2^2\times3\times7$의 약수는 2의 지수는 2 이하이고 3과 7의 지수는 1 이하이다.
④ $2^3\times7$은 2의 지수가 3이기 때문에 약수가 아니다.

3 ① $56=2^3\times7$이므로 약수의 개수는
$(3+1)\times(1+1)=4\times2=8$
② $2^7\times3^3$의 약수의 개수는
$(7+1)\times(3+1)=8\times4=32$
③ $2^3\times3\times5^2$의 약수의 개수는
$(3+1)\times(1+1)\times(2+1)=4\times2\times3=24$
④ $3\times5\times11^2$의 약수의 개수는
$(1+1)\times(1+1)\times(2+1)=2\times2\times3=12$
⑤ $105=3\times5\times7$이므로 약수의 개수는
$(1+1)\times(1+1)\times(1+1)=2\times2\times2=8$
따라서 약수의 개수가 가장 많은 것은 ②이다.

4 ⑤ 3×4^2은 소인수분해가 아니므로 $3\times4^2=3\times2^4$으로 바꾸어 약수의 개수를 구한다.
따라서 약수의 개수는 $(1+1)\times(4+1)=2\times5=10$

5 $40=2^3\times5$의 약수의 개수가 $(3+1)\times(1+1)=4\times2=8$
3×5^a의 약수의 개수는 3의 지수가 1이므로
$8=(1+1)\times4$가 되어야 한다.
따라서 5의 지수 a는 $4-1=3$이 된다.

6 $90=2\times3^2\times5$의 약수의 개수가
$(1+1)\times(2+1)\times(1+1)=2\times3\times2=12$
$2^a\times5$의 약수의 개수는 5의 지수가 1이므로
$12=6\times(1+1)$이 되어야 한다.
따라서 2의 지수 a는 $6-1=5$가 된다.

06 거꾸로 된 나눗셈법으로 최대공약수 구하기

A 공약수와 최대공약수 구하기 45쪽

1 (1) 2, 3, 6 (2) 3, 9 (3) 3 (4) 3
2 (1) 1, 2, 4, 8 (2) 1, 2, 3, 4, 6, 12 (3) 1, 2, 4 (4) 4
3 (1) 1, 2, 5, 10 (2) 1, 2, 3, 6, 9, 18 (3) 1, 2 (4) 2
4 (1) 1, 2, 4, 8, 16 (2) 1, 2, 3, 4, 6, 8, 12, 24
(3) 1, 2, 4, 8 (4) 8
5 (1) 1, 2, 4, 5, 10, 20 (2) 1, 5, 7, 35 (3) 1, 5 (4) 5
6 (1) 1, 3, 9, 27 (2) 1, 3, 5, 9, 15, 45 (3) 1, 3, 9 (4) 9

B 최대공약수를 이용하여 공약수 구하기 46쪽

1 1, 2, 3, 6　2 1, 2, 4, 8
3 1, 2, 3, 4, 6, 12　4 1, 3, 5, 15
5 1, 17　6 1, 2, 4, 5, 10, 20
7 1, 3, 7, 21　8 1, 5, 25
9 1, 2, 3, 5, 6, 10, 15, 30　10 1, 2, 4, 8, 16, 32
11 1, 2, 4, 5, 8, 10, 20, 40　12 1, 7, 49

C 서로소 찾기 47쪽

1 ○　2 ×　3 ○　4 ○
5 ×　6 ○　7 ○　8 ○
9 ○　10 ×　11 ○　12 ×

7 서로소인 두 자연수의 공약수는 1이고, 최대공약수도 1이다.
10 8과 9는 서로소이지만 둘 다 소수가 아니다.
12 6은 짝수이고 9는 홀수이지만 서로소가 아니다.

D 거꾸로 된 나눗셈법으로 두 수의 최대공약수 구하기 48쪽

1
```
2 ) 12  18
3 )  6   9
     2   3
```
(최대공약수)$=2\times3=6$

2
```
2 ) 8  20
2 ) 4  10
    2   5
```
(최대공약수)$=2\times2=4$

3
```
2 ) 30  84
3 ) 15  42
     5  14
```
(최대공약수)$=2\times3=6$

4
```
2 ) 36  60
2 ) 18  30
3 )  9  15
     3   5
```
(최대공약수)$=2\times2\times3=12$

5
```
11 ) 33  77
      3   7
```
(최대공약수)$=11$

6
```
3 ) 30  45
5 ) 10  15
     2   3
```
(최대공약수)$=3\times5=15$

7
```
2 ) 28  42
7 ) 14  21
     2   3
```
(최대공약수)$=2\times7=14$

8
```
13 ) 13  39
      1   3
```
(최대공약수)$=13$

9
```
2 ) 48  72
2 ) 24  36
2 ) 12  18
3 )  6   9
     2   3
```
(최대공약수)$=2\times2\times2\times3=24$

10
$$\begin{array}{r|rr} 2 & 56 & 72 \\ \hline 2 & 28 & 36 \\ \hline 2 & 14 & 18 \\ \hline & 7 & 9 \end{array}$$
(최대공약수)$=2\times2\times2=8$

E 거꾸로 된 나눗셈법으로 세 수의 최대공약수 구하기 49쪽

1
$$\begin{array}{r|rrr} 2 & 6 & 8 & 10 \\ \hline & 3 & 4 & 5 \end{array}$$
(최대공약수)$=2$

2
$$\begin{array}{r|rrr} 5 & 15 & 35 & 45 \\ \hline & 3 & 7 & 9 \end{array}$$
(최대공약수)$=5$

3
$$\begin{array}{r|rrr} 7 & 21 & 7 & 42 \\ \hline & 3 & 1 & 6 \end{array}$$
(최대공약수)$=7$

4
$$\begin{array}{r|rrr} 3 & 18 & 15 & 27 \\ \hline & 6 & 5 & 9 \end{array}$$
(최대공약수)$=3$

5
$$\begin{array}{r|rrr} 11 & 11 & 33 & 22 \\ \hline & 1 & 3 & 2 \end{array}$$
(최대공약수)$=11$

6
$$\begin{array}{r|rrr} 2 & 12 & 18 & 30 \\ \hline 3 & 6 & 9 & 15 \\ \hline & 2 & 3 & 5 \end{array}$$
(최대공약수)$=2\times3=6$

7
$$\begin{array}{r|rrr} 2 & 10 & 20 & 30 \\ \hline 5 & 5 & 10 & 15 \\ \hline & 1 & 2 & 3 \end{array}$$
(최대공약수)$=2\times5=10$

8
$$\begin{array}{r|rrr} 2 & 8 & 12 & 24 \\ \hline 2 & 4 & 6 & 12 \\ \hline & 2 & 3 & 6 \end{array}$$
(최대공약수)$=2\times2=4$

9
$$\begin{array}{r|rrr} 2 & 16 & 40 & 64 \\ \hline 2 & 8 & 20 & 32 \\ \hline 2 & 4 & 10 & 16 \\ \hline & 2 & 5 & 8 \end{array}$$
(최대공약수)$=2\times2\times2=8$

10
$$\begin{array}{r|rrr} 2 & 18 & 36 & 54 \\ \hline 3 & 9 & 18 & 27 \\ \hline 3 & 3 & 6 & 9 \\ \hline & 1 & 2 & 3 \end{array}$$
(최대공약수)$=2\times3\times3=18$

거저먹는 시험 문제 50쪽

1 ⑤ 2 1, 2, 3, 6, 9, 18 3 ⑤
4 ③ 5 12 6 ③

1 최대공약수 10의 약수가 두 수의 공약수이므로 1, 2, 5, 10이다.

4 ③ 15와 22는 서로소이지만 둘 다 소수가 아니다.

5
$$\begin{array}{r|rrr} 2 & 12 & 48 & 60 \\ \hline 2 & 6 & 24 & 30 \\ \hline 3 & 3 & 12 & 15 \\ \hline & 1 & 4 & 5 \end{array}$$
(최대공약수)$=2\times2\times3=12$

6
$$\begin{array}{r|rr} 2 & 24 & 32 \\ \hline 2 & 12 & 16 \\ \hline 2 & 6 & 8 \\ \hline & 3 & 4 \end{array}$$
(최대공약수)$=2\times2\times2=8$
공약수는 최대공약수의 약수이므로 1, 2, 4, 8이다.

07 소인수분해를 이용하여 최대공약수 구하기

A 두 수의 최대공약수 구하기 52쪽

1 2, 5, 2 2 2, 2, 2
3 3, 7, 3, 2 4 2, 2, 3, 5, 2, 5

5
$$\begin{array}{r} 27= \quad 3^3 \\ 54=2\times3^3 \\ \hline \text{(최대공약수)}= \quad 3^3 \end{array}$$

6
$$\begin{array}{r} 24=2^3\times3 \\ 72=2^3\times3^2 \\ \hline \text{(최대공약수)}=2^3\times3 \end{array}$$

7
$$\begin{array}{r} 39= \quad 3 \quad \times13 \\ 66=2\times3\times11 \\ \hline \text{(최대공약수)}= \quad 3 \end{array}$$

8
$$\begin{array}{r} 90=2\times3^2\times5 \\ 108=2^2\times3^3 \\ \hline \text{(최대공약수)}=2\times3^2 \end{array}$$

B 세 수의 최대공약수 구하기 53쪽

1 3, 5, 2, 3, 3

2
$$\begin{array}{rl} 39= & 3\times 13 \\ 42= & 2\times 3\times 7 \\ 45= & 3^2\times 5 \\ \hline \text{(최대공약수)}= & 3 \end{array}$$

3
$$\begin{array}{rl} 28= & 2^2\times 7 \\ 42= & 2\times 3\times 7 \\ 70= & 2\times 5\times 7 \\ \hline \text{(최대공약수)}= & 2\times 7 \end{array}$$

4
$$\begin{array}{rl} 60= & 2^2\times 3\times 5 \\ 90= & 2\times 3^2\times 5 \\ 150= & 2\times 3\times 5^2 \\ \hline \text{(최대공약수)}= & 2\times 3\times 5 \end{array}$$

5
$$\begin{array}{rl} 42= & 2\times 3\times 7 \\ 60= & 2^2\times 3\times 5 \\ 84= & 2^2\times 3\times 7 \\ \hline \text{(최대공약수)}= & 2\times 3 \end{array}$$

6
$$\begin{array}{rl} 40= & 2^3\times 5 \\ 50= & 2\times 5^2 \\ 70= & 2\times 5\times 7 \\ \hline \text{(최대공약수)}= & 2\times 5 \end{array}$$

7
$$\begin{array}{rl} 27= & 3^3 \\ 36= & 2^2\times 3^2 \\ 180= & 2^2\times 3^2\times 5 \\ \hline \text{(최대공약수)}= & 3^2 \end{array}$$

8
$$\begin{array}{rl} 45= & 3^2\times 5 \\ 75= & 3\times 5^2 \\ 105= & 3\times 5\times 7 \\ \hline \text{(최대공약수)}= & 3\times 5 \end{array}$$

C 소인수의 곱으로 최대공약수 구하기 54쪽

1 3　2 $2^2\times 3^2$　3 $2^2\times 7$　4 $2\times 3^2\times 5$
5 3　6 $2\times 5\times 7$　7 (1) 2×3 (2) 1, 2, 3, 2×3
8 (1) 3 (2) 1, 3　9 (1) 2^2 (2) 1, 2, 2^2
10 (1) $2^2\times 5$ (2) 1, 2, 2^2, 5, 2×5, $2^2\times 5$
11 (1) $2^3\times 3$ (2) 1, 2, 3, 2^2, 2×3, 2^3, $2^2\times 3$, $2^3\times 3$

거저먹는 시험 문제 55쪽

1 ③　2 3　3 4　4 ⑤
5 ③　6 6

2 5의 지수는 a와 3 중에 작거나 같은 것을 선택해야 하는데 최대공약수의 5의 지수가 2이므로 $a=2$
7의 지수는 3과 b 중에 작거나 같은 것을 선택해야 하는데 최대공약수의 7의 지수가 1이므로 $b=1$
$\therefore a+b=3$

3 2의 지수는 a와 3 중에 작거나 같은 것을 선택해야 하는데 최대공약수의 2의 지수가 1이므로 $a=1$
5의 지수는 4와 b 중에 작거나 같은 것을 선택해야 하는데 최대공약수의 5의 지수가 3이므로 $b=3$
$\therefore a+b=4$

4 $3\times 5^2\times 7$, $3^2\times 5^2$의 최대공약수가 3×5^2이므로
⑤ $3^2\times 5^2$은 3의 지수가 1보다 커서 공약수가 아니다.

5 $2^2\times 3\times 5$, $2^3\times 3\times 5^2$의 최대공약수가 $2^2\times 3\times 5$이므로
③ $2^3\times 5$는 2의 지수가 2보다 커서 공약수가 아니다.

6 $2\times 3^2\times 5$, $3^2\times 5^3$, $3^2\times 5^2\times 7$의 최대공약수가 $3^2\times 5$이므로
공약수의 개수는 $(2+1)\times(1+1)=6$

08 거꾸로 된 나눗셈법으로 최소공배수 구하기

A 공배수와 최소공배수 구하기 57쪽

1 (1) 5, 10, 15, 20, 25, 30, ⋯ (2) 10, 20, 30, 40, 50, ⋯
(3) 10, 20, 30, ⋯ (4) 10
2 (1) 6, 12, 18, 24, 30, 36, 42, 48, ⋯
(2) 8, 16, 24, 32, 40, 48, ⋯
(3) 24, 48, ⋯ (4) 24
3 (1) 9, 18, 27, 36, 45, 54, 63, 72, ⋯
(2) 12, 24, 36, 48, 60, 72, ⋯
(3) 36, 72, ⋯ (4) 36
4 (1) 6, 12, 18, 24, 30, 36, ⋯ (2) 9, 18, 27, 36, 45, ⋯
(3) 18, 36, ⋯ (4) 18
5 (1) 16, 32, 48, 64, 80, 96, ⋯ (2) 48, 96, ⋯
(3) 48, 96, ⋯ (4) 48
6 (1) 20, 40, 60, 80, 100, 120, ⋯
(2) 30, 60, 90, 120, ⋯ (3) 60, 120, 180, 240, ⋯
(4) 60, 120, ⋯ (5) 60

B 거꾸로 된 나눗셈법으로 두 수의 최소공배수 구하기 58쪽

1 2, 5, 30 / 2, 30

2 2) 4 10
2 5

(최소공배수)$=2^2\times5=20$

3 2) 12 16
2) 6 8
3 4

(최소공배수)$=2^2\times3\times4=48$

4 3) 15 24
5 8

(최소공배수)$=3\times5\times8=120$

5 2) 12 18
3) 6 9
2 3

(최소공배수)$=2^2\times3^2=36$

6 2) 18 24
3) 9 12
3 4

(최소공배수)$=2\times3^2\times4=72$

7 2) 30 42
3) 15 21
5 7

(최소공배수)$=2\times3\times5\times7=210$

8 3) 45 30
5) 15 10
3 2

(최소공배수)$=2\times3^2\times5=90$

9 3) 42 21
7) 14 7
2 1

(최소공배수)$=2\times3\times7=42$

10 2) 84 60
2) 42 30
3) 21 15
7 5

(최소공배수)$=2^2\times3\times5\times7=420$

C 공배수의 개수 구하기 59쪽

1 2　2 1　3 1　4 3
5 1　6 2　7 12, 24, 54
8 28, 56, 84　9 15, 30, 45　10 27, 54, 81

1 2) 12 18
3) 6 9
2 3

(최소공배수)$=2^2\times3^2=36$이므로 100 이하의 공배수는 36, 72의 2개이다.

2 3) 12 21
4 7

(최소공배수)$=3\times4\times7=84$이므로 100 이하의 공배수는 84의 1개이다.

3 2) 20 30
5) 10 15
2 3

(최소공배수)$=2^2\times3\times5=60$이므로 100 이하의 공배수는 60의 1개이다.

4 13) 13 26
1 2

(최소공배수)$=2\times13=26$이므로 100 이하의 공배수는 26, 52, 78의 3개이다.

5 2) 24 32
2) 12 16
2) 6 8
3 4

(최소공배수)$=2^3\times3\times4=96$이므로 100 이하의 공배수는 96의 1개이다.

6 2) 16 24
2) 8 12
2) 4 6
2 3

(최소공배수)$=2^4\times3=48$이므로 100 이하의 공배수는 48, 96의 2개이다.

D 거꾸로 된 나눗셈법으로 세 수의 최소공배수 구하기 60쪽

1 1, 3, 2, 30

2 2) 4 6 8
2) 2 3 4
1 3 2

(최소공배수)$=2^3\times3=24$

3 2) 12 8 6
2) 6 4 3
3) 3 2 3
1 2 1

(최소공배수)$=2^3\times3=24$

4 2) 10 12 20
2) 5 6 10
5) 5 3 5
1 3 1

(최소공배수)$=2^2\times3\times5=60$

5 2) 12 16 18
2) 6 8 9
3) 3 4 9
1 4 3

(최소공배수)$=2^2\times3^2\times4=144$

6
2) 10 12 15
3) 5 6 15
5) 5 2 5
1 2 1

(최소공배수)$=2^2\times3\times5=60$

7
2) 8 16 20
2) 4 8 10
2) 2 4 5
1 2 5

(최소공배수)$=2^4\times5=80$

8
2) 24 18 32
2) 12 9 16
2) 6 9 8
3) 3 9 4
1 3 4

(최소공배수)$=2^3\times3^2\times4=288$

9
2) 16 40 64
2) 8 20 32
2) 4 10 16
2) 2 5 8
1 5 4

(최소공배수)$=2^4\times4\times5=320$

10
1) 3 7 5
3 7 5

(최소공배수)$=3\times5\times7=105$

거저먹는 시험 문제 — 61쪽

1 13, 26, 39 2 ② 3 45 4 ⑤
5 180 6 60

1 최소공배수가 13일 때, 50 이하의 공배수는 13, 26, 39이다.
2 최소공배수가 24일 때, 공배수는 24, 48, 72, 96, …이다.
3 최소공배수가 15이므로 공배수는 15, 30, 45, 60, …이 되어 50에 가장 가까운 수는 45이다.
4 6과 9의 최소공배수는 18이다. 따라서 공배수는 18, 36, 54, 72, 90, 108, …이므로 100에 가장 가까운 공배수는 108이다.
5
2) 36 60
2) 18 30
3) 9 15
3 5

(최소공배수)$=2^2\times3^2\times5=180$

6
2) 6 15 20
3) 3 15 10
5) 1 5 10
1 1 2

(최소공배수)$=2^2\times3\times5=60$

09 소인수분해를 이용하여 최소공배수 구하기

A 두 수의 최소공배수 구하기 — 63쪽

1 $2, 2^2$ 2 $2^2, 2^3$ 3 $5, 2^2, 5$
4 $2^2, 5, 2^2, 5$

5
$16=2^4$
$28=2^2\times7$
(최소공배수)$=2^4\times7$

6
$25=5^2$
$40=2^3\times5$
(최소공배수)$=2^3\times5^2$

7
$24=2^3\times3$
$15=3\times5$
(최소공배수)$=2^3\times3\times5$

8
$42=2\times3\times7$
$28=2^2\times7$
(최소공배수)$=2^2\times3\times7$

B 세 수의 최소공배수 구하기 — 64쪽

1 $2^2, 3, 2^2, 2^2$ 2 $5^2, 5, 5^2, 5^2$

3
$6=2\times3$
$9=3^2$
$15=3\times5$
(최소공배수)$=2\times3^2\times5$

4
$10=2\times5$
$40=2^3\times5$
$60=2^2\times3\times5$
(최소공배수)$=2^3\times3\times5$

5
$36=2^2\times3^2$
$60=2^2\times3\times5$
$72=2^3\times3^2$
(최소공배수)$=2^3\times3^2\times5$

6
$21=3\times7$
$42=2\times3\times7$
$30=2\times3\times5$
(최소공배수)$=2\times3\times5\times7$

7
$18=2\times3^2$
$24=2^3\times3$
$36=2^2\times3^2$
(최소공배수)$=2^3\times3^2$

8
$20=2^2\times5$
$24=2^3\times3$
$32=2^5$
(최소공배수)$=2^5\times3\times5$

C 소인수의 곱으로 최소공배수 구하기 65쪽

1 $2^3\times3^2$ 2 2×3^2 3 $2^2\times3^3$ 4 $2^2\times3\times5$
5 $2^2\times3^2\times5^2$ 6 $2^2\times3^3\times5\times7$
7 $2\times3\times5^2\times7$ 8 $2^2\times3\times5^2$
9 $2\times3\times5^2\times7$ 10 $2\times3^2\times5^2\times7$

D 최소공배수를 이용하여 공배수 구하기 66쪽

1 (1) × (2) × (3) ○ (4) × (5) ○
2 (1) × (2) × (3) ○ (4) × (5) ○
3 (1) × (2) × (3) × (4) ○ (5) ○
4 (1) × (2) ○ (3) × (4) ○ (5) ×
5 (1) × (2) × (3) ○ (4) ○ (5) ×
6 (1) ○ (2) × (3) × (4) ○ (5) ×

1 최소공배수가 12이므로 12의 배수를 구한다.
2 최소공배수가 $3^2\times5^2$이므로 공배수는 3의 지수가 2 이상, 5의 지수가 2 이상이어야 한다.
3 최소공배수가 $2\times3^2\times5$이므로 공배수는 2의 지수가 1 이상, 3의 지수가 2 이상, 5의 지수가 1 이상이어야 한다.
4 최소공배수가 $2^2\times3\times5$이므로 공배수는 2의 지수가 2 이상, 3의 지수가 1 이상, 5의 지수가 1 이상이어야 한다.
5 최소공배수가 $2^2\times5^2\times7$이므로 공배수는 2의 지수가 2 이상, 5의 지수가 2 이상, 7의 지수가 1 이상이어야 한다.
6 최소공배수가 $2\times3^2\times5^2\times7$이므로 공배수는 2의 지수가 1 이상, 3의 지수가 2 이상, 5의 지수가 2 이상, 7의 지수가 1 이상이어야 한다.

E 미지수가 포함된 최소공배수 67쪽

1 x, 2, x, 2 / 3 2 1 3 2
4 2 5 4 6 5 7 4
8 3

1
$$\begin{array}{r|ll} x & 2\times x & 4\times x \\ \hline 2 & 2 & 4 \\ \hline & 1 & 2 \end{array}$$
최소공배수: $x\times2\times2=12$ $\therefore x=3$

2
$$\begin{array}{r|ll} x & 6\times x & 10\times x \\ \hline 2 & 6 & 10 \\ \hline & 3 & 5 \end{array}$$
최소공배수: $x\times2\times3\times5=30$ $\therefore x=1$

3
$$\begin{array}{r|ll} x & 4\times x & 9\times x \\ \hline & 4 & 9 \end{array}$$
최소공배수: $x\times4\times9=72$ $\therefore x=2$

4
$$\begin{array}{r|lll} x & 2\times x & 3\times x & 5\times x \\ \hline & 2 & 3 & 5 \end{array}$$
최소공배수: $x\times2\times3\times5=60$ $\therefore x=2$

5
$$\begin{array}{r|lll} x & 2\times x & 5\times x & 6\times x \\ \hline 2 & 2 & 5 & 6 \\ \hline & 1 & 5 & 3 \end{array}$$
최소공배수: $x\times2\times5\times3=120$ $\therefore x=4$

6
$$\begin{array}{r|lll} x & 5\times x & 6\times x & 10\times x \\ \hline 2 & 5 & 6 & 10 \\ \hline 5 & 5 & 3 & 5 \\ \hline & 1 & 3 & 1 \end{array}$$
최소공배수: $x\times2\times5\times3=150$ $\therefore x=5$

7
$$\begin{array}{r|lll} x & 4\times x & 6\times x & 8\times x \\ \hline 2 & 4 & 6 & 8 \\ \hline 2 & 2 & 3 & 4 \\ \hline & 1 & 3 & 2 \end{array}$$
최소공배수: $x\times2\times2\times3\times2=96$ $\therefore x=4$

8
$$\begin{array}{r|lll} x & 10\times x & 15\times x & 20\times x \\ \hline 5 & 10 & 15 & 20 \\ \hline 2 & 2 & 3 & 4 \\ \hline & 1 & 3 & 2 \end{array}$$
최소공배수: $x\times5\times2\times3\times2=180$ $\therefore x=3$

거저먹는 시험 문제 68쪽

1 ⑤ 2 ① 3 $a=3$, $b=2$, $c=3$
4 10 5 ①, ⑤ 6 ③, ④

2 두 수 $2^a\times3\times7^b$, $2^2\times3^c\times7$의 최소공배수를 구할 때
2의 지수는 a와 2 중에 크거나 같은 것을 선택해야 하는데 최소공배수의 2의 지수가 3이므로 $a=3$
3의 지수는 1과 c 중에 크거나 같은 것을 선택해야 하는데 최소공배수의 3의 지수가 2이므로 $c=2$
7의 지수는 b와 1 중에 크거나 같은 것을 선택해야 하는데 최소공배수의 7의 지수가 1이므로 $b=1$
$\therefore a+b-c=3+1-2=2$

3 세 수 $2^a\times3\times7^2$, $2^2\times3^b\times7$, $2\times3\times7^c$의 최소공배수를 구할 때
2의 지수는 a와 2와 1 중에 크거나 같은 것을 선택해야 하는데 최소공배수의 2의 지수가 3이므로 $a=3$
3의 지수는 1과 b와 1 중에 크거나 같은 것을 선택해야 하는데 최소공배수의 3의 지수가 2이므로 $b=2$
7의 지수는 2와 1과 c 중에 크거나 같은 것을 선택해야 하는데 최소공배수의 7의 지수가 3이므로 $c=3$

4 두 수 $2^a\times3^2\times5$, $2\times3^b\times c$의 최소공배수를 구할 때
2의 지수는 a와 1 중에 크거나 같은 것을 선택해야 하는데 최소공배수의 2의 지수가 2이므로 $a=2$
최대공약수를 구할 때 3의 지수는 2와 b 중에 작거나 같은 것을 선택해야 하는데 최대공약수의 3의 지수가 1이므로 $b=1$
최소공배수에 7이 있으므로 $c=7$
$\therefore a+b+c=2+1+7=10$

5 최소공배수가 $2^2\times3\times5^2\times7$이므로 공배수는 2의 지수가 2 이상, 3의 지수가 1 이상, 5의 지수가 2 이상, 7의 지수가 1 이상이어야 한다.

6 두 수 $18=2\times3^2$, $52=2^2\times13$의 최소공배수가 $2^2\times3^2\times13$이므로 공배수는 2의 지수가 2 이상, 3의 지수가 2 이상, 13의 지수가 1 이상이어야 한다.

10 최대공약수와 최소공배수의 응용

A 분수를 자연수로 만들기 70쪽

1 15　2 14　3 6　4 36
5 60　6 90　7 $\frac{8}{3}$　8 $\frac{16}{5}$
9 $\frac{21}{4}$　10 $\frac{140}{3}$　11 $\frac{60}{7}$　12 $\frac{105}{4}$

1 3과 5의 최소공배수인 15를 곱하면 된다.
2 2와 7의 최소공배수인 14를 곱하면 된다.
3 3과 6의 최소공배수인 6을 곱하면 된다.
4 9와 12의 최소공배수인 36을 곱하면 된다.
5 12와 15의 최소공배수인 60을 곱하면 된다.
6 18과 30의 최소공배수인 90을 곱하면 된다.
7 $\frac{(\text{4와 8의 최소공배수})}{3}=\frac{8}{3}$
8 $\frac{(\text{8과 16의 최소공배수})}{(\text{5와 15의 최대공약수})}=\frac{16}{5}$
9 $\frac{(\text{7과 21의 최소공배수})}{(\text{12와 16의 최대공약수})}=\frac{21}{4}$
10 $\frac{(\text{20과 14의 최소공배수})}{(\text{9와 3의 최대공약수})}=\frac{140}{3}$
11 $\frac{(\text{12와 20의 최소공배수})}{(\text{35와 21의 최대공약수})}=\frac{60}{7}$
12 $\frac{(\text{21과 35의 최소공배수})}{(\text{8과 12의 최대공약수})}=\frac{105}{4}$

B 최대공약수와 최소공배수의 관계 1 71쪽

1 (1) a (2) b (3) a, b (4) G　2 36　3 100
4 28　5 48　6 24　7 36
8 10　9 6

2 (두 수의 곱)=(최대공약수)×(최소공배수)
$=3\times12=36$
3 (두 수의 곱)=(최대공약수)×(최소공배수)
$=5\times20=100$
4 (두 수의 곱)=(최대공약수)×(최소공배수)
$=2\times14=28$
5 (두 수의 곱)=(최대공약수)×(최소공배수)
$384=8\times$(최소공배수)
∴ (최소공배수)=48
6 (두 수의 곱)=(최대공약수)×(최소공배수)
$144=6\times$(최소공배수)
∴ (최소공배수)=24
7 (두 수의 곱)=(최대공약수)×(최소공배수)
$324=9\times$(최소공배수)
∴ (최소공배수)=36
8 (두 수의 곱)=(최대공약수)×(최소공배수)
400=(최대공약수)×40
∴ (최대공약수)=10
9 (두 수의 곱)=(최대공약수)×(최소공배수)
540=(최대공약수)×90
∴ (최대공약수)=6

C 최대공약수와 최소공배수의 관계 2 72쪽

1 8　2 18　3 40　4 84
5 20　6 40　7 18　8 54

1 $12\times A=4\times24$　$\therefore A=8$
2 $27\times A=9\times54$　$\therefore A=18$
3 $60\times A=20\times120$　$\therefore A=40$
4 $70\times A=14\times420$　$\therefore A=84$
5 A와 B의 최대공약수가 5이므로
$A=5\times a$, $B=5\times b$ (a, b는 서로소)라 하면
(최소공배수)$=a\times b\times5$
$15=a\times b\times5$, $a\times b=3$
$a=1$, $b=3$이면 $A=5$, $B=15$
$a=3$, $b=1$이면 $A=15$, $B=5$
$\therefore A+B=20$
6 A와 B의 최대공약수가 5이므로
$A=5\times a$, $B=5\times b$ (a, b는 서로소)라 하면
(최소공배수)$=a\times b\times5$
$35=a\times b\times5$, $a\times b=7$
$a=1$, $b=7$이면 $A=5$, $B=35$
$a=7$, $b=1$이면 $A=35$, $B=5$
$\therefore A+B=40$
7 A와 B의 최대공약수가 3이므로
$A=3\times a$, $B=3\times b$ (a, b는 서로소)라 하면
(최소공배수)$=a\times b\times3$
$15=a\times b\times3$, $a\times b=5$
$a=1$, $b=5$이면 $A=3$, $B=15$
$a=5$, $b=1$이면 $A=15$, $B=3$
$\therefore A+B=18$
8 A와 B의 최대공약수가 9이므로
$A=9\times a$, $B=9\times b$ (a, b는 서로소)라 하면

(최소공배수)$=a\times b\times 9$
$45=a\times b\times 9$, $a\times b=5$
$a=1$, $b=5$이면 $A=9$, $B=45$
$a=5$, $b=1$이면 $A=45$, $B=9$
$\therefore A+B=54$

D 최대공약수와 최소공배수의 응용 73쪽

1 2, 2, 6, 9, 3	2 4	3 5
4 1, 4, 3, 4, 12, 13	5 22	6 32

1 8을 어떤 자연수로 나누면 나머지가 2이므로
어떤 자연수는 $8-2=6$의 약수
11을 어떤 자연수로 나누면 나머지가 2이므로
어떤 자연수는 $11-2=9$의 약수
따라서 구하는 자연수는 6과 9의 공약수이고 가장 큰 수이므로 최대공약수 3이다.

2 9를 어떤 자연수로 나누면 나머지가 1이므로
어떤 자연수는 $9-1=8$의 약수
13을 어떤 자연수로 나누면 나머지가 1이므로
어떤 자연수는 $13-1=12$의 약수
따라서 구하는 자연수는 8과 12의 공약수이고 가장 큰 수이므로 최대공약수 4이다.

3 11을 어떤 자연수로 나누면 나머지가 1이므로
어떤 자연수는 $11-1=10$의 약수
17을 어떤 자연수로 나누면 나머지가 2이므로
어떤 자연수는 $17-2=15$의 약수
따라서 구하는 자연수는 10과 15의 공약수이고 가장 큰 수이므로 최대공약수 5이다.

4 어떤 자연수를 3으로 나누면 1이 남으므로
어떤 자연수는 (3의 배수)$+1$
어떤 자연수를 4로 나누면 1이 남으므로
어떤 자연수는 (4의 배수)$+1$
따라서 구하는 자연수는 (3과 4의 공배수)$+1$이고 가장 작은 수이므로 최소공배수 12에 1을 더한 수 13이다.

5 어떤 자연수를 6으로 나누면 4가 남으므로
어떤 자연수는 (6의 배수)$+4$
어떤 자연수를 9로 나누면 4가 남으므로
어떤 자연수는 (9의 배수)$+4$
따라서 구하는 자연수는 (6과 9의 공배수)$+4$이고 가장 작은 수이므로 최소공배수 18에 4를 더한 수 22이다.

6 어떤 자연수를 10으로 나누면 2가 남으므로
어떤 자연수는 (10의 배수)$+2$
어떤 자연수를 15로 나누면 2가 남으므로
어떤 자연수는 (15의 배수)$+2$
따라서 구하는 자연수는 (10과 15의 공배수)$+2$이고 가장 작은 수이므로 최소공배수 30에 2를 더한 수 32이다.

거저먹는 시험 문제 74쪽

1 ⑤	2 $\frac{45}{4}$	3 ③	4 $2^2\times 3\times 5$
5 ②	6 125		

1 8, 12, 16의 최소공배수 48을 세 분수에 곱하면 가장 작은 자연수가 된다.

2 $\frac{(9와\ 15의\ 최소공배수)}{(4와\ 8의\ 최대공약수)}=\frac{45}{4}$

3 A와 B의 최대공약수가 9이므로
$A=9\times a$, $B=9\times b$ (a, b는 서로소)라 하면
(최소공배수)$=a\times b\times 9$
$54=a\times b\times 9$, $a\times b=6$
A, B는 두 자리 자연수이고 $A<B$이므로 $a=2$, $b=3$
$A=18$, $B=27$ $\therefore A+B=18+27=45$

4 (두 수의 곱)$=$(최대공약수)$\times$(최소공배수)이므로
$2^3\times 3^2\times 5=(2\times 3)\times$(최소공배수)
따라서 최소공배수는 $2^2\times 3\times 5$

5 15를 어떤 자연수로 나누면 나머지가 1이므로
어떤 자연수는 $15-1=14$의 약수
23을 어떤 자연수로 나누면 나머지가 2이므로
어떤 자연수는 $23-2=21$의 약수
따라서 구하는 자연수는 14와 21의 공약수이고 가장 큰 수이므로 최대공약수 7이다.

6 어떤 자연수를 24로 나누면 5가 남으므로
어떤 자연수는 (24의 배수)$+5$
어떤 자연수를 30으로 나누면 5가 남으므로
어떤 자연수는 (30의 배수)$+5$
따라서 구하는 자연수는 (24와 30의 공배수)$+5$이고 가장 작은 수이므로 최소공배수 120에 5를 더한 수 125이다.

11 정수

A 양의 부호와 음의 부호 77쪽

1 $+3000$원	2 -700원	3 $+23$ ℃	4 -9 ℃
5 -3층	6 $+15$ m	7 -6 kg	8 $+3$ kg
9 $+5000$원	10 -10000원	11 $+8$	12 -3

B 정수 78쪽

1 ○	2 ○	3 △	4 ○
5 △	6 ×	7 △	8 $+5$, 12
9 -2	10 $+5$, 12, -2		11 10
12 -7, -3	13 0	14 -7, -3, 10, 0	

C 정수를 수직선 위에 나타내기 79쪽

1 A: -2, B: $+1$, C: $+4$
2 A: -4, B: -1, C: $+3$
3 A: 0, B: $+2$, C: $+5$
4 A: -3, B: -1, C: $+2$

5 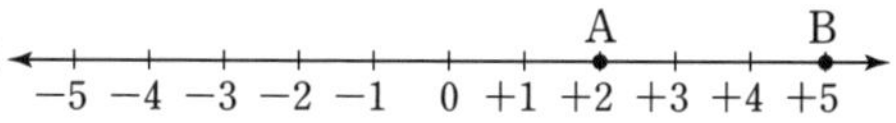

6 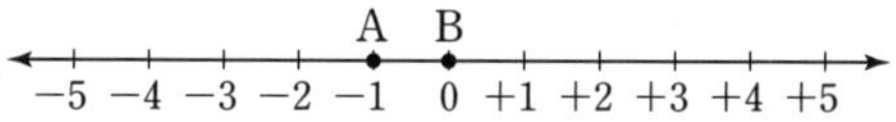

7 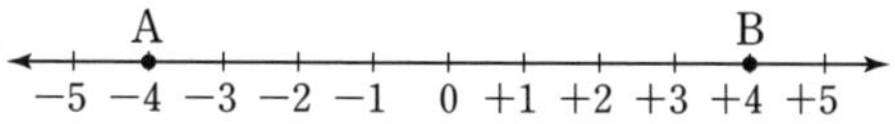

8 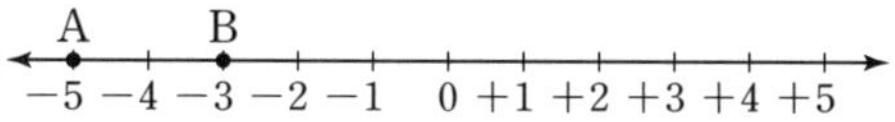

거저먹는 시험 문제 80쪽

1 ⑤ 2 ③ 3 ②

4 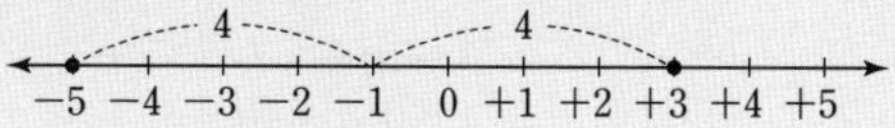

5 -2, 4 6 -5, -1

1 ① 양의 정수는 $+1$, $+2$로 2개이다.
② 음의 정수는 -6으로 1개이다.
③ 정수가 아닌 것은 $-\frac{1}{10}$, -0.1, $+\frac{1}{2}$로 3개이다.
④ 자연수는 $+1$, $+2$로 2개이다.
⑤ 양의 정수도 음의 정수도 아닌 정수는 0으로 1개이다.
따라서 옳은 것은 ⑤이다.

2 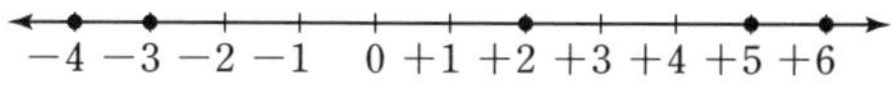

위와 같이 수직선에서 가장 오른쪽에 있는 수는 $+6$이다.

3 

따라서 수직선에서 가장 왼쪽에 있는 점에 있는 수는 -7이다.

5 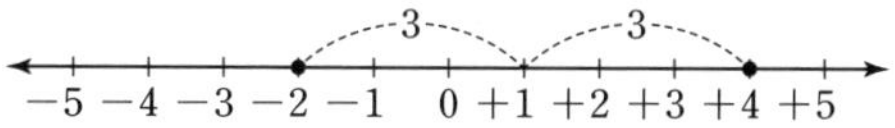

6 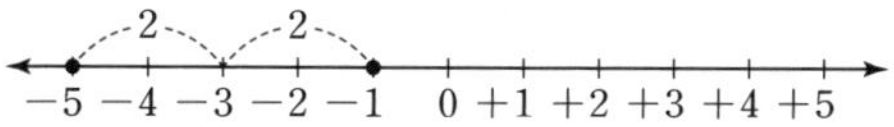

12 유리수

A 유리수의 이해 82쪽

1 ×	2 ○	3 ○	4 ×
5 ×	6 ×	7 ○	8 ×
9 ×	10 ×	11 ○	12 ×

1 0은 정수이다.
4 정수 중에서 0과 음의 정수는 자연수가 아니다.
5 0은 양수도 음수도 아니다.
6 0은 양의 정수가 아니므로 자연수가 아니다.
8 유리수는 양의 유리수, 0, 음의 유리수로 이루어져 있다.
9 자연수가 아닌 정수는 0, 음의 정수이다.
10 음의 정수 중에서 가장 작은 수는 알 수 없다.
12 모든 정수는 유리수이다.

B 유리수의 분류 83쪽

1 $+\frac{1}{2}$, $+\frac{3}{4}$, $+5$ 2 $-\frac{5}{2}$, -2, $-\frac{1}{2}$
3 $-\frac{5}{2}$, $-\frac{1}{2}$, $+\frac{1}{2}$, $+\frac{3}{4}$ 4 $+0.7$, $+2$, $+\frac{9}{3}$
5 $-\frac{1}{2}$, -3, $-\frac{1}{5}$ 6 $+0.7$, $-\frac{1}{2}$, $-\frac{1}{5}$
7 4, $+\frac{4}{2}$ 8 4, $+\frac{4}{2}$
9 -3 10 4, $\frac{9}{5}$, 3.2, $+\frac{4}{2}$
11 $-\frac{2}{3}$, $-\frac{5}{2}$, -3 12 $-\frac{2}{3}$, $\frac{9}{5}$, 3.2, $-\frac{5}{2}$
13 0 14 0

C 수직선 위에 있는 수 1 84쪽

1 A: $-\frac{3}{2}$, B: $+\frac{1}{2}$, C: $+3$
2 A: $-\frac{5}{2}$, B: -1, C: $+\frac{3}{2}$
3 A: -3, B: $-\frac{1}{2}$, C: $+\frac{7}{2}$
4 A: -2, B: $+\frac{5}{2}$, C: $+4$

5 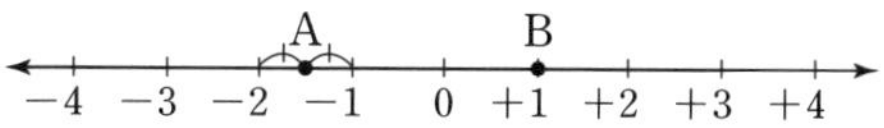

6 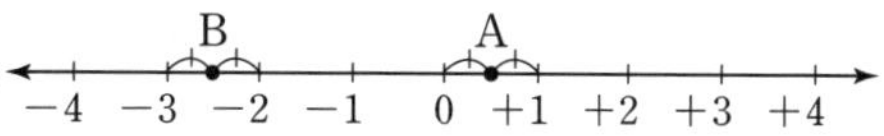

7 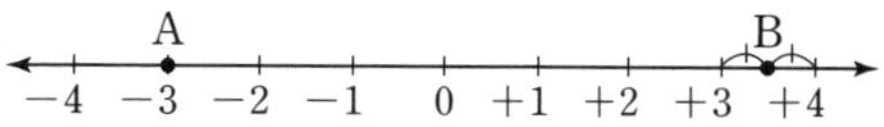

8 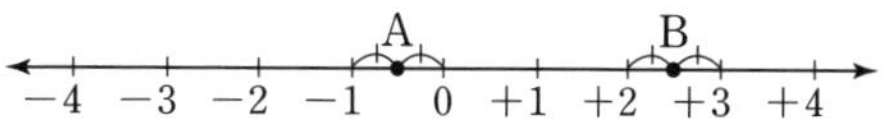

D 수직선 위에 있는 수 2 85쪽

1 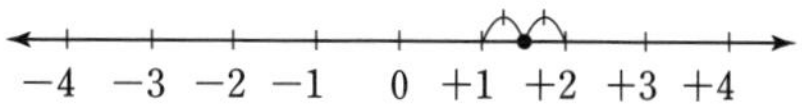

2 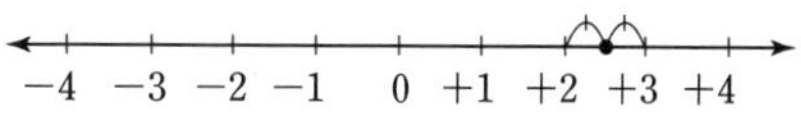

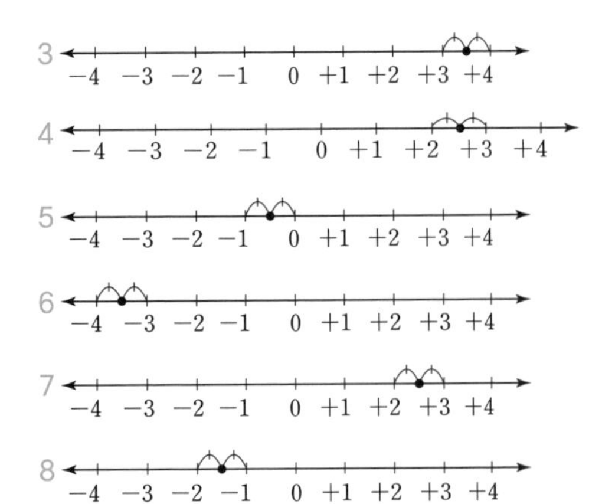

거저먹는 시험 문제 86쪽

1 ⑤ 2 ③ 3 ① 4 ②
5 ④ 6 ⑤

1 ⑤ 정수가 아닌 유리수는 $-\frac{1}{4}$, 1.7로 2개이다.

2 ① 양수는 1.6, $\frac{8}{2}$, 6으로 3개이다.

② 정수는 −4, $\frac{8}{2}$, 6으로 3개이다.

④ 0보다 작은 수는 −4, $-\frac{9}{2}$로 2개이다.

⑤ 정수가 아닌 유리수는 1.6, $-\frac{9}{2}$로 2개이다.

3 ① 0은 정수이고 유리수이다.

4 $-\frac{9}{2}$ −2.5 $+\frac{5}{2}$ 3.5

−5 −4 −3 −2 −1 0 +1 +2 +3 +4 +5

따라서 가장 왼쪽에 위치한 수는 ② $-\frac{9}{2}$이다.

5 −4.5 $+\frac{5}{2}$ +4.5 $+\frac{11}{2}$

−5 −4 −3 −2 −1 0 +1 +2 +3 +4 +5 +6

따라서 가장 오른쪽에 위치한 수는 ④ $+\frac{11}{2}$이다.

6 ① 자연수는 +1, +3으로 2개이다.

② 정수는 −3, −2, +1, +3으로 4개이다.

③ 유리수는 −3, −2, +1, +3, $+\frac{13}{3}$으로 5개이다.

④ 점 D가 나타내는 수는 +3이다.

13 절댓값

A 절댓값의 의미 이해하기 88쪽

1 ○ 2 ○ 3 × 4 ×
5 ○ 6 × 7 ○ 8 1, 1
9 3, 3 10 1.5, 1.5 11 $\frac{2}{3}$, $\frac{2}{3}$ 12 $\frac{9}{2}$, $\frac{9}{2}$

3 절댓값은 0보다 크거나 같다.
4 절댓값은 0 또는 양수이다.
6 절댓값이 0인 수는 1개이다.

B 절댓값의 계산 89쪽

1 0 2 3 3 13 4 6
5 1 6 15 7 2.1 8 $\frac{9}{10}$
9 7.6 10 $\frac{4}{15}$ 11 4.6 12 $\frac{13}{21}$

C 절댓값의 응용 90쪽

1 0 2 −3, +3
3 −5, +5 4 −13, +13
5 −16.1, +16.1 6 $-\frac{2}{3}$, $+\frac{2}{3}$
7 −2, +2 8 −7, +7
9 −10, +10 10 −4.3, +4.3
11 −11.5, +11.5 12 $-\frac{4}{5}$, $+\frac{4}{5}$

거저먹는 시험 문제 91쪽

1 −8, +8 2 A: −4, B: 3 3 ⑤
4 $a=2$, $b=-6$ 5 ④ 6 ②

2 점 A는 원점으로부터 왼쪽에 있고 거리가 4이므로 −4이다.
점 B는 원점으로부터 오른쪽에 있고 거리가 3이므로 +3이다.

3 $-\frac{5}{3}$의 절댓값은 $\frac{5}{3}$이므로 $a=\frac{5}{3}$

절댓값이 $\frac{4}{3}$인 양수는 $\frac{4}{3}$이므로 $b=\frac{4}{3}$

$\therefore a+b=\frac{5}{3}+\frac{4}{3}=\frac{9}{3}=3$

4 a는 절댓값이 2이면서 양수이므로 $a=2$
b는 절댓값이 6이면서 음수이므로 $b=-6$

5 ① 절댓값이 0인 수는 1개이다.
② 0의 절댓값은 0이다.
③ 0보다 작은 수의 절댓값은 0보다 크다.
⑤ 양수의 절댓값과 음수의 절댓값은 어떤 값이 더 큰지 알 수 없다.

6 ② 절댓값은 0 또는 양수이다.

절댓값의 대소 관계와 거리

A 두 수 중 절댓값이 큰 수 찾기 93쪽

1 $+3$　2 -6　3 $+7$　4 -10
5 -5.5　6 -11.8　7 -0.7　8 $+\frac{7}{2}$
9 $-\frac{5}{3}$　10 $+\frac{4}{3}$　11 $-\frac{7}{6}$　12 $-\frac{13}{6}$

1 $|-1|=1$, $|+3|=3$　$\therefore |-1|<|+3|$
2 $|-6|=6$, $|-4|=4$　$\therefore |-6|>|-4|$
3 $|-5|=5$, $|+7|=7$　$\therefore |-5|<|+7|$
4 $|+7|=7$, $|-10|=10$　$\therefore |+7|<|-10|$
5 $|-5.5|=5.5$, $|+4.5|=4.5$　$\therefore |-5.5|>|+4.5|$
6 $|-11.8|=11.8$, $|+11.4|=11.4$
$\therefore |-11.8|>|+11.4|$
7 $|-0.7|=0.7$, $\left|-\frac{3}{5}\right|=\frac{3}{5}$
$0.7=\frac{7}{10}$, $\frac{3}{5}=\frac{6}{10}$　$\therefore |-0.7|>\left|-\frac{3}{5}\right|$
8 $\left|+\frac{7}{2}\right|=\frac{7}{2}$, $|-2.5|=2.5$
$2.5=\frac{25}{10}=\frac{5}{2}$　$\therefore \left|+\frac{7}{2}\right|>|-2.5|$
9 $\left|-\frac{5}{3}\right|=\frac{5}{3}$, $\left|+\frac{3}{4}\right|=\frac{3}{4}$
두 수의 분모를 3, 4의 최소공배수 12로 통분하면
$\frac{5}{3}=\frac{20}{12}$, $\frac{3}{4}=\frac{9}{12}$　$\therefore \left|-\frac{5}{3}\right|>\left|+\frac{3}{4}\right|$
10 $\left|-\frac{9}{7}\right|=\frac{9}{7}$, $\left|+\frac{4}{3}\right|=\frac{4}{3}$
두 수의 분모를 7, 3의 최소공배수 21로 통분하면
$\frac{9}{7}=\frac{27}{21}$, $\frac{4}{3}=\frac{28}{21}$　$\therefore \left|-\frac{9}{7}\right|<\left|+\frac{4}{3}\right|$
11 $\left|+\frac{3}{4}\right|=\frac{3}{4}$, $\left|-\frac{7}{6}\right|=\frac{7}{6}$
두 수의 분모를 4, 6의 최소공배수 12로 통분하면
$\frac{3}{4}=\frac{9}{12}$, $\frac{7}{6}=\frac{14}{12}$　$\therefore \left|+\frac{3}{4}\right|<\left|-\frac{7}{6}\right|$
12 $\left|+\frac{16}{9}\right|=\frac{16}{9}$, $\left|-\frac{13}{6}\right|=\frac{13}{6}$
두 수의 분모를 9, 6의 최소공배수 18로 통분하면
$\frac{16}{9}=\frac{32}{18}$, $\frac{13}{6}=\frac{39}{18}$　$\therefore \left|+\frac{16}{9}\right|<\left|-\frac{13}{6}\right|$

B 절댓값이 어떤 수 이하인 정수 찾기 94쪽

1 $-1, 0, +1$　2 $-2, -1, 0, +1, +2$
3 $-3, -2, -1, 0, +1, +2, +3$
4 $-1, 0, +1$　5 $-1, 0, +1$
6 $-2, -1, 0, +1, +2$
7 $-3, -2, -1, 0, +1, +2, +3$
8 $-4, -3, -2, -1, 0, +1, +2, +3, +4$
9 0　10 $-1, 0, +1$
11 $-2, -1, 0, +1, +2$
12 $-4, -3, -2, -1, 0, +1, +2, +3, +4$

C 절댓값이 같고 부호가 반대인 두 점 사이의 거리 95쪽

1 2　2 6　3 18　4 1
5 6.8　6 $\frac{9}{2}$　7 $-1, +1$　8 $-4, +4$
9 $-0.8, +0.8$　10 $-2.3, +2.3$
11 $-\frac{4}{3}, +\frac{4}{3}$　12 $-\frac{6}{5}, +\frac{6}{5}$

1 $1\times2=2$
2 $3\times2=6$
3 $9\times2=18$
4 $0.5\times2=1$
5 $3.4\times2=6.8$
6 $\frac{9}{4}\times2=\frac{9}{2}$
7 절댓값이 같고 부호가 반대인 두 점 사이의 거리가 2이므로 2의 반을 생각하면 절댓값이 1이 되어 두 수는 -1, $+1$이다.
8 절댓값이 같고 부호가 반대인 두 점 사이의 거리가 8이므로 8의 반을 생각하면 절댓값이 4가 되어 두 수는 -4, $+4$이다.
9 절댓값이 같고 부호가 반대인 두 점 사이의 거리가 1.6이므로 1.6의 반을 생각하면 절댓값이 0.8이 되어 두 수는 -0.8, $+0.8$이다.
10 절댓값이 같고 부호가 반대인 두 점 사이의 거리가 4.6이므로 4.6의 반을 생각하면 절댓값이 2.3이 되어 두 수는 -2.3, $+2.3$이다.
11 절댓값이 같고 부호가 반대인 두 점 사이의 거리가 $\frac{8}{3}$이므로 $\frac{8}{3}$의 반을 생각하면 절댓값이 $\frac{4}{3}$가 되어 두 수는 $-\frac{4}{3}$, $+\frac{4}{3}$이다.
12 절댓값이 같고 부호가 반대인 두 점 사이의 거리가 $\frac{12}{5}$이므로 $\frac{12}{5}$의 반을 생각하면 절댓값이 $\frac{6}{5}$이 되어 두 수는 $-\frac{6}{5}$, $+\frac{6}{5}$이다.

거저먹는 시험 문제 96쪽

1 $+1, -3.9, -4.2, +\frac{9}{2}$　2 $-2.3, +\frac{5}{2}$
3 $a=-2$, $b=+2$　4 ④　5 11
6 6　7 ⑤

3 a와 b가 절댓값이 같고 a가 b보다 4만큼 작으므로 $a=-2$, $b=+2$이다.

4 a와 b는 절댓값이 같고 a가 b보다 7만큼 크므로 $a=3.5$, $b=-3.5$이다.

5 절댓값이 5 이하인 정수는 $-5, -4, -3, -2, -1, 0, +1, +2, +3, +4, +5$이므로 11개이다.

6 절댓값이 1 이상 $\frac{10}{3}$ 이하인 정수는 $-3, -2, -1, +1, +2, +3$이므로 6개이다.

7 $|x|<\frac{21}{5}$을 만족시키는 정수는 $-4, -3, -2, -1, 0, +1, +2, +3, +4$이므로 9개이다.

15 수의 대소 관계

A 두 수의 대소 관계 1 98쪽

1 ○	2 ○	3 ×	4 ×
5 ○	6 ×	7 >	8 <
9 >	10 <	11 >	12 <

B 두 수의 대소 관계 2 99쪽

1 <, >	2 >, <	3 <, >	4 <, >
5 >, <	6 <, >	7 <, >	8 >, <
9 >, <	10 <, >		

1 음수는 절댓값이 클수록 작은 수이다.
$|-3|<|-7|$이므로 $-3>-7$

2 $|-4|>|-2|$이므로 $-4<-2$

3 $|-0.3|<|-0.5|$이므로 $-0.3>-0.5$

4 $+1=+\frac{4}{4}$이므로 $+\frac{3}{4}<+1$
따라서 $\left|-\frac{3}{4}\right|<|-1|$이므로 $-\frac{3}{4}>-1$

5 $+1.4=+\frac{14}{10}=+\frac{7}{5}$이므로 $+1.4>+\frac{3}{5}$
따라서 $|-1.4|>\left|-\frac{3}{5}\right|$이므로 $-1.4<-\frac{3}{5}$

6 $+\frac{1}{6}=+\frac{2}{12}$, $+\frac{1}{4}=+\frac{3}{12}$이므로 $+\frac{1}{6}<+\frac{1}{4}$
따라서 $\left|-\frac{1}{6}\right|<\left|-\frac{1}{4}\right|$이므로 $-\frac{1}{6}>-\frac{1}{4}$

7 $+\frac{2}{3}=+\frac{14}{21}$, $+\frac{5}{7}=+\frac{15}{21}$이므로 $+\frac{2}{3}<+\frac{5}{7}$
따라서 $\left|-\frac{2}{3}\right|<\left|-\frac{5}{7}\right|$이므로 $-\frac{2}{3}>-\frac{5}{7}$

8 $+\frac{1}{10}=+\frac{3}{30}$, $+\frac{1}{15}=+\frac{2}{30}$이므로 $+\frac{1}{10}>+\frac{1}{15}$
따라서 $\left|-\frac{1}{10}\right|>\left|-\frac{1}{15}\right|$이므로 $-\frac{1}{10}<-\frac{1}{15}$

9 $+\frac{7}{12}=+\frac{14}{24}$, $+\frac{3}{8}=+\frac{9}{24}$이므로 $+\frac{7}{12}>+\frac{3}{8}$
따라서 $\left|-\frac{7}{12}\right|>\left|-\frac{3}{8}\right|$이므로 $-\frac{7}{12}<-\frac{3}{8}$

10 $+\frac{7}{9}=+\frac{14}{18}$, $+\frac{5}{6}=+\frac{15}{18}$이므로 $+\frac{7}{9}<+\frac{5}{6}$
따라서 $\left|-\frac{7}{9}\right|<\left|-\frac{5}{6}\right|$이므로 $-\frac{7}{9}>-\frac{5}{6}$

C 여러 개의 수의 대소 관계 1 100쪽

1 $+3$	2 $+6$	3 $+\frac{4}{3}$	4 $+0.3$
5 -5.3	6 $-\frac{1}{5}$	7 -1	8 -3
9 -3	10 -3.5	11 -2.3	12 $-\frac{1}{5}$

1 $-1<0<+3$

2 $-7.1<+2.4<+6$

3 $+\frac{4}{3}=+\frac{12}{9}$이므로 $0<+\frac{2}{9}<+\frac{4}{3}$

4 $+\frac{1}{5}=+\frac{2}{10}=+0.2$이므로 $+0.1<+\frac{1}{5}<+0.3$

5 $-12<-11<-5.3$

6 $-\frac{1}{5}=-\frac{3}{15}$이므로 $-1<-\frac{4}{15}<-\frac{1}{5}$

7 $-1<0<+\frac{1}{3}$

8 $-3<+2<+\frac{9}{4}$

9 $-3<-2.9<+\frac{1}{10}$

10 $-3.5<-\frac{1}{2}<+\frac{13}{2}$

11 $-2.3<-1.5<-\frac{1}{4}$

12 $+\frac{1}{7}<+\frac{1}{6}<+\frac{1}{5}$이므로 $-\frac{1}{5}<-\frac{1}{6}<-\frac{1}{7}$

D 여러 개의 수의 대소 관계 2 101쪽

1 $+5, +1, -4$	2 $+1, 0, -2$
3 $+\frac{9}{2}, +4, +\frac{5}{3}$	4 $+\frac{1}{2}, +\frac{1}{3}, +\frac{1}{4}$
5 $-\frac{3}{5}, -\frac{3}{4}, -3$	6 $-\frac{1}{4}, -\frac{1}{3}, -\frac{1}{2}$
7 $+\frac{3}{2}, +0.3, -\frac{3}{8}$	8 $+\frac{1}{7}, 0, -3.3$
9 $+\frac{5}{4}, -5.1, -7$	10 $+\frac{7}{2}, +\frac{11}{4}, +2.5$
11 $-2.9, -\frac{7}{2}, -5$	12 $0, -\frac{3}{14}, -\frac{5}{7}$

1 $+5>+1>-4$

2 $+1>0>-2$

3 $+\frac{9}{2}=+\frac{27}{6}$, $+\frac{5}{3}=+\frac{10}{6}$, $+4=+\frac{24}{6}$이므로

$+\frac{9}{2}>+4>+\frac{5}{3}$

4 분자가 1인 분수는 분모가 작을수록 큰 수이므로

$+\frac{1}{2}>+\frac{1}{3}>+\frac{1}{4}$

5 $-\frac{3}{4}=-\frac{15}{20}$, $-\frac{3}{5}=-\frac{12}{20}$, $-3=-\frac{60}{20}$이므로

$-\frac{3}{5}>-\frac{3}{4}>-3$

6 $+\frac{1}{2}>+\frac{1}{3}>+\frac{1}{4}$이므로 $-\frac{1}{4}>-\frac{1}{3}>-\frac{1}{2}$

7 $+\frac{3}{2}=+1.5$이므로 $+\frac{3}{2}>+0.3>-\frac{3}{8}$

8 $+\frac{1}{7}>0>-3.3$

9 $+\frac{5}{4}>-5.1>-7$

10 $+\frac{11}{4}=+2.75$, $+\frac{7}{2}=+3.5$이므로

$+\frac{7}{2}>+\frac{11}{4}>+2.5$

11 $-\frac{7}{2}=-3.5$이므로 $-2.9>-\frac{7}{2}>-5$

12 $-\frac{5}{7}=-\frac{10}{14}$이므로 $0>-\frac{3}{14}>-\frac{5}{7}$

거저먹는 시험 문제 102쪽

1 ③ 2 ⑤ 3 ④

4 $-\frac{9}{2}$, -2, 0, $+\frac{1}{5}$, $+5$

5 $+4$, $+\frac{9}{4}$, $-\frac{2}{5}$, -0.7, -1.5 6 $+\frac{5}{6}$

1 ① $-\frac{3}{2}=-\frac{9}{6}$, $-\frac{4}{3}=-\frac{8}{6}$

$\therefore -\frac{3}{2}<-\frac{4}{3}$

② $0>-\frac{1}{7}$

③ $-0.26<-\frac{1}{4}=-0.25$

④ $2.4<\frac{5}{2}=2.5$

⑤ $\frac{1}{3}=\frac{10}{30}$, $0.3=\frac{9}{30}$

$\therefore \frac{1}{3}>0.3$

따라서 옳은 것은 ③이다.

2 ① $-\frac{2}{3}<\frac{1}{3}$

② $-5<-\frac{1}{2}$

③ $-3<-2$

④ $0<|-2|$

⑤ $\left|-\frac{7}{2}\right|>\frac{1}{5}$

따라서 부등호가 나머지 넷과 다른 것은 ⑤이다.

3 ④ $\left|-\frac{5}{3}\right|=\frac{5}{3}=\frac{10}{6}$, $\left|+\frac{3}{2}\right|=\frac{3}{2}=\frac{9}{6}$

$\therefore \left|-\frac{5}{3}\right|>\left|+\frac{3}{2}\right|$

6 큰 수부터 차례로 나열하면

$+3$, $+1.7$, $+\frac{5}{6}$, -0.5, -2.2

따라서 세 번째에 오는 수는 $+\frac{5}{6}$이다.

16 두 유리수 사이에 있는 수

A 부등호의 이해 1 104쪽

1 $>$ 2 $x<-3$ 3 $x\geq-1$ 4 $x\leq-4$

5 $x>-1.2$ 6 $x<7$ 7 $-\frac{5}{6}\leq x<2.4$

8 $-\frac{1}{3}\leq x\leq\frac{3}{4}$ 9 $2.3<x\leq5$

10 $-\frac{2}{3}\leq x<1$ 11 $-0.7<x<3$

12 $-0.5<x\leq1.7$

B 부등호의 이해 2 105쪽

1 $x\geq-\frac{1}{3}$ 2 $x\leq-2.5$

3 $\frac{1}{4}\leq x\leq3$ 4 $2\leq x<5$

5 $-4<x\leq3.1$ 6 $2<x\leq4$

7 $x\geq5$ 8 $x\leq4.2$

9 $x\geq\frac{2}{3}$ 10 $-1<x\leq\frac{1}{3}$

11 $-2.3\leq x\leq\frac{1}{3}$ 12 $-\frac{3}{4}\leq x\leq2$

C 두 유리수 사이에 있는 정수 구하기 106쪽

1 $-3, -2, -1, 0, 1, 2$ 2 $-3, -2, -1, 0$

3 0 4 $-1, 0, 1, 2, 3$

5 $0, 1$ 6 $-2, -1, 0, 1, 2$

7 $0, 1, 2$ 8 $-2, -1, 0, 1, 2$

9 $-1, 0, 1, 2, 3, 4$ 10 $-1, 0, 1, 2$

11 $-1, 0, 1$ 12 $-2, -1, 0, 1, 2, 3$

D 두 유리수 사이에 있는 기약분수 구하기 107쪽

1 $\frac{1}{2}$, $\frac{3}{2}$
2 $-\frac{1}{3}$, $\frac{1}{3}$
3 $-\frac{3}{5}$, $-\frac{2}{5}$, $-\frac{1}{5}$
4 $-\frac{1}{6}$, $\frac{1}{6}$
5 $-\frac{1}{4}$, $\frac{1}{4}$, $\frac{3}{4}$, $\frac{5}{4}$
6 $-\frac{3}{2}$, $-\frac{1}{2}$, $\frac{1}{2}$
7 $-\frac{8}{3}$, $-\frac{7}{3}$, $-\frac{5}{3}$, $-\frac{4}{3}$
8 $-\frac{4}{5}$, $-\frac{3}{5}$, $-\frac{2}{5}$, $-\frac{1}{5}$, $\frac{1}{5}$
9 $-\frac{7}{2}$, $-\frac{5}{2}$
10 $-\frac{13}{5}$, $-\frac{12}{5}$, $-\frac{11}{5}$, $-\frac{9}{5}$

1 $-\frac{1}{2}$과 $\frac{5}{2}$ 사이에 있는 분모가 2인 분수는

$\frac{0}{2}$, $\frac{1}{2}$, $\frac{2}{2}$, $\frac{3}{2}$, $\frac{4}{2}$, 이 중에 정수가 아닌 기약분수는 $\frac{1}{2}$, $\frac{3}{2}$

2 $-\frac{2}{3}$와 $\frac{2}{3}$ 사이에 있는 분모가 3인 분수는

$-\frac{1}{3}$, $\frac{0}{3}$, $\frac{1}{3}$, 이 중에 정수가 아닌 기약분수는 $-\frac{1}{3}$, $\frac{1}{3}$

3 $-\frac{4}{5}$와 $\frac{1}{5}$ 사이에 있는 분모가 5인 분수는

$-\frac{3}{5}$, $-\frac{2}{5}$, $-\frac{1}{5}$, $\frac{0}{5}$

이 중에 정수가 아닌 기약분수는 $-\frac{3}{5}$, $-\frac{2}{5}$, $-\frac{1}{5}$

4 $-\frac{1}{3}=-\frac{2}{6}$와 $\frac{5}{6}$ 사이에 있는 분모가 6인 분수는

$-\frac{1}{6}$, $\frac{0}{6}$, $\frac{1}{6}$, $\frac{2}{6}$, $\frac{3}{6}$, $\frac{4}{6}$

이 중에 정수가 아닌 기약분수는 $-\frac{1}{6}$, $\frac{1}{6}$

5 $-\frac{3}{4}$과 $\frac{3}{2}=\frac{6}{4}$ 사이에 있는 분모가 4인 분수는

$-\frac{2}{4}$, $-\frac{1}{4}$, $\frac{0}{4}$, $\frac{1}{4}$, $\frac{2}{4}$, $\frac{3}{4}$, $\frac{4}{4}$, $\frac{5}{4}$

이 중에 정수가 아닌 기약분수는 $-\frac{1}{4}$, $\frac{1}{4}$, $\frac{3}{4}$, $\frac{5}{4}$

6 $-2=-\frac{4}{2}$와 $1=\frac{2}{2}$ 사이에 있는 분모가 2인 분수는

$-\frac{3}{2}$, $-\frac{2}{2}$, $-\frac{1}{2}$, $\frac{0}{2}$, $\frac{1}{2}$

이 중에 정수가 아닌 기약분수는 $-\frac{3}{2}$, $-\frac{1}{2}$, $\frac{1}{2}$

7 $-3=-\frac{9}{3}$와 $-1=-\frac{3}{3}$ 사이에 있는 분모가 3인 분수는

$-\frac{8}{3}$, $-\frac{7}{3}$, $-\frac{6}{3}$, $-\frac{5}{3}$, $-\frac{4}{3}$

이 중에 정수가 아닌 기약분수는 $-\frac{8}{3}$, $-\frac{7}{3}$, $-\frac{5}{3}$, $-\frac{4}{3}$

8 $-1=-\frac{5}{5}$와 $0.4=\frac{2}{5}$ 사이에 있는 분모가 5인 분수는

$-\frac{4}{5}$, $-\frac{3}{5}$, $-\frac{2}{5}$, $-\frac{1}{5}$, $\frac{0}{5}$, $\frac{1}{5}$

이 중에 정수가 아닌 기약분수는 $-\frac{4}{5}$, $-\frac{3}{5}$, $-\frac{2}{5}$, $-\frac{1}{5}$, $\frac{1}{5}$

9 $-4.5=-\frac{9}{2}$와 $-1.5=-\frac{3}{2}$ 사이에 있는 분모가 2인 분수는

$-\frac{8}{2}$, $-\frac{7}{2}$, $-\frac{6}{2}$, $-\frac{5}{2}$, $-\frac{4}{2}$

이 중에 정수가 아닌 기약분수는 $-\frac{7}{2}$, $-\frac{5}{2}$

10 $-2.8=-\frac{14}{5}$와 $-1.6=-\frac{8}{5}$ 사이에 있는 분모가 5인 분수는

$-\frac{13}{5}$, $-\frac{12}{5}$, $-\frac{11}{5}$, $-\frac{10}{5}$, $-\frac{9}{5}$

이 중에 정수가 아닌 기약분수는 $-\frac{13}{5}$, $-\frac{12}{5}$, $-\frac{11}{5}$, $-\frac{9}{5}$

거저먹는 시험 문제 108쪽

1 ④ 2 ④ 3 ⑤ 4 0
5 3 6 5

1 ④ x는 -2보다 작지 않고 7보다 크지 않다.
⇨ $-2\le x\le 7$

2 $-\frac{3}{4}=-0.75$, $\frac{7}{2}=3.5$이므로 $-\frac{3}{4}$과 $\frac{7}{2}$ 사이에 있는 정수는 0, 1, 2, 3의 4개이다.

3 $-\frac{31}{10}=-3.1$과 3.9 사이에 있는 정수는 -3, -2, -1, 0, 1, 2, 3의 7개이다.

4 -2.3과 2.5 사이에 있는 정수는 -2, -1, 0, 1, 2이므로 $a=-2$, $b=2$이다.
$\therefore a+b=0$

5 $-\frac{2}{5}<-\frac{1}{3}$, $1=\frac{3}{3}$ 사이에 있는 분모가 3인 분수는

$-\frac{1}{3}$, $\frac{0}{3}$, $\frac{1}{3}$, $\frac{2}{3}$

이 중에 정수가 아닌 기약분수는 $-\frac{1}{3}$, $\frac{1}{3}$, $\frac{2}{3}$의 3개이다.

6 $\frac{1}{5}<\frac{1}{4}$, $\frac{5}{2}=\frac{10}{4}$ 사이에 있는 분모가 4인 분수는

$\frac{1}{4}$, $\frac{2}{4}$, $\frac{3}{4}$, $\frac{4}{4}$, $\frac{5}{4}$, $\frac{6}{4}$, $\frac{7}{4}$, $\frac{8}{4}$, $\frac{9}{4}$

이 중에 정수가 아닌 기약분수는 $\frac{1}{4}$, $\frac{3}{4}$, $\frac{5}{4}$, $\frac{7}{4}$, $\frac{9}{4}$의 5개이다.

17 정수의 덧셈

A 부호가 같은 수의 덧셈 111쪽

1 +5 2 +9 3 +16 4 +30
5 +36 6 +60 7 −5 8 −12
9 −19 10 −24 11 −58 12 −71

1 $(+2)+(+3)=+(2+3)=+5$
2 $(+4)+(+5)=+(4+5)=+9$

3 $(+12)+(+4)=+(12+4)=+16$
4 $(+13)+(+17)=+(13+17)=+30$
5 $(+11)+(+25)=+(11+25)=+36$
6 $(+26)+(+34)=+(26+34)=+60$
7 $(-1)+(-4)=-(1+4)=-5$
8 $(-5)+(-7)=-(5+7)=-12$
9 $(-12)+(-7)=-(12+7)=-19$
10 $(-15)+(-9)=-(15+9)=-24$
11 $(-21)+(-37)=-(21+37)=-58$
12 $(-47)+(-24)=-(47+24)=-71$

B 부호가 다른 수의 덧셈 112쪽

1 $+1$　2 0　3 $+1$　4 $-$ / -6
5 -4　6 -5　7 $+$ / $+1$　8 $+3$
9 $+6$　10 $-$ / -3　11 -4　12 -9

1 $(+3)+(-2)=+(3-2)=+1$
2 $(+1)+(-1)=+(1-1)=0$
3 $(+5)+(-4)=+(5-4)=+1$
4 $(+2)+(-8)=-(8-2)=-6$
5 $(+6)+(-10)=-(10-6)=-4$
6 $(+7)+(-12)=-(12-7)=-5$
7 $(-1)+(+2)=+(2-1)=+1$
8 $(-4)+(+7)=+(7-4)=+3$
9 $(-3)+(+9)=+(9-3)=+6$
10 $(-5)+(+2)=-(5-2)=-3$
11 $(-9)+(+5)=-(9-5)=-4$
12 $(-15)+(+6)=-(15-6)=-9$

C 여러 가지 정수의 덧셈 1 113쪽

1 $+2$　2 $+4$　3 -10　4 -15
5 $+14$　6 $+5$　7 $+19$　8 -17
9 $+16$　10 -25　11 $+19$　12 -5

1 $(-3)+(+5)=+(5-3)=+2$
2 $(+7)+(-3)=+(7-3)=+4$
3 $(-6)+(-4)=-(6+4)=-10$
4 $(-7)+(-8)=-(7+8)=-15$
5 $(+6)+(+8)=+(6+8)=+14$
6 $(-4)+(+9)=+(9-4)=+5$
7 $(+7)+(+12)=+(7+12)=+19$
8 $(-4)+(-13)=-(4+13)=-17$
9 $(+12)+(+4)=+(12+4)=+16$
10 $(+9)+(-34)=-(34-9)=-25$
11 $(-8)+(+27)=+(27-8)=+19$
12 $(-10)+(+5)=-(10-5)=-5$

D 여러 가지 정수의 덧셈 2 114쪽

1 $+5$　2 $+37$　3 -40　4 $+6$
5 -31　6 $+13$　7 $+32$　8 -27
9 -5　10 $+46$　11 -15　12 $+29$

1 $(-11)+(+16)=+(16-11)=+5$
2 $(+23)+(+14)=+(23+14)=+37$
3 $(-15)+(-25)=-(15+25)=-40$
4 $(-18)+(+24)=+(24-18)=+6$
5 $(-12)+(-19)=-(12+19)=-31$
6 $(-32)+(+45)=+(45-32)=+13$
7 $(+20)+(+12)=+(20+12)=+32$
8 $(-14)+(-13)=-(14+13)=-27$
9 $(-16)+(+11)=-(16-11)=-5$
10 $(+32)+(+14)=+(32+14)=+46$
11 $(+19)+(-34)=-(34-19)=-15$
12 $(-28)+(+57)=+(57-28)=+29$

거저먹는 시험 문제 115쪽

1 ⑤　2 ④　3 ①　4 ③
5 ④　6 ①

4 ③ $(-8)+(+10)=+(10-8)=+2$
5 ① $(-3)+(-2)=-(3+2)=-5$
② $(-1)+(-4)=-(1+4)=-5$
③ $(-10)+(+5)=-(10-5)=-5$
④ $(-8)+(-3)=-(8+3)=-11$
⑤ $(+7)+(-12)=-(12-7)=-5$
따라서 계산 결과가 나머지 넷과 다른 하나는 ④이다.
6 ① $(+3)+(+6)=+(3+6)=+9$
② $(+7)+(-11)=-(11-7)=-4$
③ $(-5)+(+9)=+(9-5)=+4$
④ $(+8)+(-3)=+(8-3)=+5$
⑤ $(-2)+(+8)=+(8-2)=+6$
따라서 계산 결과가 가장 큰 것은 ①이다.

18 유리수의 덧셈

A 부호가 같은 유리수의 덧셈 117쪽

1 $+\frac{17}{20}$　2 $+\frac{20}{21}$　3 $+\frac{7}{18}$　4 $+3$
5 $+\frac{27}{40}$　6 $+6.6$　7 $-$, 2 / $-\frac{9}{8}$

8 $-\frac{26}{45}$　9 $-\frac{19}{24}$　10 $-\frac{29}{10}$　11 $-\frac{19}{15}$

12 -24.6

1 $\left(+\frac{3}{5}\right)+\left(+\frac{1}{4}\right)=+\left(\frac{12}{20}+\frac{5}{20}\right)=+\frac{17}{20}$

2 $\left(+\frac{2}{3}\right)+\left(+\frac{2}{7}\right)=+\left(\frac{14}{21}+\frac{6}{21}\right)=+\frac{20}{21}$

3 $\left(+\frac{1}{6}\right)+\left(+\frac{2}{9}\right)=+\left(\frac{3}{18}+\frac{4}{18}\right)=+\frac{7}{18}$

4 $(+2.6)+\left(+\frac{2}{5}\right)=+\left(\frac{26}{10}+\frac{2}{5}\right)=+\left(\frac{13}{5}+\frac{2}{5}\right)$
$=+\frac{15}{5}=+3$

5 $\left(+\frac{3}{8}\right)+(+0.3)=+\left(\frac{3}{8}+\frac{3}{10}\right)=+\left(\frac{15}{40}+\frac{12}{40}\right)$
$=+\frac{27}{40}$

6 $(+1.7)+(+4.9)=+(1.7+4.9)=+6.6$

7 $\left(-\frac{7}{8}\right)+\left(-\frac{1}{4}\right)=-\left(\frac{7}{8}+\frac{2}{8}\right)=-\frac{9}{8}$

8 $\left(-\frac{4}{9}\right)+\left(-\frac{2}{15}\right)=-\left(\frac{20}{45}+\frac{6}{45}\right)=-\frac{26}{45}$

9 $\left(-\frac{5}{12}\right)+\left(-\frac{3}{8}\right)=-\left(\frac{10}{24}+\frac{9}{24}\right)=-\frac{19}{24}$

10 $\left(-\frac{5}{2}\right)+(-0.4)=-\left(\frac{5}{2}+\frac{4}{10}\right)=-\left(\frac{25}{10}+\frac{4}{10}\right)$
$=-\frac{29}{10}$

11 $(-1.1)+\left(-\frac{1}{6}\right)=\left(-\frac{11}{10}\right)+\left(-\frac{1}{6}\right)$
$=-\left(\frac{33}{30}+\frac{5}{30}\right)$
$=-\frac{38}{30}=-\frac{19}{15}$

12 $(-6.7)+(-17.9)=-(6.7+17.9)=-24.6$

B 부호가 다른 유리수의 덧셈　118쪽

1 $+\frac{4}{21}$　2 $-\frac{4}{9}$　3 $+\frac{1}{20}$　4 $+\frac{17}{18}$

5 $+\frac{1}{24}$　6 $-\frac{3}{20}$　7 $-\frac{2}{3}$　8 $+\frac{7}{9}$

9 $+1.4$　10 -2.3　11 $+\frac{21}{10}$　12 $+\frac{37}{20}$

1 $\left(-\frac{2}{3}\right)+\left(+\frac{6}{7}\right)=\left(-\frac{14}{21}\right)+\left(+\frac{18}{21}\right)$
$=+\left(\frac{18}{21}-\frac{14}{21}\right)=+\frac{4}{21}$

2 $\left(-\frac{7}{9}\right)+\left(+\frac{1}{3}\right)=\left(-\frac{7}{9}\right)+\left(+\frac{3}{9}\right)$
$=-\left(\frac{7}{9}-\frac{3}{9}\right)=-\frac{4}{9}$

3 $\left(+\frac{4}{5}\right)+\left(-\frac{3}{4}\right)=\left(+\frac{16}{20}\right)+\left(-\frac{15}{20}\right)$
$=+\left(\frac{16}{20}-\frac{15}{20}\right)=+\frac{1}{20}$

4 $\left(-\frac{2}{9}\right)+\left(+\frac{7}{6}\right)=\left(-\frac{4}{18}\right)+\left(+\frac{21}{18}\right)$
$=+\left(\frac{21}{18}-\frac{4}{18}\right)=+\frac{17}{18}$

5 $\left(+\frac{5}{12}\right)+\left(-\frac{3}{8}\right)=\left(+\frac{10}{24}\right)+\left(-\frac{9}{24}\right)$
$=+\left(\frac{4}{24}-\frac{9}{24}\right)=+\frac{1}{24}$

6 $\left(+\frac{1}{5}\right)+\left(-\frac{7}{20}\right)=\left(+\frac{4}{20}\right)+\left(-\frac{7}{20}\right)$
$=-\left(\frac{7}{20}-\frac{4}{20}\right)$
$=-\frac{3}{20}$

7 $(-2)+\left(+\frac{4}{3}\right)=\left(-\frac{6}{3}\right)+\left(+\frac{4}{3}\right)$
$=-\left(\frac{6}{3}-\frac{4}{3}\right)=-\frac{2}{3}$

8 $\left(-\frac{11}{9}\right)+(+2)=\left(-\frac{11}{9}\right)+\left(+\frac{18}{9}\right)$
$=+\left(\frac{18}{9}-\frac{11}{9}\right)=+\frac{7}{9}$

9 $(+1.7)+(-0.3)=+(1.7-0.3)=+1.4$

10 $(+5.4)+(-7.7)=-(7.7-5.4)=-2.3$

11 $\left(-\frac{7}{5}\right)+(+3.5)=\left(-\frac{14}{10}\right)+\left(+\frac{35}{10}\right)$
$=+\left(\frac{35}{10}-\frac{14}{10}\right)=+\frac{21}{10}$

12 $(+6.1)+\left(-\frac{17}{4}\right)=\left(+\frac{61}{10}\right)+\left(-\frac{17}{4}\right)$
$=\left(+\frac{122}{20}\right)+\left(-\frac{85}{20}\right)$
$=+\left(\frac{122}{20}-\frac{85}{20}\right)=+\frac{37}{20}$

C 덧셈의 교환법칙, 결합법칙　119쪽

1 교환법칙, 결합법칙, -9, 0

2 교환법칙, 결합법칙, $+15$, $+12$

3 교환법칙, 결합법칙, -9.1, -0.8

4 교환법칙, 결합법칙, -3, $-\frac{12}{5}$

5 -5, -9, -6　6 $+6$, $+13$, $+9$

7 -5.4, -10, -5　8 $+\frac{11}{7}$, $+\frac{16}{7}$, $+\frac{23}{14}$

D 덧셈의 교환법칙, 결합법칙을 이용한 계산　120쪽

1 $+1$　2 $+3$　3 -7　4 $+3$

5 -0.5　6 -6.1　7 $+\frac{25}{4}$　8 $-\frac{7}{3}$

9 -2　10 $+\frac{4}{3}$　11 $+\frac{13}{6}$　12 $-\frac{13}{5}$

1 $(+3)+(-9)+(+7)=(-9)+\{(+3)+(+7)\}$
$=(-9)+(+10)=+1$

2 $(+5)+(-11)+(+9)=\{(+5)+(+9)\}+(-11)$
$=(+14)+(-11)=+3$

3 $(-9)+(+7)+(-5)=(+7)+\{(-9)+(-5)\}$
$=(+7)+(-14)=-7$

4 $(-8)+(+20)+(-9)=(+20)+\{(-8)+(-9)\}$
$=(+20)+(-17)=+3$

5 $(-2.3)+(+5)+(-3.2)=\{(-2.3)+(-3.2)\}+(+5)$
$=(-5.5)+(+5)=-0.5$

6 $(-6.3)+(+4.1)+(-3.9)=\{(-6.3)+(-3.9)\}+(+4.1)$
$=(-10.2)+(+4.1)$
$=-6.1$

7 $\left(+\frac{3}{2}\right)+\left(+\frac{5}{4}\right)+\left(+\frac{7}{2}\right)$
$=\left(+\frac{5}{4}\right)+\left\{\left(+\frac{3}{2}\right)+\left(+\frac{7}{2}\right)\right\}=\left(+\frac{5}{4}\right)+\left(+\frac{10}{2}\right)$
$=\left(+\frac{5}{4}\right)+\left(+\frac{20}{4}\right)=+\frac{25}{4}$

8 $\left(-\frac{3}{4}\right)+\left(-\frac{1}{3}\right)+\left(-\frac{5}{4}\right)$
$=\left\{\left(-\frac{3}{4}\right)+\left(-\frac{5}{4}\right)\right\}+\left(-\frac{1}{3}\right)=(-2)+\left(-\frac{1}{3}\right)$
$=-\left(\frac{6}{3}+\frac{1}{3}\right)=-\frac{7}{3}$

9 $\left(+\frac{3}{8}\right)+\left(-\frac{13}{4}\right)+\left(+\frac{7}{8}\right)$
$=\left\{\left(+\frac{3}{8}\right)+\left(+\frac{7}{8}\right)\right\}+\left(-\frac{13}{4}\right)$
$=\left(+\frac{10}{8}\right)+\left(-\frac{13}{4}\right)=\left(+\frac{5}{4}\right)+\left(-\frac{13}{4}\right)$
$=-\frac{8}{4}=-2$

10 $\left(-\frac{2}{7}\right)+\left(+\frac{7}{3}\right)+\left(-\frac{5}{7}\right)$
$=\left(+\frac{7}{3}\right)+\left\{\left(-\frac{2}{7}\right)+\left(-\frac{5}{7}\right)\right\}$
$=\left(+\frac{7}{3}\right)+(-1)=+\frac{4}{3}$

11 $(+2.3)+\left(-\frac{11}{6}\right)+(+1.7)$
$=\left(-\frac{11}{6}\right)+\{(+2.3)+(+1.7)\}$
$=\left(-\frac{11}{6}\right)+(+4)$
$=+\left(\frac{24}{6}-\frac{11}{6}\right)=+\frac{13}{6}$

12 $\left(-\frac{2}{5}\right)+(-2.8)+\left(+\frac{3}{5}\right)$
$=\left\{\left(-\frac{2}{5}\right)+\left(+\frac{3}{5}\right)\right\}+(-2.8)$
$=\left(+\frac{1}{5}\right)+(-2.8)$
$=\left(+\frac{1}{5}\right)+\left(-\frac{28}{10}\right)$
$=-\left(\frac{14}{5}-\frac{1}{5}\right)$
$=-\frac{13}{5}$

거저먹는 시험 문제 121쪽

1 $-\frac{1}{2}$ 2 $+\frac{1}{7}$

3 ㉠ 교환법칙, ㉡ 결합법칙, ㉢ $+\frac{13}{8}$, ㉣ $-\frac{19}{8}$

4 ㉠ 교환법칙, ㉡ 결합법칙, ㉢ $-\frac{37}{30}$, ㉣ $+0.7$, ㉤ $-\frac{8}{15}$

5 ③

1 가장 큰 수: $+\frac{5}{2}$, 가장 작은 수: -3
$\therefore \left(+\frac{5}{2}\right)+(-3)=\left(+\frac{5}{2}\right)+\left(-\frac{6}{2}\right)=-\frac{1}{2}$

2 가장 큰 수: $+\frac{15}{7}$, 가장 작은 수: -2
$\therefore \left(+\frac{15}{7}\right)+(-2)=\left(+\frac{15}{7}\right)+\left(-\frac{14}{7}\right)=+\frac{1}{7}$

5 $\left(-\frac{1}{4}\right)+\left(-\frac{7}{3}\right)+\left(+\frac{5}{2}\right)+\left(+\frac{2}{3}\right)$
$=\left\{\left(-\frac{1}{4}\right)+\left(+\frac{5}{2}\right)\right\}+\left\{\left(-\frac{7}{3}\right)+\left(+\frac{2}{3}\right)\right\}$
$=\left\{\left(-\frac{1}{4}\right)+\left(+\frac{10}{4}\right)\right\}+\left(-\frac{5}{3}\right)$
$=\left(+\frac{9}{4}\right)+\left(-\frac{5}{3}\right)$
$=\left(+\frac{27}{12}\right)+\left(-\frac{20}{12}\right)=+\frac{7}{12}$

19 정수의 뺄셈

A (양의 정수)−(음의 정수), (음의 정수)−(양의 정수)의 계산 123쪽

1 +3	2 +8	3 +18	4 +20
5 +25	6 +44	7 −7	8 −9
9 −14	10 −20	11 −28	12 −50

1 $(+2)-(-1)=(+2)+(+1)=+(2+1)=+3$
2 $(+5)-(-3)=(+5)+(+3)=+(5+3)=+8$
3 $(+12)-(-6)=(+12)+(+6)=+(12+6)=+18$
4 $(+13)-(-7)=(+13)+(+7)=+(13+7)=+20$
5 $(+15)-(-10)=(+15)+(+10)=+(15+10)=+25$
6 $(+25)-(-19)=(+25)+(+19)=+(25+19)=+44$
7 $(-2)-(+5)=(-2)+(-5)=-(2+5)=-7$
8 $(-4)-(+5)=(-4)+(-5)=-(4+5)=-9$
9 $(-5)-(+9)=(-5)+(-9)=-(5+9)=-14$
10 $(-7)-(+13)=(-7)+(-13)=-(7+13)=-20$
11 $(-10)-(+18)=(-10)+(-18)=-(10+18)=-28$
12 $(-17)-(+33)=(-17)+(-33)=-(17+33)=-50$

B (양의 정수)－(양의 정수), (음의 정수)－(음의 정수)의 계산 124쪽

1 $+2$	2 -4	3 $+3$	4 -2
5 $+14$	6 $+8$	7 -2	8 $+7$
9 $+8$	10 -8	11 $+17$	12 -14

1 $(+4)-(+2)=(+4)+(-2)=+(4-2)=+2$
2 $(+5)-(+9)=(+5)+(-9)=-(9-5)=-4$
3 $(+7)-(+4)=(+7)+(-4)=+(7-4)=+3$
4 $(+12)-(+14)=(+12)+(-14)=-(14-12)=-2$
5 $(+25)-(+11)=(+25)+(-11)=+(25-11)=+14$
6 $(+30)-(+22)=(+30)+(-22)=+(30-22)=+8$
7 $(-3)-(-1)=(-3)+(+1)=-(3-1)=-2$
8 $(-2)-(-9)=(-2)+(+9)=+(9-2)=+7$
9 $(-5)-(-13)=(-5)+(+13)=+(13-5)=+8$
10 $(-17)-(-9)=(-17)+(+9)=-(17-9)=-8$
11 $(-18)-(-35)=(-18)+(+35)=+(35-18)=+17$
12 $(-43)-(-29)=(-43)+(+29)=-(43-29)=-14$

C 여러 가지 정수의 뺄셈 1 125쪽

1 -5	2 $+12$	3 -4	4 -6
5 -1	6 $+14$	7 $+1$	8 -7
9 $+12$	10 $+24$	11 $+11$	12 $+9$

1 $(+3)-(+8)=(+3)+(-8)=-(8-3)=-5$
2 $(+5)-(-7)=(+5)+(+7)=+(5+7)=+12$
3 $(-12)-(-8)=(-12)+(+8)=-(12-8)=-4$
4 $(+7)-(+13)=(+7)+(-13)=-(13-7)=-6$
5 $(+8)-(+9)=(+8)+(-9)=-(9-8)=-1$
6 $(+17)-(+3)=(+17)+(-3)=+(17-3)=+14$
7 $(+6)-(+5)=(+6)+(-5)=+(6-5)=+1$
8 $(+3)-(+10)=(+3)+(-10)=-(10-3)=-7$
9 $(+15)-(+3)=(+15)+(-3)=+(15-3)=+12$
10 $(+7)-(-17)=(+7)+(+17)=+(7+17)=+24$
11 $(-5)-(-16)=(-5)+(+16)=+(16-5)=+11$
12 $(+10)-(+1)=(+10)+(-1)=+(10-1)=+9$

D 여러 가지 정수의 뺄셈 2 126쪽

1 -5	2 $+20$	3 $+11$	4 -19
5 -9	6 $+12$	7 $+9$	8 $+19$
9 $+22$	10 -17	11 -47	12 $+5$

1 $(+2)-(+7)=(+2)+(-7)=-(7-2)=-5$
2 $(+13)-(-7)=(+13)+(+7)=+(13+7)=+20$
3 $(+17)-(+6)=(+17)+(-6)=+(17-6)=+11$
4 $(-8)-(+11)=(-8)+(-11)=-(8+11)=-19$
5 $(+3)-(+12)=(+3)+(-12)=-(12-3)=-9$
6 $(+25)-(+13)=(+25)+(-13)=+(25-13)=+12$
7 $(+16)-(+7)=(+16)+(-7)=+(16-7)=+9$
8 $(+29)-(+10)=(+29)+(-10)=+(29-10)=+19$
9 $(-17)-(-39)=(-17)+(+39)=+(39-17)=+22$
10 $(-23)-(-6)=(-23)+(+6)=-(23-6)=-17$
11 $(-21)-(+26)=(-21)+(-26)=-(21+26)=-47$
12 $(+18)-(+13)=(+18)+(-13)=+(18-13)=+5$

거저먹는 시험 문제 127쪽

1 ⑤	2 ④	3 ①	4 ⑤
5 -8	6 0		

1 ① $(-9)-(-1)=(-9)+(+1)=-(9-1)=-8$
② $(+3)-(+5)=(+3)+(-5)=-(5-3)=-2$
③ $(+7)-(-2)=(+7)+(+2)=+(7+2)=+9$
④ $(-12)-(+3)=(-12)+(-3)=-(12+3)=-15$
⑤ $(-21)-(-15)=(-21)+(+15)=-(21-15)=-6$
따라서 계산 결과가 옳은 것은 ⑤이다.

2 ① $(+10)-(+7)=(+10)+(-7)=+(10-7)=+3$
② $(-11)-(+2)=(-11)+(-2)=-(11+2)=-13$
③ $(+3)-(-8)=(+3)+(+8)=+(3+8)=+11$
④ $(+13)-(-2)=(+13)+(+2)=+(13+2)=+15$
⑤ $(+9)-(+18)=(+9)+(-18)=-(18-9)=-9$
따라서 계산 결과가 가장 큰 것은 ④이다.

3 ① $(+7)-(+13)=(+7)+(-13)=-(13-7)=-6$
② $(-5)-(-4)=(-5)+(+4)=-(5-4)=-1$
③ $(+15)-(+12)=(+15)+(-12)=+(15-12)=+3$
④ $(+11)-(+4)=(+11)+(-4)=+(11-4)=+7$
⑤ $(-12)-(-9)=(-12)+(+9)=-(12-9)=-3$
따라서 계산 결과가 가장 작은 것은 ①이다.

4 ① $(+3)-(+1)=(+3)+(-1)=+(3-1)=+2$
② $(+1)-(-1)=(+1)+(+1)=+(1+1)=+2$
③ $(+7)-(+5)=(+7)+(-5)=+(7-5)=+2$
④ $(+8)-(+6)=(+8)+(-6)=+(8-6)=+2$
⑤ $(-10)-(-8)=(-10)+(+8)=-(10-8)=-2$
따라서 계산 결과가 다른 것은 ⑤이다.

5 $a=(-15)+(+9)=-(15-9)=-6$
$b=(+10)+(-8)=+(10-8)=+2$
$\therefore a-b=(-6)-(+2)=(-6)+(-2)=-(6+2)=-8$

6 $a=(-123)+(+98)=-(123-98)=-25$
$b=(+21)+(-46)=-(46-21)=-25$
$\therefore a-b=(-25)-(-25)=(-25)+(+25)=0$

유리수의 뺄셈

A (양의 유리수)−(음의 유리수), (음의 유리수)−(양의 유리수)의 계산

129쪽

1 $+\frac{8}{9}$	2 $+\frac{19}{12}$	3 $+\frac{17}{15}$	4 $+\frac{7}{6}$
5 $+\frac{28}{9}$	6 $+\frac{23}{48}$	7 $-\frac{19}{8}$	8 $-\frac{37}{30}$
9 $-\frac{34}{21}$	10 $-\frac{35}{18}$	11 $-\frac{25}{36}$	12 $-\frac{17}{30}$

1 $\left(+\frac{2}{3}\right)-\left(-\frac{2}{9}\right)=\left(+\frac{6}{9}\right)+\left(+\frac{2}{9}\right)=+\frac{8}{9}$

2 $\left(+\frac{1}{4}\right)-\left(-\frac{4}{3}\right)=\left(+\frac{3}{12}\right)+\left(+\frac{16}{12}\right)=+\frac{19}{12}$

3 $\left(+\frac{4}{5}\right)-\left(-\frac{1}{3}\right)=\left(+\frac{12}{15}\right)+\left(+\frac{5}{15}\right)=+\frac{17}{15}$

4 $\left(+\frac{5}{12}\right)-\left(-\frac{3}{4}\right)=\left(+\frac{5}{12}\right)+\left(+\frac{9}{12}\right)$
$=+\frac{14}{12}=+\frac{7}{6}$

5 $\left(+\frac{5}{18}\right)-\left(-\frac{17}{6}\right)=\left(+\frac{5}{18}\right)+\left(+\frac{51}{18}\right)$
$=+\frac{56}{18}=+\frac{28}{9}$

6 $\left(+\frac{1}{16}\right)-\left(-\frac{5}{12}\right)=\left(+\frac{3}{48}\right)+\left(+\frac{20}{48}\right)=+\frac{23}{48}$

7 $\left(-\frac{3}{2}\right)-\left(+\frac{7}{8}\right)=\left(-\frac{12}{8}\right)+\left(-\frac{7}{8}\right)=-\frac{19}{8}$

8 $\left(-\frac{2}{5}\right)-\left(+\frac{5}{6}\right)=\left(-\frac{12}{30}\right)+\left(-\frac{25}{30}\right)=-\frac{37}{30}$

9 $\left(-\frac{9}{7}\right)-\left(+\frac{7}{21}\right)=\left(-\frac{27}{21}\right)+\left(-\frac{7}{21}\right)=-\frac{34}{21}$

10 $\left(-\frac{5}{6}\right)-\left(+\frac{10}{9}\right)=\left(-\frac{15}{18}\right)+\left(-\frac{20}{18}\right)=-\frac{35}{18}$

11 $\left(-\frac{2}{9}\right)-\left(+\frac{17}{36}\right)=\left(-\frac{8}{36}\right)+\left(-\frac{17}{36}\right)=-\frac{25}{36}$

12 $\left(-\frac{3}{10}\right)-\left(+\frac{4}{15}\right)=\left(-\frac{9}{30}\right)+\left(-\frac{8}{30}\right)=-\frac{17}{30}$

B (양의 유리수)−(양의 유리수), (음의 유리수)−(음의 유리수)의 계산

130쪽

1 $+\frac{1}{6}$	2 $+\frac{1}{6}$	3 $+\frac{3}{14}$	4 $-\frac{17}{20}$
5 $+\frac{5}{42}$	6 $-\frac{1}{36}$	7 $-\frac{3}{28}$	8 $+\frac{7}{18}$
9 $+\frac{4}{3}$	10 $+\frac{19}{24}$	11 $-\frac{3}{20}$	12 $+\frac{3}{20}$

1 $\left(+\frac{4}{3}\right)-\left(+\frac{7}{6}\right)=\left(+\frac{8}{6}\right)+\left(-\frac{7}{6}\right)=+\frac{1}{6}$

2 $\left(+\frac{7}{2}\right)-\left(+\frac{10}{3}\right)=\left(+\frac{21}{6}\right)+\left(-\frac{20}{6}\right)=+\frac{1}{6}$

3 $\left(+\frac{3}{2}\right)-\left(+\frac{9}{7}\right)=\left(+\frac{21}{14}\right)+\left(-\frac{18}{14}\right)=+\frac{3}{14}$

4 $\left(+\frac{7}{5}\right)-\left(+\frac{9}{4}\right)=\left(+\frac{28}{20}\right)+\left(-\frac{45}{20}\right)=-\frac{17}{20}$

5 $\left(+\frac{9}{14}\right)-\left(+\frac{11}{21}\right)=\left(+\frac{27}{42}\right)+\left(-\frac{22}{42}\right)=+\frac{5}{42}$

6 $\left(+\frac{7}{12}\right)-\left(+\frac{11}{18}\right)=\left(+\frac{21}{36}\right)+\left(-\frac{22}{36}\right)=-\frac{1}{36}$

7 $\left(-\frac{5}{4}\right)-\left(-\frac{8}{7}\right)=\left(-\frac{35}{28}\right)+\left(+\frac{32}{28}\right)=-\frac{3}{28}$

8 $\left(-\frac{4}{9}\right)-\left(-\frac{5}{6}\right)=\left(-\frac{8}{18}\right)+\left(+\frac{15}{18}\right)=+\frac{7}{18}$

9 $\left(-\frac{11}{12}\right)-\left(-\frac{9}{4}\right)=\left(-\frac{11}{12}\right)+\left(+\frac{27}{12}\right)=+\frac{16}{12}=+\frac{4}{3}$

10 $\left(-\frac{7}{8}\right)-\left(-\frac{5}{3}\right)=\left(-\frac{21}{24}\right)+\left(+\frac{40}{24}\right)=+\frac{19}{24}$

11 $\left(-\frac{3}{5}\right)-\left(-\frac{9}{20}\right)=\left(-\frac{12}{20}\right)+\left(+\frac{9}{20}\right)=-\frac{3}{20}$

12 $\left(-\frac{7}{12}\right)-\left(-\frac{11}{15}\right)=\left(-\frac{35}{60}\right)+\left(+\frac{44}{60}\right)=+\frac{3}{20}$

C 여러 가지 유리수의 뺄셈 1

131쪽

1 -3	2 $+\frac{31}{12}$	3 $-\frac{5}{36}$	4 $-\frac{1}{5}$
5 $+\frac{1}{21}$	6 $+\frac{1}{36}$	7 $-\frac{2}{15}$	8 $-\frac{19}{60}$
9 $-\frac{7}{33}$	10 $+\frac{5}{4}$	11 $+\frac{1}{4}$	12 $-\frac{17}{6}$

1 $(-1.2)-\left(+\frac{9}{5}\right)=\left(-\frac{12}{10}\right)+\left(-\frac{18}{10}\right)=-\frac{30}{10}=-3$

2 $\left(+\frac{7}{4}\right)-\left(-\frac{5}{6}\right)=\left(+\frac{21}{12}\right)+\left(+\frac{10}{12}\right)=+\frac{31}{12}$

3 $\left(+\frac{10}{9}\right)-\left(+\frac{5}{4}\right)=\left(+\frac{40}{36}\right)+\left(-\frac{45}{36}\right)=-\frac{5}{36}$

4 $\left(+\frac{3}{5}\right)-(+0.8)=\left(+\frac{6}{10}\right)+\left(-\frac{8}{10}\right)=-\frac{1}{5}$

5 $\left(-\frac{9}{7}\right)-\left(-\frac{4}{3}\right)=\left(-\frac{27}{21}\right)+\left(+\frac{28}{21}\right)=+\frac{1}{21}$

6 $\left(+\frac{5}{12}\right)-\left(+\frac{7}{18}\right)=\left(+\frac{15}{36}\right)+\left(-\frac{14}{36}\right)=+\frac{1}{36}$

7 $(+0.7)-\left(+\frac{5}{6}\right)=\left(+\frac{21}{30}\right)+\left(-\frac{25}{30}\right)=-\frac{4}{30}=-\frac{2}{15}$

8 $(+0.6)-\left(+\frac{11}{12}\right)=\left(+\frac{36}{60}\right)+\left(-\frac{55}{60}\right)=-\frac{19}{60}$

9 $\left(+\frac{5}{11}\right)-\left(+\frac{2}{3}\right)=\left(+\frac{15}{33}\right)+\left(-\frac{22}{33}\right)=-\frac{7}{33}$

10 $(+0.3)-\left(-\frac{19}{20}\right)=\left(+\frac{6}{20}\right)+\left(+\frac{19}{20}\right)$
$=+\frac{25}{20}=+\frac{5}{4}$

11 $\left(-\frac{7}{20}\right)-\left(-\frac{9}{15}\right)=\left(-\frac{21}{60}\right)+\left(+\frac{36}{60}\right)$
$=+\frac{15}{60}=+\frac{1}{4}$

12 $\left(-\frac{8}{15}\right)-(+2.3)=\left(-\frac{16}{30}\right)+\left(-\frac{69}{30}\right)$
$=-\frac{85}{30}=-\frac{17}{6}$

D 여러 가지 유리수의 뺄셈 2 132쪽

1 $+\frac{11}{21}$ 2 $+\frac{1}{6}$ 3 $-\frac{1}{18}$ 4 $-\frac{2}{3}$
5 $-\frac{1}{60}$ 6 $+\frac{11}{42}$ 7 $+\frac{1}{4}$ 8 $-\frac{5}{52}$
9 $+\frac{7}{10}$ 10 $+\frac{19}{20}$ 11 $-\frac{3}{26}$ 12 $-\frac{3}{56}$

1 $\left(-\frac{1}{7}\right)-\left(-\frac{2}{3}\right)=\left(-\frac{3}{21}\right)+\left(+\frac{14}{21}\right)=+\frac{11}{21}$

2 $\left(+\frac{3}{10}\right)-\left(+\frac{2}{15}\right)=\left(+\frac{9}{30}\right)+\left(-\frac{4}{30}\right)$
$=+\frac{5}{30}=+\frac{1}{6}$

3 $\left(-\frac{5}{6}\right)-\left(-\frac{7}{9}\right)=\left(-\frac{15}{18}\right)+\left(+\frac{14}{18}\right)=-\frac{1}{18}$

4 $\left(-\frac{9}{8}\right)-\left(-\frac{11}{24}\right)=\left(-\frac{27}{24}\right)+\left(+\frac{11}{24}\right)$
$=-\frac{16}{24}=-\frac{2}{3}$

5 $\left(-\frac{1}{4}\right)-\left(-\frac{7}{30}\right)=\left(-\frac{15}{60}\right)+\left(+\frac{14}{60}\right)=-\frac{1}{60}$

6 $\left(+\frac{9}{14}\right)-\left(+\frac{8}{21}\right)=\left(+\frac{27}{42}\right)+\left(-\frac{16}{42}\right)=+\frac{11}{42}$

7 $\left(-\frac{5}{28}\right)-\left(-\frac{3}{7}\right)=\left(-\frac{5}{28}\right)+\left(+\frac{12}{28}\right)$
$=+\frac{7}{28}=+\frac{1}{4}$

8 $\left(+\frac{2}{13}\right)-\left(+\frac{1}{4}\right)=\left(+\frac{8}{52}\right)+\left(-\frac{13}{52}\right)=-\frac{5}{52}$

9 $\left(+\frac{8}{15}\right)-\left(-\frac{1}{6}\right)=\left(+\frac{16}{30}\right)+\left(+\frac{5}{30}\right)$
$=+\frac{21}{30}=+\frac{7}{10}$

10 $\left(-\frac{3}{10}\right)-\left(-\frac{5}{4}\right)=\left(-\frac{6}{20}\right)+\left(+\frac{25}{20}\right)=+\frac{19}{20}$

11 $\left(+\frac{15}{26}\right)-\left(+\frac{9}{13}\right)=\left(+\frac{15}{26}\right)+\left(-\frac{18}{26}\right)=-\frac{3}{26}$

12 $\left(-\frac{5}{28}\right)-\left(-\frac{1}{8}\right)=\left(-\frac{10}{56}\right)+\left(+\frac{7}{56}\right)=-\frac{3}{56}$

거저먹는 시험 문제 133쪽

1 $+\frac{17}{60}$ 2 ④ 3 $+\frac{29}{10}$ 4 $+\frac{8}{3}$
5 ⑤ 6 $-\frac{1}{20}$

1 $-0.3-\left(-\frac{7}{12}\right)=\left(-\frac{3}{10}\right)+\left(+\frac{7}{12}\right)$
$=\left(-\frac{18}{60}\right)+\left(+\frac{35}{60}\right)=+\frac{17}{60}$

2 ① $\left(+\frac{1}{4}\right)-\left(+\frac{4}{3}\right)=\left(+\frac{3}{12}\right)+\left(-\frac{16}{12}\right)=-\frac{13}{12}$

② $\left(+\frac{7}{2}\right)-\left(+\frac{10}{3}\right)=\left(+\frac{21}{6}\right)+\left(-\frac{20}{6}\right)=+\frac{1}{6}$

③ $\left(-\frac{1}{5}\right)-\left(-\frac{9}{20}\right)=\left(-\frac{4}{20}\right)+\left(+\frac{9}{20}\right)$
$=+\frac{5}{20}=+\frac{1}{4}$

④ $\left(+\frac{5}{6}\right)-\left(+\frac{7}{10}\right)=\left(+\frac{25}{30}\right)+\left(-\frac{21}{30}\right)$
$=+\frac{4}{30}=+\frac{2}{15}$

⑤ $\left(-\frac{1}{7}\right)-\left(-\frac{1}{3}\right)=\left(-\frac{3}{21}\right)+\left(+\frac{7}{21}\right)=+\frac{4}{21}$

따라서 계산 결과가 옳지 않은 것은 ④이다.

3 가장 큰 수는 $+\frac{3}{2}$이고 가장 작은 수는 $-\frac{7}{5}$이므로
$\left(+\frac{3}{2}\right)-\left(-\frac{7}{5}\right)=\left(+\frac{15}{10}\right)+\left(+\frac{14}{10}\right)=+\frac{29}{10}$

4 절댓값이 가장 큰 수는 $|-2|<\left|-\frac{13}{6}\right|$이므로 $a=-\frac{13}{6}$
절댓값이 가장 작은 수는 $b=+0.5$
$\therefore b-a=(+0.5)-\left(-\frac{13}{6}\right)=\left(+\frac{1}{2}\right)+\left(+\frac{13}{6}\right)$
$=\left(+\frac{3}{6}\right)+\left(+\frac{13}{6}\right)=+\frac{16}{6}=+\frac{8}{3}$

5 $a=\left(+\frac{2}{3}\right)-\left(-\frac{11}{6}\right)=\left(+\frac{4}{6}\right)+\left(+\frac{11}{6}\right)$
$=+\frac{15}{6}=+\frac{5}{2}$
$b=\left(+\frac{3}{4}\right)-\left(+\frac{1}{2}\right)=\left(+\frac{3}{4}\right)+\left(-\frac{2}{4}\right)$
$=+\frac{1}{4}$
$\therefore a-b=\left(+\frac{5}{2}\right)-\left(+\frac{1}{4}\right)$
$=\left(+\frac{10}{4}\right)+\left(-\frac{1}{4}\right)=+\frac{9}{4}$

6 $a=\left(-\frac{3}{10}\right)-\left(-\frac{4}{15}\right)=\left(-\frac{9}{30}\right)+\left(+\frac{8}{30}\right)=-\frac{1}{30}$
$b=\left(+\frac{7}{6}\right)-\left(+\frac{5}{4}\right)=\left(+\frac{14}{12}\right)+\left(-\frac{15}{12}\right)=-\frac{1}{12}$
$\therefore b-a=\left(-\frac{1}{12}\right)-\left(-\frac{1}{30}\right)=\left(-\frac{5}{60}\right)+\left(+\frac{2}{60}\right)$
$=-\frac{3}{60}=-\frac{1}{20}$

21 덧셈과 뺄셈의 혼합 계산

A 정수끼리의 덧셈과 뺄셈의 혼합 계산 135쪽

1 -4 2 -1 3 $+6$ 4 -8
5 -7 6 $+2$ 7 $+2$ 8 $+7$
9 $+6$ 10 -3 11 $+19$ 12 $+10$

1 $(+1)+(-2)-(+3)=(+1)+(-2)+(-3)=-4$

2 $(-2)+(+6)-(+5)=(-2)+(+6)+(-5)=-1$

3 $(+2)-(-7)+(-3)=(+2)+(+7)+(-3)=+6$
4 $(-11)+(-1)-(-4)=(-11)+(-1)+(+4)=-8$
5 $(-8)+(+3)-(+2)=(-8)+(+3)+(-2)=-7$
6 $(-9)+(+5)-(-6)=(-9)+(+5)+(+6)=+2$
7 $(-12)-(+3)+(+17)=(-12)+(-3)+(+17)=+2$
8 $(+2)-(-18)+(-13)=(+2)+(+18)+(-13)=+7$
9 $(-10)+(+5)-(-11)=(-10)+(+5)+(+11)=+6$
10 $(+18)-(+12)-(+9)=(+18)+(-12)+(-9)=-3$
11 $(+32)-(-14)+(-27)=(+32)+(+14)+(-27)$
$=+19$
12 $(+17)+(-25)-(-18)=(+17)+(-25)+(+18)$
$=+10$

B 유리수끼리의 덧셈과 뺄셈의 혼합 계산 1 136쪽

1 $-\frac{7}{6}$	2 0	3 $+\frac{12}{7}$	4 $-\frac{13}{10}$
5 $+\frac{7}{5}$	6 $-\frac{7}{12}$	7 $+\frac{1}{6}$	8 $+\frac{1}{3}$
9 $-\frac{8}{7}$	10 $-\frac{5}{6}$	11 $-\frac{5}{7}$	12 $+\frac{2}{5}$

1 $\left(+\frac{5}{6}\right)-\left(+\frac{1}{3}\right)+\left(-\frac{5}{3}\right)$
$=\left(+\frac{5}{6}\right)+\left\{\left(-\frac{1}{3}\right)+\left(-\frac{5}{3}\right)\right\}=\left(+\frac{5}{6}\right)+(-2)$
$=\left(+\frac{5}{6}\right)+\left(-\frac{12}{6}\right)=-\frac{7}{6}$

2 $\left(+\frac{3}{4}\right)+\left(-\frac{1}{8}\right)-\left(+\frac{5}{8}\right)$
$=\left(+\frac{3}{4}\right)+\left\{\left(-\frac{1}{8}\right)+\left(-\frac{5}{8}\right)\right\}=\left(+\frac{3}{4}\right)+\left(-\frac{6}{8}\right)$
$=\left(+\frac{3}{4}\right)+\left(-\frac{3}{4}\right)=0$

3 $\left(-\frac{2}{7}\right)-\left(+\frac{1}{3}\right)-\left(-\frac{7}{3}\right)$
$=\left(-\frac{2}{7}\right)+\left\{\left(-\frac{1}{3}\right)+\left(+\frac{7}{3}\right)\right\}=\left(-\frac{2}{7}\right)+(+2)$
$=\left(-\frac{2}{7}\right)+\left(+\frac{14}{7}\right)=+\frac{12}{7}$

4 $\left(+\frac{6}{5}\right)+\left(-\frac{7}{4}\right)-\left(+\frac{3}{4}\right)$
$=\left(+\frac{6}{5}\right)+\left\{\left(-\frac{7}{4}\right)+\left(-\frac{3}{4}\right)\right\}=\left(+\frac{6}{5}\right)+\left(-\frac{10}{4}\right)$
$=\left(+\frac{24}{20}\right)+\left(-\frac{50}{20}\right)=-\frac{26}{20}=-\frac{13}{10}$

5 $\left(-\frac{1}{7}\right)+\left(+\frac{2}{5}\right)-\left(-\frac{8}{7}\right)$
$=\left(+\frac{2}{5}\right)+\left\{\left(-\frac{1}{7}\right)+\left(+\frac{8}{7}\right)\right\}=\left(+\frac{2}{5}\right)+(+1)$
$=\left(+\frac{2}{5}\right)+\left(+\frac{5}{5}\right)=+\frac{7}{5}$

6 $\left(-\frac{7}{8}\right)-\left(-\frac{2}{3}\right)+\left(-\frac{3}{8}\right)$
$=\left(-\frac{7}{8}\right)+\left(+\frac{2}{3}\right)+\left(-\frac{3}{8}\right)=\left(+\frac{2}{3}\right)+\left\{\left(-\frac{7}{8}\right)+\left(-\frac{3}{8}\right)\right\}$
$=\left(+\frac{2}{3}\right)+\left(-\frac{10}{8}\right)=\left(+\frac{16}{24}\right)+\left(-\frac{30}{24}\right)$
$=-\frac{14}{24}=-\frac{7}{12}$

7 $\left(-\frac{5}{3}\right)+\left(+\frac{5}{4}\right)-\left(-\frac{7}{12}\right)$
$=\left(-\frac{20}{12}\right)+\left(+\frac{15}{12}\right)+\left(+\frac{7}{12}\right)$
$=+\frac{2}{12}=+\frac{1}{6}$

8 $\left(+\frac{7}{6}\right)-\left(+\frac{3}{5}\right)+\left(-\frac{7}{30}\right)$
$=\left(+\frac{35}{30}\right)+\left(-\frac{18}{30}\right)+\left(-\frac{7}{30}\right)$
$=+\frac{10}{30}=+\frac{1}{3}$

9 $\left(-\frac{3}{7}\right)+\left(-\frac{5}{6}\right)+\left(+\frac{5}{42}\right)$
$=\left(-\frac{18}{42}\right)+\left(-\frac{35}{42}\right)+\left(+\frac{5}{42}\right)$
$=-\frac{48}{42}=-\frac{8}{7}$

10 $\left(-\frac{3}{8}\right)+\left(+\frac{5}{24}\right)+\left(-\frac{2}{3}\right)$
$=\left(-\frac{9}{24}\right)+\left(+\frac{5}{24}\right)+\left(-\frac{16}{24}\right)$
$=-\frac{20}{24}=-\frac{5}{6}$

11 $\left(+\frac{3}{14}\right)+\left(-\frac{5}{2}\right)-\left(-\frac{11}{7}\right)$
$=\left(+\frac{3}{14}\right)+\left(-\frac{35}{14}\right)+\left(+\frac{22}{14}\right)$
$=-\frac{10}{14}=-\frac{5}{7}$

12 $\left(+\frac{13}{40}\right)-\left(+\frac{9}{8}\right)+\left(+\frac{6}{5}\right)$
$=\left(+\frac{13}{40}\right)+\left(-\frac{45}{40}\right)+\left(+\frac{48}{40}\right)$
$=+\frac{16}{40}=+\frac{2}{5}$

C 유리수끼리의 덧셈과 뺄셈의 혼합 계산 2 137쪽

1 -2	2 $+\frac{13}{30}$	3 $-\frac{5}{12}$	4 $+\frac{1}{60}$
5 $+\frac{7}{20}$	6 $+\frac{7}{40}$	7 $+\frac{7}{6}$	8 $-\frac{1}{56}$
9 $+\frac{7}{30}$	10 $-\frac{7}{18}$	11 $+\frac{19}{48}$	12 $+\frac{1}{6}$

1 $\left(-\frac{1}{2}\right)-\left(+\frac{4}{5}\right)+(-0.7)$
$=\left(-\frac{5}{10}\right)+\left(-\frac{8}{10}\right)+\left(-\frac{7}{10}\right)$
$=-\frac{20}{10}=-2$

2 $\left(-\frac{2}{3}\right)-\left(-\frac{5}{2}\right)+\left(-\frac{7}{5}\right)$

$=\left(-\frac{20}{30}\right)+\left(+\frac{75}{30}\right)+\left(-\frac{42}{30}\right)$

$=+\frac{13}{30}$

3 $(-1.5)+\left(+\frac{3}{4}\right)-\left(-\frac{1}{3}\right)$

$=\left(-\frac{3}{2}\right)+\left(+\frac{3}{4}\right)+\left(+\frac{1}{3}\right)$

$=\left(-\frac{18}{12}\right)+\left(+\frac{9}{12}\right)+\left(+\frac{4}{12}\right)$

$=-\frac{5}{12}$

4 $\left(-\frac{1}{4}\right)+\left(+\frac{2}{3}\right)-\left(+\frac{2}{5}\right)$

$=\left(-\frac{15}{60}\right)+\left(+\frac{40}{60}\right)+\left(-\frac{24}{60}\right)$

$=+\frac{1}{60}$

5 $\left(+\frac{7}{5}\right)-(+2.3)+\left(+\frac{5}{4}\right)$

$=\left(+\frac{7}{5}\right)+\left(-\frac{23}{10}\right)+\left(+\frac{5}{4}\right)$

$=\left(+\frac{28}{20}\right)+\left(-\frac{46}{20}\right)+\left(+\frac{25}{20}\right)$

$=+\frac{7}{20}$

6 $(-3.5)-(-4.3)-\left(+\frac{5}{8}\right)$

$=(-3.5)+(+4.3)+\left(-\frac{5}{8}\right)$

$=(+0.8)+\left(-\frac{5}{8}\right)=\left(+\frac{4}{5}\right)+\left(-\frac{5}{8}\right)$

$=\left(+\frac{32}{40}\right)+\left(-\frac{25}{40}\right)$

$=+\frac{7}{40}$

7 $\left(+\frac{7}{4}\right)+\left(-\frac{1}{6}\right)-\left(+\frac{5}{12}\right)$

$=\left(+\frac{21}{12}\right)+\left(-\frac{2}{12}\right)+\left(-\frac{5}{12}\right)$

$=+\frac{14}{12}=+\frac{7}{6}$

8 $\left(+\frac{5}{14}\right)-\left(-\frac{3}{8}\right)-\left(+\frac{3}{4}\right)$

$=\left(+\frac{20}{56}\right)+\left(+\frac{21}{56}\right)+\left(-\frac{42}{56}\right)$

$=-\frac{1}{56}$

9 $\left(+\frac{2}{3}\right)+\left(-\frac{7}{6}\right)-\left(-\frac{11}{15}\right)$

$=\left(+\frac{20}{30}\right)+\left(-\frac{35}{30}\right)+\left(+\frac{22}{30}\right)$

$=+\frac{7}{30}$

10 $\left(-\frac{7}{15}\right)+\left(-\frac{1}{5}\right)-\left(-\frac{5}{18}\right)$

$=\left(-\frac{42}{90}\right)+\left(-\frac{18}{90}\right)+\left(+\frac{25}{90}\right)$

$=-\frac{35}{90}=-\frac{7}{18}$

11 $\left(-\frac{7}{16}\right)-\left(+\frac{5}{12}\right)-\left(-\frac{5}{4}\right)$

$=\left(-\frac{21}{48}\right)+\left(-\frac{20}{48}\right)+\left(+\frac{60}{48}\right)$

$=+\frac{19}{48}$

12 $\left(-\frac{9}{14}\right)-\left(-\frac{1}{3}\right)+\left(+\frac{10}{21}\right)$

$=\left(-\frac{27}{42}\right)+\left(+\frac{14}{42}\right)+\left(+\frac{20}{42}\right)$

$=+\frac{7}{42}=+\frac{1}{6}$

D 정수가 포함된 유리수의 덧셈과 뺄셈 138쪽

1 $-\frac{1}{30}$	2 $-\frac{1}{40}$	3 $-\frac{1}{4}$	4 $+\frac{7}{24}$
5 $-\frac{23}{30}$	6 $-\frac{7}{60}$	7 $+\frac{13}{10}$	8 $-\frac{9}{7}$
9 $+\frac{11}{40}$	10 $-\frac{1}{20}$	11 $+\frac{3}{10}$	12 $-\frac{5}{36}$

1 $(-3)+\left(-\frac{23}{15}\right)-(-4.5)$

$=\{(-3)+(+4.5)\}+\left(-\frac{23}{15}\right)=(+1.5)+\left(-\frac{23}{15}\right)$

$=\left(+\frac{45}{30}\right)+\left(-\frac{46}{30}\right)=-\frac{1}{30}$

2 $(+2)-\left(+\frac{11}{8}\right)+\left(-\frac{13}{20}\right)$

$=(+2)+\left\{\left(-\frac{55}{40}\right)+\left(-\frac{26}{40}\right)\right\}=(+2)+\left(-\frac{81}{40}\right)$

$=\left(+\frac{80}{40}\right)+\left(-\frac{81}{40}\right)=-\frac{1}{40}$

3 $(-2.5)+\left(+\frac{5}{4}\right)-(-1)$

$=\{(-2.5)+(+1)\}+\left(+\frac{5}{4}\right)=(-1.5)+\left(+\frac{5}{4}\right)$

$=\left(-\frac{30}{20}\right)+\left(+\frac{25}{20}\right)=-\frac{5}{20}=-\frac{1}{4}$

4 $\left(-\frac{17}{8}\right)+(+3)-\left(+\frac{7}{12}\right)$

$=(+3)+\left\{\left(-\frac{17}{8}\right)+\left(-\frac{7}{12}\right)\right\}$

$=(+3)+\left\{\left(-\frac{51}{24}\right)+\left(-\frac{14}{24}\right)\right\}$

$=\left(+\frac{72}{24}\right)+\left(-\frac{65}{24}\right)=+\frac{7}{24}$

5 $(-2)-\left(+\frac{9}{10}\right)+\left(+\frac{32}{15}\right)$

$=(-2)+\left\{\left(-\frac{27}{30}\right)+\left(+\frac{64}{30}\right)\right\}=(-2)+\left(+\frac{37}{30}\right)$

$=\left(-\frac{60}{30}\right)+\left(+\frac{37}{30}\right)=-\frac{23}{30}$

6 $(-7.2)+\left(+\frac{13}{12}\right)-(-6)$

$=\{(-7.2)+(+6)\}+\left(+\frac{13}{12}\right)=(-1.2)+\left(+\frac{13}{12}\right)$

$=\left(-\frac{72}{60}\right)+\left(+\frac{65}{60}\right)=-\frac{7}{60}$

7 $\left(-\frac{17}{6}\right)+(+4)-\left(-\frac{2}{15}\right)$

$=(+4)+\left\{\left(-\frac{85}{30}\right)+\left(+\frac{4}{30}\right)\right\}=(+4)+\left(-\frac{81}{30}\right)$

$=\left(+\frac{120}{30}\right)+\left(-\frac{81}{30}\right)=+\frac{39}{30}=+\frac{13}{10}$

8 $(+6)-\left(-\frac{12}{7}\right)+(-9)$

$=\{(+6)+(-9)\}+\left(+\frac{12}{7}\right)=(-3)+\left(+\frac{12}{7}\right)$

$=\left(-\frac{21}{7}\right)+\left(+\frac{12}{7}\right)=-\frac{9}{7}$

9 $\left(-\frac{8}{5}\right)+(+3)-\left(+\frac{9}{8}\right)$

$=(+3)+\left\{\left(-\frac{64}{40}\right)+\left(-\frac{45}{40}\right)\right\}=(+3)+\left(-\frac{109}{40}\right)$

$=\left(+\frac{120}{40}\right)+\left(-\frac{109}{40}\right)=+\frac{11}{40}$

10 $(+4.2)-\left(+\frac{5}{4}\right)+(-3)$

$=\{(+4.2)+(-3)\}+\left(-\frac{5}{4}\right)=(+1.2)+\left(-\frac{5}{4}\right)$

$=\left(+\frac{12}{10}\right)+\left(-\frac{5}{4}\right)=\left(+\frac{24}{20}\right)+\left(-\frac{25}{20}\right)=-\frac{1}{20}$

11 $(+2)+\left(-\frac{7}{6}\right)-\left(+\frac{8}{15}\right)$

$=(+2)+\left\{\left(-\frac{35}{30}\right)+\left(-\frac{16}{30}\right)\right\}=(+2)+\left(-\frac{51}{30}\right)$

$=\left(+\frac{60}{30}\right)+\left(-\frac{51}{30}\right)=+\frac{9}{30}=+\frac{3}{10}$

12 $\left(+\frac{5}{18}\right)+\left(+\frac{7}{12}\right)-(+1)$

$=\left\{\left(+\frac{10}{36}\right)+\left(+\frac{21}{36}\right)\right\}+(-1)$

$=\left(+\frac{31}{36}\right)+\left(-\frac{36}{36}\right)=-\frac{5}{36}$

거저먹는 시험 문제 139쪽

1 -9 2 ② 3 $+\frac{1}{10}$ 4 ① 5 ②

1 $(-4)-(-6)+(+2)-(+13)$

$=(-4)+(+6)+(+2)+(-13)$

$=-9$

2 $\left(+\frac{3}{2}\right)+(-3)-\left(+\frac{9}{5}\right)-(-2.7)$

$=\left\{\left(+\frac{3}{2}\right)+\left(-\frac{9}{5}\right)\right\}+\{(-3)+(+2.7)\}$

$=\left\{\left(+\frac{15}{10}\right)+\left(-\frac{18}{10}\right)\right\}+(-0.3)$

$=\left(-\frac{3}{10}\right)+\left(-\frac{3}{10}\right)=-\frac{6}{10}=-\frac{3}{5}$

3 $\left(+\frac{2}{3}\right)+\left(+\frac{4}{5}\right)-\left(-\frac{5}{6}\right)-\left(+\frac{11}{5}\right)$

$=\left\{\left(+\frac{4}{6}\right)+\left(+\frac{5}{6}\right)\right\}+\left\{\left(+\frac{4}{5}\right)+\left(-\frac{11}{5}\right)\right\}$

$=\left(+\frac{9}{6}\right)+\left(-\frac{7}{5}\right)=\left(+\frac{45}{30}\right)+\left(-\frac{42}{30}\right)$

$=+\frac{3}{30}=+\frac{1}{10}$

4 ① $(+3)+(+2.5)-(+1.4)=(+3)+(+2.5)+(-1.4)$
$=+4.1$

② $(+9.1)-(+7)+(+1.3)=(+9.1)+(-7)+(+1.3)$
$=+3.4$

③ $(+2.4)-(+1.5)+(-3.1)=(+2.4)+(-1.5)+(-3.1)$
$=-2.2$

④ $(+7)+(-10)-(-3)=(+7)+(-10)+(+3)$
$=0$

⑤ $(-1.7)-(-3.3)-(+5)=(-1.7)+(+3.3)+(-5)$
$=-3.4$

따라서 계산 결과가 가장 큰 것은 ①이다.

5 ① $(-2)+\left(+\frac{21}{5}\right)-(+1.4)$

$=(-2)+\left(+\frac{21}{5}\right)+(-1.4)$

$=\left(-\frac{20}{10}\right)+\left(+\frac{42}{10}\right)+\left(-\frac{14}{10}\right)$

$=+\frac{8}{10}=+\frac{4}{5}$

② $\left(+\frac{9}{4}\right)-(+3)+\left(-\frac{15}{8}\right)$

$=\left(+\frac{9}{4}\right)+(-3)+\left(-\frac{15}{8}\right)$

$=\left(+\frac{18}{8}\right)+\left(-\frac{24}{8}\right)+\left(-\frac{15}{8}\right)$

$=-\frac{21}{8}$

③ $\left(-\frac{7}{3}\right)+\left(+\frac{5}{2}\right)-\left(-\frac{1}{6}\right)$

$=\left(-\frac{7}{3}\right)+\left(+\frac{5}{2}\right)+\left(+\frac{1}{6}\right)$

$=\left(-\frac{14}{6}\right)+\left(+\frac{15}{6}\right)+\left(+\frac{1}{6}\right)$

$=+\frac{2}{6}=+\frac{1}{3}$

④ $(+1.5)-\left(-\frac{3}{4}\right)+\left(-\frac{8}{5}\right)$

$=(+1.5)+\left(+\frac{3}{4}\right)+\left(-\frac{8}{5}\right)$

$=\left(+\frac{30}{20}\right)+\left(+\frac{15}{20}\right)+\left(-\frac{32}{20}\right)$

$=+\frac{13}{20}$

⑤ $(-2.8)-(-1.2)-\left(-\frac{3}{10}\right)$

$=(-2.8)+(+1.2)+\left(+\frac{3}{10}\right)$

$=\left(-\frac{28}{10}\right)+\left(+\frac{12}{10}\right)+\left(+\frac{3}{10}\right)$

$=-\frac{13}{10}$

따라서 계산 결과가 가장 작은 것은 ②이다.

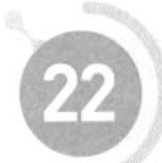

22 부호나 괄호가 생략된 수의 덧셈과 뺄셈

A 괄호와 부호를 넣어 식을 계산하기 141쪽

1 -3	2 -8	3 -20	4 $-\frac{17}{12}$
5 $-\frac{13}{12}$	6 $-\frac{9}{20}$	7 -4	8 $+5$
9 -22	10 -9	11 -1	12 $+\frac{9}{16}$

1 $4-7=(+4)-(+7)=(+4)+(-7)=-3$

2 $5-13=(+5)-(+13)$
$=(+5)+(-13)=-8$

3 $-6-14=(-6)-(+14)$
$=(-6)+(-14)=-20$

4 $-\frac{1}{6}-\frac{5}{4}=\left(-\frac{1}{6}\right)-\left(+\frac{5}{4}\right)$
$=\left(-\frac{2}{12}\right)+\left(-\frac{15}{12}\right)=-\frac{17}{12}$

5 $-\frac{5}{3}+\frac{7}{12}=\left(-\frac{5}{3}\right)+\left(+\frac{7}{12}\right)$
$=\left(-\frac{20}{12}\right)+\left(+\frac{7}{12}\right)=-\frac{13}{12}$

6 $\frac{9}{5}-\frac{9}{4}=\left(+\frac{9}{5}\right)-\left(+\frac{9}{4}\right)$
$=\left(+\frac{36}{20}\right)+\left(-\frac{45}{20}\right)=-\frac{9}{20}$

7 $-2+8-10=(-2)+(+8)-(+10)$
$=(-2)+(+8)+(-10)=-4$

8 $3-7+9=(+3)-(+7)+(+9)$
$=(+3)+(-7)+(+9)=+5$

9 $2-9-15=(+2)-(+9)-(+15)$
$=(+2)+(-9)+(-15)=-22$

10 $-6+10-13=(-6)+(+10)-(+13)$
$=(-6)+(+10)+(-13)=-9$

11 $-\frac{9}{5}+\frac{3}{2}-\frac{7}{10}=\left(-\frac{9}{5}\right)+\left(+\frac{3}{2}\right)-\left(+\frac{7}{10}\right)$
$=\left(-\frac{18}{10}\right)+\left(+\frac{15}{10}\right)+\left(-\frac{7}{10}\right)$
$=-\frac{10}{10}=-1$

12 $\frac{9}{4}-\frac{5}{8}-\frac{17}{16}=\left(+\frac{9}{4}\right)-\left(+\frac{5}{8}\right)-\left(+\frac{17}{16}\right)$
$=\left(+\frac{36}{16}\right)+\left(-\frac{10}{16}\right)+\left(-\frac{17}{16}\right)$
$=+\frac{9}{16}$

B 괄호나 부호를 넣지 않고 계산하기 1 142쪽

1 1	2 -4	3 -10	4 12
5 -4	6 -24	7 $-\frac{13}{10}$	8 $\frac{7}{36}$
9 $-\frac{13}{14}$	10 $\frac{3}{20}$	11 $\frac{11}{40}$	12 $-\frac{5}{12}$

7 $-\frac{7}{15}-\frac{5}{6}=-\frac{14}{30}-\frac{25}{30}=-\frac{39}{30}=-\frac{13}{10}$

8 $-\frac{14}{9}+\frac{7}{4}=-\frac{56}{36}+\frac{63}{36}=\frac{7}{36}$

9 $-\frac{8}{7}+\frac{3}{14}=-\frac{16}{14}+\frac{3}{14}=-\frac{13}{14}$

10 $\frac{5}{12}-\frac{4}{15}=\frac{25}{60}-\frac{16}{60}=\frac{9}{60}=\frac{3}{20}$

11 $-\frac{5}{8}+\frac{9}{10}=-\frac{25}{40}+\frac{36}{40}=\frac{11}{40}$

12 $\frac{5}{6}-\frac{5}{4}=\frac{10}{12}-\frac{15}{12}=-\frac{5}{12}$

C 괄호나 부호를 넣지 않고 계산하기 2 143쪽

1 3	2 -14	3 -7	4 2
5 -6	6 -4	7 $-\frac{3}{2}$	8 $\frac{25}{18}$
9 $-\frac{7}{24}$	10 $-\frac{3}{20}$	11 $-\frac{7}{6}$	12 $\frac{1}{12}$

7 $-\frac{9}{8}-\frac{5}{4}+\frac{7}{8}=-\frac{9}{8}-\frac{10}{8}+\frac{7}{8}=-\frac{12}{8}=-\frac{3}{2}$

8 $-\frac{4}{9}+\frac{7}{6}+\frac{2}{3}=-\frac{8}{18}+\frac{21}{18}+\frac{12}{18}=\frac{25}{18}$

9 $-\frac{3}{2}+\frac{5}{6}+\frac{3}{8}=-\frac{36}{24}+\frac{20}{24}+\frac{9}{24}=-\frac{7}{24}$

10 $\frac{3}{5}+2+\frac{9}{4}-5=\frac{3}{5}+\frac{9}{4}+2-5$
$=\frac{12}{20}+\frac{45}{20}-3$
$=\frac{57}{20}-\frac{60}{20}=-\frac{3}{20}$

11 $5-\frac{10}{3}-3+\frac{1}{6}=5-3-\frac{10}{3}+\frac{1}{6}$
$=2-\frac{20}{6}+\frac{1}{6}$
$=2-\frac{19}{6}=-\frac{7}{6}$

12 $7-\frac{8}{3}+\frac{7}{4}-6=7-6-\frac{32}{12}+\frac{21}{12}$
$=1-\frac{11}{12}=\frac{1}{12}$

거저먹는 시험 문제 144쪽

1 ③	2 ④	3 ④	4 ⑤
5 −15	6 1		

1 ① $-21+5=-16$
② $34-15=19$
③ $-13-9=-22$
④ $15+4=19$
⑤ $-3-13=-16$
따라서 계산 결과가 가장 작은 것은 ③이다.

2 ③ $-2+\frac{11}{9}=-\frac{18}{9}+\frac{11}{9}=-\frac{7}{9}$
④ $-\frac{3}{4}+\frac{4}{3}=-\frac{9}{12}+\frac{16}{12}=\frac{7}{12}$
⑤ $+\frac{7}{6}-\frac{3}{8}=+\frac{28}{24}-\frac{9}{24}=\frac{19}{24}$
따라서 계산 결과가 옳지 않은 것은 ④이다.

3 ① $-3+6=3$
② $-4+7=3$
③ $-\frac{2}{3}+\frac{11}{3}=\frac{9}{3}=3$
④ $\frac{3}{4}-\frac{9}{20}=\frac{15}{20}-\frac{9}{20}=\frac{6}{20}=\frac{3}{10}$
⑤ $-\frac{1}{2}+\frac{7}{2}=\frac{6}{2}=3$
따라서 계산 결과가 다른 것은 ④이다.

4 ⑤ $-2-11+9=-4$

5 $a=-6+17-5=6$, $b=4-2-11=-9$
$\therefore b-a=-9-6=-15$

6 $-0.9+\frac{3}{2}+1.2-\frac{4}{5}=-0.9+1.2+\frac{3}{2}-\frac{4}{5}$
$=0.3+\frac{15}{10}-\frac{8}{10}$
$=\frac{3}{10}+\frac{7}{10}=\frac{10}{10}=1$

23 덧셈과 뺄셈의 응용

A 어떤 수보다 ~만큼 큰 수 또는 ~만큼 작은 수 146쪽

1 3	2 −10	3 −3	4 $\frac{19}{5}$
5 $-\frac{7}{2}$	6 $\frac{3}{4}$	7 −14	8 37
9 8	10 $\frac{11}{8}$	11 $\frac{8}{5}$	12 $\frac{1}{21}$

1 $8+(-5)=3$
2 $-1+(-9)=-10$
3 $-10+(+7)=-3$
4 $5+\left(-\frac{6}{5}\right)=\frac{25}{5}-\frac{6}{5}=\frac{19}{5}$
5 $-\frac{11}{6}+\left(-\frac{5}{3}\right)=-\frac{11}{6}-\frac{10}{6}=-\frac{21}{6}=-\frac{7}{2}$
6 $-\frac{9}{4}+(+3)=-\frac{9}{4}+\frac{12}{4}=\frac{3}{4}$
7 $-6-(+8)=-14$
8 $25-(-12)=25+12=37$
9 $-9-(-17)=-9+17=8$
10 $-\frac{5}{8}-(-2)=-\frac{5}{8}+\frac{16}{8}=\frac{11}{8}$
11 $5-\left(+\frac{17}{5}\right)=\frac{25}{5}-\frac{17}{5}=\frac{8}{5}$
12 $-\frac{9}{7}-\left(-\frac{4}{3}\right)=-\frac{27}{21}+\frac{28}{21}=\frac{1}{21}$

B 계산 결과가 주어졌을 때 덧셈과 뺄셈 147쪽

1 4	2 9	3 11	4 −17
5 $\frac{1}{14}$	6 $-\frac{7}{12}$	7 6	8 −4
9 10	10 −23	11 $\frac{7}{18}$	12 $\frac{7}{24}$

1 $3+\square=7$이므로 $\square=7-3=4$
2 $-5+\square=4$이므로 $\square=4-(-5)=9$
3 $\square+6=17$이므로 $\square=17-6=11$
4 $\square+8=-9$이므로 $\square=-9-8=-17$
5 $\square+\frac{3}{7}=\frac{1}{2}$이므로
$\square=\frac{1}{2}-\frac{3}{7}=\frac{7}{14}-\frac{6}{14}=\frac{1}{14}$
6 $-\frac{2}{3}+\square=-\frac{5}{4}$이므로
$\square=-\frac{5}{4}-\left(-\frac{2}{3}\right)=-\frac{15}{12}+\frac{8}{12}=-\frac{7}{12}$
7 $\square-4=2$이므로 $\square=2+4=6$
8 $\square-9=-13$이므로 $\square=-13+9=-4$
9 $21-\square=11$이므로 $\square=21-11=10$
10 $-15-\square=8$이므로 $\square=-15-8=-23$
11 $\square-\frac{5}{6}=-\frac{4}{9}$이므로
$\square=-\frac{4}{9}+\frac{5}{6}=-\frac{8}{18}+\frac{15}{18}=\frac{7}{18}$
12 $\frac{5}{12}-\square=\frac{1}{8}$이므로
$\square=\frac{5}{12}-\frac{1}{8}=\frac{10}{24}-\frac{3}{24}=\frac{7}{24}$

C 절댓값이 주어진 수의 덧셈과 뺄셈 148쪽

1 1	2 −7	3 −17	4 6
5 −22	6 12	7 9	8 −9

9 9　　10 -9　　11 18　　12 -18
13 18　　14 -18

1 $a=3$, $b=-2$이므로 $a+b=3-2=1$
2 $a=-11$, $b=4$이므로 $a+b=-11+4=-7$
3 $a=-9$, $b=-8$이므로 $a+b=-9-8=-17$
4 $a=5$, $b=-1$이므로 $a-b=5-(-1)=6$
5 $a=-13$, $b=9$이므로 $a-b=-13-9=-22$
6 $a=-2$, $b=-14$이므로 $a-b=-2-(-14)=12$
7 a는 5 또는 -5, b는 4 또는 -4이므로 $a+b$의 값은 a는 둘 중 큰 값, b도 둘 중 큰 값을 선택해야 $a+b$가 가장 큰 값이 된다.
$\therefore 5+4=9$
8 $a+b$의 값은 a는 둘 중 작은 값, b도 둘 중 작은 값을 선택해야 $a+b$가 가장 작은 값이 된다.
$\therefore -5-4=-9$
9 $a-b$의 값은 a는 둘 중 큰 값, b는 둘 중 작은 값을 선택해야 $a-b$가 가장 큰 값이 된다.
$\therefore 5-(-4)=9$
10 $a-b$의 값은 a는 둘 중 작은 값, b는 둘 중 큰 값을 선택해야 $a-b$가 가장 작은 값이 된다.
$\therefore -5-4=-9$
11 a는 11 또는 -11, b는 7 또는 -7이므로 $a+b$의 값은 a는 둘 중 큰 값, b도 둘 중 큰 값을 선택해야 $a+b$가 가장 큰 값이 된다.
$\therefore 11+7=18$
12 $a+b$의 값은 a는 둘 중 작은 값, b도 둘 중 작은 값을 선택해야 $a+b$가 가장 작은 값이 된다.
$\therefore -11-7=-18$
13 $a-b$의 값은 a는 둘 중 큰 값, b는 둘 중 작은 값을 선택해야 $a-b$가 가장 큰 값이 된다.
$\therefore 11-(-7)=18$
14 $a-b$의 값은 a는 둘 중 작은 값, b는 둘 중 큰 값을 선택해야 $a-b$가 가장 작은 값이 된다.
$\therefore -11-7=-18$

D 바르게 계산한 값 149쪽

1 7, 11　　2 8, 14　　3 5, 0　　4 -10, -11
5 5, -1　　6 5, -3　　7 10, 13　　8 -3, 2

1 어떤 수를 □로 놓으면 $\square-4=3$
$\therefore \square=3+4=7$
따라서 바르게 계산한 값은 $7+4=11$
2 어떤 수를 □로 놓으면 $\square-6=2$
$\therefore \square=2+6=8$
따라서 바르게 계산한 값은 $8+6=14$
3 어떤 수를 □로 놓으면 $\square-(-5)=10$
$\therefore \square=10+(-5)=5$
따라서 바르게 계산한 값은 $5+(-5)=0$
4 어떤 수를 □로 놓으면 $\square-(-1)=-9$
$\therefore \square=-9+(-1)=-10$
따라서 바르게 계산한 값은 $-10+(-1)=-11$
5 어떤 수를 □로 놓으면 $\square+6=11$
$\therefore \square=11-6=5$
따라서 바르게 계산한 값은 $5-6=-1$
6 어떤 수를 □로 놓으면 $\square+8=13$
$\therefore \square=13-8=5$
따라서 바르게 계산한 값은 $5-8=-3$
7 어떤 수를 □로 놓으면 $\square+(-3)=7$
$\therefore \square=7-(-3)=10$
따라서 바르게 계산한 값은 $10-(-3)=13$
8 어떤 수를 □로 놓으면 $\square+(-5)=-8$
$\therefore \square=-8-(-5)=-3$
따라서 바르게 계산한 값은 $-3-(-5)=2$

거저먹는 시험 문제 150쪽

1 ①　　2 ⑤　　3 $a=\frac{1}{8}$, $b=-\frac{11}{4}$
4 ⑤　　5 7　　6 $\frac{1}{4}$

1 $a=-5-(+3)=-8$, $b=4+(-6)=-2$
$\therefore a-b=-8-(-2)=-6$
2 ① $4+(+3)=7$
② $6+(-2)=4$
③ $-5-(+8)=-13$
④ $-9-(-7)=-9+(+7)=-2$
⑤ $13+(-1)=12$
따라서 가장 큰 수는 ⑤이다.
3 $-\frac{7}{8}+a=-\frac{3}{4}$
$\therefore a=-\frac{3}{4}-\left(-\frac{7}{8}\right)=-\frac{6}{8}+\frac{7}{8}=\frac{1}{8}$
$b+2=-\frac{3}{4}$
$\therefore b=-\frac{3}{4}-2=-\frac{3}{4}-\frac{8}{4}=-\frac{11}{4}$
4 $1-3+5=3$이므로 $1+a+(-2)=3$, $a-1=3$
$\therefore a=4$
$-2+b+5=3$, $b+3=3$　$\therefore b=0$
$\therefore a+b=4$
5 a는 6 또는 -6, b는 1 또는 -1이므로 $b-a$의 값은 b는 둘 중 큰 값, a는 둘 중 작은 값을 선택해야 $b-a$가 가장 큰 값이 된다

$\therefore 1-(-6)=7$

6 어떤 수를 $\square$로 놓으면 $\frac{7}{8}+\square=\frac{3}{2}$

$\therefore \square=\frac{3}{2}-\left(+\frac{7}{8}\right)=\frac{12}{8}-\frac{7}{8}=\frac{5}{8}$

따라서 바르게 계산한 값은 $\frac{7}{8}-\frac{5}{8}=\frac{2}{8}=\frac{1}{4}$

24 곱셈

A 부호가 같은 두 수의 곱셈 152쪽

1 $+6$	2 $+35$	3 $+1$	4 $+\frac{15}{2}$
5 $+\frac{5}{9}$	6 $+\frac{1}{9}$	7 $+4$	8 $+72$
9 $+4$	10 $+56$	11 $+\frac{9}{2}$	12 $+\frac{9}{7}$

B 부호가 다른 두 수의 곱셈 153쪽

1 -21	2 -18	3 -9	4 $-\frac{15}{2}$
5 $-\frac{2}{5}$	6 $-\frac{35}{4}$	7 -20	8 -42
9 -30	10 $-\frac{9}{2}$	11 $-\frac{2}{5}$	12 $-\frac{10}{3}$

C 곱셈의 교환법칙, 결합법칙 154쪽

1 교환, 결합, -10, -30
2 교환, 결합, $+30$, $+210$
3 교환, 결합, $+10$, $+14$
4 교환, 결합, $+1$, $+\frac{10}{3}$
5 -5, $+20$, $+140$
6 $+25$, $+100$, -300
7 $+\frac{7}{10}$, $+\frac{1}{2}$, $-\frac{3}{13}$
8 $-\frac{10}{9}$, $-\frac{10}{9}$, $+2$, $+\frac{7}{5}$, $+\frac{1}{2}$

D 세 수 이상의 곱셈 155쪽

1 $+170$	2 $+90$	3 -30	4 $+5$
5 -4	6 -3	7 $-\frac{15}{7}$	8 $-\frac{2}{9}$
9 $+\frac{3}{2}$	10 $+10$	11 $+\frac{1}{4}$	12 $-\frac{3}{2}$

1 $(-5)\times(+17)\times(-2)=(+17)\times\{(-5)\times(-2)\}$
$=(+17)\times(+10)=+170$

2 $(-6)\times(+3)\times(-5)=(+3)\times\{(-6)\times(-5)\}$
$=(+3)\times(+30)=+90$

3 $(-5)\times\left(+\frac{3}{2}\right)\times(+4)=\left(+\frac{3}{2}\right)\times\{(-5)\times(+4)\}$
$=\left(+\frac{3}{2}\right)\times(-20)=-30$

4 $(-3)\times\left(+\frac{5}{12}\right)\times(-4)=\left(+\frac{5}{12}\right)\times\{(-3)\times(-4)\}$
$=\left(+\frac{5}{12}\right)\times(+12)=+5$

5 $\left(+\frac{2}{7}\right)\times(-4)\times\left(+\frac{21}{6}\right)=(-4)\times\left(+\frac{2}{7}\right)\times\left(+\frac{21}{6}\right)$
$=(-4)\times1=-4$

6 $\left(-\frac{2}{5}\right)\times(+6)\times\left(+\frac{5}{4}\right)=(+6)\times\left\{\left(-\frac{2}{5}\right)\times\left(+\frac{5}{4}\right)\right\}$
$=(+6)\times\left(-\frac{1}{2}\right)=-3$

7 $\left(+\frac{2}{3}\right)\times\left(-\frac{10}{7}\right)\times\left(+\frac{9}{4}\right)=\left(-\frac{10}{7}\right)\times\left\{\left(+\frac{2}{3}\right)\times\left(+\frac{9}{4}\right)\right\}$
$=\left(-\frac{10}{7}\right)\times\left(+\frac{3}{2}\right)=-\frac{15}{7}$

8 $\left(+\frac{3}{5}\right)\times\left(-\frac{4}{9}\right)\times\left(+\frac{5}{6}\right)=\left(-\frac{4}{9}\right)\times\left\{\left(+\frac{3}{5}\right)\times\left(+\frac{5}{6}\right)\right\}$
$=\left(-\frac{4}{9}\right)\times\left(+\frac{1}{2}\right)=-\frac{2}{9}$

9 $\left(-\frac{5}{6}\right)\times\left(+\frac{3}{4}\right)\times\left(-\frac{12}{5}\right)=\left(+\frac{3}{4}\right)\times\left\{\left(-\frac{5}{6}\right)\times\left(-\frac{12}{5}\right)\right\}$
$=\left(+\frac{3}{4}\right)\times(+2)=+\frac{3}{2}$

10 $\left(+\frac{2}{3}\right)\times\left(-\frac{9}{5}\right)\times\left(+\frac{15}{2}\right)\times\left(-\frac{10}{9}\right)$
$=\left\{\left(+\frac{2}{3}\right)\times\left(+\frac{15}{2}\right)\right\}\times\left\{\left(-\frac{9}{5}\right)\times\left(-\frac{10}{9}\right)\right\}$
$=(+5)\times(+2)=+10$

11 $\left(+\frac{2}{9}\right)\times\left(-\frac{10}{3}\right)\times\left(-\frac{9}{4}\right)\times\left(+\frac{3}{20}\right)$
$=\left\{\left(+\frac{2}{9}\right)\times\left(-\frac{9}{4}\right)\right\}\times\left\{\left(-\frac{10}{3}\right)\times\left(+\frac{3}{20}\right)\right\}$
$=\left(-\frac{1}{2}\right)\times\left(-\frac{1}{2}\right)=+\frac{1}{4}$

12 $\left(+\frac{5}{12}\right)\times\left(-\frac{10}{3}\right)\times\left(+\frac{6}{5}\right)\times\left(+\frac{9}{10}\right)$
$=\left\{\left(+\frac{5}{12}\right)\times\left(+\frac{6}{5}\right)\right\}\times\left\{\left(-\frac{10}{3}\right)\times\left(+\frac{9}{10}\right)\right\}$
$=\left(+\frac{1}{2}\right)\times(-3)=-\frac{3}{2}$

거저먹는 시험 문제 156쪽

1 ④	2 ③	3 ㄱ, ㄴ, ㄹ	4 ㄱ, ㄹ
5 $\frac{9}{2}$	6 -1		

1 ④ $\left(-\frac{9}{5}\right)\times(+10)=-18$

2 ③ $\left(-\frac{3}{2}\right)\times\left(+\frac{5}{9}\right)=-\frac{5}{6}$

3 ㄱ. $(-2)\times(-3)\times\left(-\frac{1}{6}\right)=-1$

ㄴ. $\left(-\frac{9}{10}\right)\times\left(-\frac{2}{3}\right)\times\left(-\frac{5}{3}\right)=-1$

ㄷ. $\frac{3}{5}\times3\times\left(-\frac{5}{6}\right)=-\frac{3}{2}$

ㄹ. $8\times\frac{3}{2}\times\left(-\frac{1}{12}\right)=-1$

따라서 계산 결과가 -1인 것은 ㄱ, ㄴ, ㄹ이다.

4 ㄱ. $(-3)\times\left(-\frac{1}{6}\right)\times4=2$

ㄴ. $(-5)\times\frac{1}{10}\times\left(-\frac{2}{5}\right)=\frac{1}{5}$

ㄷ. $\frac{3}{8}\times16\times\left(-\frac{2}{3}\right)=-4$

ㄹ. $6\times\left(-\frac{5}{12}\right)\times\left(-\frac{4}{5}\right)=2$

따라서 계산 결과가 2인 것은 ㄱ, ㄹ이다.

5 음수를 두 개 뽑아야 곱한 값이 양수가 되므로 음수를 두 개 뽑고 가장 큰 양수를 뽑는다.

$-\frac{3}{2}\times\frac{5}{3}\times\left(-\frac{9}{5}\right)=\frac{9}{2}$

6 양수를 한 개 뽑으면 나머지 두 수는 음수를 뽑게 되어서 곱한 값이 양수가 된다.

따라서 세 개 모두 음수를 뽑아야 곱한 값이 음수가 된다.

$\left(-\frac{5}{2}\right)\times(-1)\times\left(-\frac{2}{5}\right)=-1$

25 거듭제곱의 계산

A 음수의 짝수 번 거듭제곱 158쪽

1 + / +1	2 +1	3 +4	4 +16
5 +9	6 +25	7 $+\frac{1}{4}$	8 $+\frac{4}{9}$
9 $+\frac{1}{81}$	10 $+\frac{25}{49}$	11 $+\frac{81}{25}$	12 $+\frac{9}{100}$

1 $(-1)^2=+1^2=+1$

2 $(-1)^{10}=+1^{10}=+1$

3 $(-2)^2=+2^2=+4$

4 $(-2)^4=+2^4=+16$

5 $(-3)^2=+3^2=+9$

6 $(-5)^2=+5^2=+25$

7 $\left(-\frac{1}{2}\right)^2=+\frac{1^2}{2^2}=+\frac{1}{4}$

8 $\left(-\frac{2}{3}\right)^2=+\frac{2^2}{3^2}=+\frac{4}{9}$

9 $\left(-\frac{1}{3}\right)^4=+\frac{1^4}{3^4}=+\frac{1}{81}$

10 $\left(-\frac{5}{7}\right)^2=+\frac{5^2}{7^2}=+\frac{25}{49}$

11 $\left(-\frac{9}{5}\right)^2=+\frac{9^2}{5^2}=+\frac{81}{25}$

12 $\left(-\frac{3}{10}\right)^2=+\frac{3^2}{10^2}=+\frac{9}{100}$

B 음수의 홀수 번 거듭제곱 159쪽

1 −1	2 − / −8	3 −32	4 −27
5 −64	6 −125	7 $-\frac{1}{8}$	8 $-\frac{1}{27}$
9 $-\frac{1}{125}$	10 $-\frac{27}{64}$	11 $-\frac{125}{8}$	12 $-\frac{32}{243}$

1 $(-1)^3=-1^3=-1$

2 $(-2)^3=-2^3=-8$

3 $(-2)^5=-2^5=-32$

4 $(-3)^3=-3^3=-27$

5 $(-4)^3=-4^3=-64$

6 $(-5)^3=-5^3=-125$

7 $\left(-\frac{1}{2}\right)^3=-\frac{1^3}{2^3}=-\frac{1}{8}$

8 $\left(-\frac{1}{3}\right)^3=-\frac{1^3}{3^3}=-\frac{1}{27}$

9 $\left(-\frac{1}{5}\right)^3=-\frac{1^3}{5^3}=-\frac{1}{125}$

10 $\left(-\frac{3}{4}\right)^3=-\frac{3^3}{4^3}=-\frac{27}{64}$

11 $\left(-\frac{5}{2}\right)^3=-\frac{5^3}{2^3}=-\frac{125}{8}$

12 $\left(-\frac{2}{3}\right)^5=-\frac{2^5}{3^5}=-\frac{32}{243}$

C 여러 가지 거듭제곱의 계산 160쪽

1 −4	2 $-\frac{4}{25}$	3 $-\frac{9}{49}$	4 −9
5 $+\frac{27}{8}$	6 $+\frac{8}{125}$	7 0	8 −2
9 −2	10 +3	11 −1	12 −3

1 $-2^2=-4$

2 $-\left(\frac{2}{5}\right)^2=-\frac{2^2}{5^2}=-\frac{4}{25}$

3 $-\left(\frac{3}{7}\right)^2=-\frac{3^2}{7^2}=-\frac{9}{49}$

4 $-(-3)^2=-(+3^2)=-9$

5 $-\left(-\frac{3}{2}\right)^3=-\left(-\frac{3^3}{2^3}\right)=-\left(-\frac{27}{8}\right)=+\frac{27}{8}$

6 $-\left(-\frac{2}{5}\right)^3=-\left(-\frac{2^3}{5^3}\right)=-\left(-\frac{8}{125}\right)=+\frac{8}{125}$
7 $(-1)^2+(-1)^3=+1+(-1)=0$
8 $(-1)^3-(-1)^2=-1-(+1)=-2$
9 $(-1)^{99}-(-1)^{100}=-1-(+1)=-2$
10 $(-1)^2-(-1)^3+(-1)^4=+1-(-1)+(+1)=+3$
11 $(-1)^5+(-1)^2-(-1)^{10}=-1+(+1)-(+1)=-1$
12 $(-1)^{101}+(-1)^{99}-(-1)^{100}=-1+(-1)-(+1)=-3$

D 분배법칙 161쪽

1 520	2 585	3 112	4 43
5 −23	6 13	7 210	8 4300
9 52	10 −315	11 −40	12 80

1 $5\times(100+4)=5\times100+5\times4=520$
2 $3\times(200-5)=600-15=585$
3 $(50+6)\times2=50\times2+6\times2=112$
4 $20\times\left(\frac{3}{4}+\frac{7}{5}\right)=20\times\frac{3}{4}+20\times\frac{7}{5}=15+28=43$
5 $55\times\left(\frac{2}{11}-\frac{3}{5}\right)=55\times\frac{2}{11}-55\times\frac{3}{5}=10-33=-23$
6 $\left(\frac{4}{5}-\frac{3}{7}\right)\times35=\frac{4}{5}\times35-\frac{3}{7}\times35=28-15=13$
7 $21\times7+21\times3=21\times(7+3)=210$
8 $103\times43+(-3)\times43=(103-3)\times43=4300$
9 $5.2\times14-5.2\times4=5.2\times(14-4)=52$
10 $(-46)\times3.15+(-54)\times3.15=(-46-54)\times3.15$
$=-315$
11 $\frac{2}{3}\times(-26)+\frac{2}{3}\times(-34)=\frac{2}{3}\times(-26-34)$
$=\frac{2}{3}\times(-60)=-40$
12 $117\times\frac{4}{5}-17\times\frac{4}{5}=(117-17)\times\frac{4}{5}$
$=100\times\frac{4}{5}=80$

거저먹는 시험 문제 162쪽

1 ③	2 ①	3 −1	4 +1
5 175	6 20	7 9	

1 ① $(-2)^3=-8$
② $-3^2=-9$
③ $-(-2)^3=+8$
④ $-(-3)^2=-9$
⑤ $(-2)^2=+4$
따라서 계산 결과가 가장 큰 것은 ③이다.
2 ① $\left(-\frac{1}{2}\right)^3=-\frac{1}{8}$
② $-\left(-\frac{1}{2}\right)^3=+\frac{1}{8}$
③ $-\frac{1}{2^4}=-\frac{1}{16}$
④ $\left(-\frac{1}{3}\right)^2=+\frac{1}{9}$
⑤ $-\left(-\frac{1}{3}\right)^2=-\frac{1}{9}$
따라서 계산 결과가 가장 작은 것은 ①이다.
3 n은 짝수, $n+1$은 홀수, $n+2$는 짝수이므로
$(-1)^n+(-1)^{n+1}-(-1)^{n+2}=+1+(-1)-(+1)$
$=-1$
4 $n+3$은 짝수, $n+1$은 짝수, $n+2$는 홀수이므로
$(-1)^{n+3}-(-1)^{n+1}-(-1)^{n+2}=+1-(+1)-(-1)$
$=+1$
5 $6.2\times17.5+3.8\times17.5=(6.2+3.8)\times17.5$
$=10\times17.5=175$
6 $a\times b=7$, $a\times c=13$이므로
$a\times(b+c)=a\times b+a\times c=7+13=20$
7 $a\times(b+c)=24$에서
$a\times(b+c)=a\times b+a\times c$
$24=15+a\times c$
$\therefore a\times c=9$

26 나눗셈

A 두 수의 나눗셈 164쪽

1 +4	2 +9	3 +8	4 +2
5 +9	6 +7	7 −6	8 −7
9 −16	10 −3	11 −18	12 −17

B 역수 구하기 165쪽

1 1 / 1	2 $\frac{1}{4}$ / $\frac{1}{4}$	3 2 / 2	4 $\frac{8}{7}$
5 $\frac{10}{17}$ / $\frac{10}{17}$	6 $\frac{10}{33}$	7 $-\frac{1}{2}$ / $-\frac{1}{2}$	
8 $-\frac{1}{7}$	9 $-\frac{4}{7}$ / $-\frac{4}{7}$		10 $-\frac{17}{5}$
11 $-\frac{10}{23}$ / $-\frac{10}{23}$		12 $-\frac{10}{51}$	

C 역수를 이용한 나눗셈 166쪽

1 $-\frac{1}{3}$	2 $\frac{1}{8}$	3 $\frac{2}{5}$	4 $\frac{4}{3}$
5 $\frac{20}{3}$	6 −6	7 $-\frac{3}{2}$	8 $\frac{1}{15}$

9 $\frac{1}{4}$　10 $-\frac{1}{16}$　11 $-\frac{2}{3}$　12 $\frac{6}{7}$

1 $\frac{2}{3}\div(-2)=\frac{2}{3}\times\left(-\frac{1}{2}\right)=-\frac{1}{3}$

2 $\frac{5}{4}\div10=\frac{5}{4}\times\frac{1}{10}=\frac{1}{8}$

3 $\left(-\frac{12}{5}\right)\div(-6)=\left(-\frac{12}{5}\right)\times\left(-\frac{1}{6}\right)=\frac{2}{5}$

4 $5\div\frac{15}{4}=5\times\frac{4}{15}=\frac{4}{3}$

5 $(-8)\div\left(-\frac{6}{5}\right)=-8\times\left(-\frac{5}{6}\right)=\frac{20}{3}$

6 $15\div\left(-\frac{5}{2}\right)=15\times\left(-\frac{2}{5}\right)=-6$

7 $\left(-\frac{9}{8}\right)\div\frac{3}{4}=\left(-\frac{9}{8}\right)\times\frac{4}{3}=-\frac{3}{2}$

8 $\frac{2}{9}\div\frac{10}{3}=\frac{2}{9}\times\frac{3}{10}=\frac{1}{15}$

9 $\left(-\frac{7}{12}\right)\div\left(-\frac{14}{6}\right)=\left(-\frac{7}{12}\right)\times\left(-\frac{6}{14}\right)=\frac{1}{4}$

10 $\frac{5}{36}\div\left(-\frac{20}{9}\right)=\frac{5}{36}\times\left(-\frac{9}{20}\right)=-\frac{1}{16}$

11 $\left(-\frac{7}{6}\right)\div\frac{21}{12}=\left(-\frac{7}{6}\right)\times\frac{12}{21}=-\frac{2}{3}$

12 $\left(-\frac{12}{35}\right)\div\left(-\frac{2}{5}\right)=\left(-\frac{12}{35}\right)\times\left(-\frac{5}{2}\right)=\frac{6}{7}$

D 곱셈과 나눗셈의 혼합 계산 167쪽

1 1　2 $\frac{1}{24}$　3 $-\frac{8}{9}$　4 $-\frac{3}{2}$
5 $-\frac{1}{7}$　6 $-\frac{9}{4}$　7 $\frac{1}{8}$　8 $\frac{5}{6}$
9 $\frac{3}{2}$　10 -3　11 $-\frac{1}{10}$　12 $\frac{3}{10}$

1 $\left(-\frac{3}{11}\right)\div(-9)\times33=\left(-\frac{3}{11}\right)\times\left(-\frac{1}{9}\right)\times33=1$

2 $\left(-\frac{7}{12}\right)\div\left(-\frac{21}{5}\right)\div\frac{10}{3}=\left(-\frac{7}{12}\right)\times\left(-\frac{5}{21}\right)\times\frac{3}{10}$
$=\frac{1}{24}$

3 $\left(-\frac{16}{5}\right)\div\frac{15}{2}\times\frac{25}{12}=\left(-\frac{16}{5}\right)\times\frac{2}{15}\times\frac{25}{12}=-\frac{8}{9}$

4 $\left(-\frac{9}{14}\right)\times\left(-\frac{21}{12}\right)\div\left(-\frac{3}{4}\right)$
$=\left(-\frac{9}{14}\right)\times\left(-\frac{21}{12}\right)\times\left(-\frac{4}{3}\right)=-\frac{3}{2}$

5 $\left(-\frac{1}{3}\right)\div\frac{5}{4}\times\frac{15}{28}=\left(-\frac{1}{3}\right)\times\frac{4}{5}\times\frac{15}{28}=-\frac{1}{7}$

6 $\left(-\frac{18}{7}\right)\div\left(-\frac{2}{3}\right)\times\left(-\frac{7}{12}\right)$
$=\left(-\frac{18}{7}\right)\times\left(-\frac{3}{2}\right)\times\left(-\frac{7}{12}\right)=-\frac{9}{4}$

7 $\left(\frac{3}{4}\right)^2\div(-1)^5\times\left(-\frac{2}{9}\right)=\frac{9}{16}\times(-1)\times\left(-\frac{2}{9}\right)=\frac{1}{8}$

8 $\left(-\frac{3}{2}\right)^3\div\frac{9}{5}\div\left(-\frac{9}{4}\right)=\left(-\frac{27}{8}\right)\times\frac{5}{9}\times\left(-\frac{4}{9}\right)=\frac{5}{6}$

9 $\frac{40}{3}\times\left(-\frac{3}{4}\right)^2\div5=\frac{40}{3}\times\left(+\frac{9}{16}\right)\times\frac{1}{5}=\frac{3}{2}$

10 $\frac{6}{13}\div\left(-\frac{2}{5}\right)^2\times\left(-\frac{26}{25}\right)=\frac{6}{13}\times\left(+\frac{25}{4}\right)\times\left(-\frac{26}{25}\right)$
$=-3$

11 $\left(-\frac{1}{2}\right)^5\times12\div\frac{15}{4}=\left(-\frac{1}{32}\right)\times12\times\frac{4}{15}=-\frac{1}{10}$

12 $(-1)^{100}\div\left(\frac{5}{3}\right)^2\times\frac{5}{6}=1\times\frac{9}{25}\times\frac{5}{6}=\frac{3}{10}$

E 계산 결과가 주어졌을 때 곱셈과 나눗셈 168쪽

1 4　2 -6　3 -8　4 9
5 $\frac{5}{6}$　6 10　7 6　8 -20
9 -12　10 5　11 $-\frac{2}{3}$　12 $-\frac{2}{11}$

1 $2\times\square=8$이므로 $\square=8\div2=4$

2 $-3\times\square=18$이므로 $\square=18\div(-3)=-6$

3 $\square\times6=-48$이므로 $\square=(-48)\div6=-8$

4 $\square\times(-5)=-45$이므로 $\square=(-45)\div(-5)=9$

5 $\square\times\frac{3}{7}=\frac{5}{14}$이므로 $\square=\frac{5}{14}\div\frac{3}{7}=\frac{5}{14}\times\frac{7}{3}=\frac{5}{6}$

6 $-\frac{5}{6}\times\square=-\frac{25}{3}$이므로
$\square=\left(-\frac{25}{3}\right)\div\left(-\frac{5}{6}\right)=\left(-\frac{25}{3}\right)\times\left(-\frac{6}{5}\right)=10$

7 $\square\div2=3$이므로 $\square=3\times2=6$

8 $\square\div(-4)=5$이므로 $\square=5\times(-4)=-20$

9 $36\div\square=-3$의 경우와 같이 어떤 수로 나눌 때가 가장 혼동하기 쉽다.
36을 $\square$로 나누면 -3이므로 $\square=36\div(-3)=-12$

10 $(-45)\div\square=-9$이므로 $\square=-45\div(-9)=5$

11 $\square\div\frac{9}{5}=-\frac{10}{27}$이므로
$\square=-\frac{10}{27}\times\frac{9}{5}=-\frac{2}{3}$

12 $-\frac{7}{11}\div\square=\frac{7}{2}$이므로
$\square=-\frac{7}{11}\div\frac{7}{2}=-\frac{7}{11}\times\frac{2}{7}=-\frac{2}{11}$

거저먹는 시험 문제 169쪽

1 -1　2 ③　3 -1　4 $\frac{1}{14}$
5 $-\frac{3}{4}$　6 12

1 $a=-\frac{3}{5}, b=\frac{10}{6}$

$\therefore a\times b=-\frac{3}{5}\times\frac{10}{6}=-1$

2 ③ $-\frac{1}{5}$의 역수는 -5

3 $a=(-15)\div(+3)=-5, b=(-10)\div(-2)=+5$

$\therefore a\div b=-5\div(+5)=-1$

4 $a\times\left(-\frac{8}{5}\right)=\frac{24}{35}$이므로

$a=\frac{24}{35}\div\left(-\frac{8}{5}\right)=\frac{24}{35}\times\left(-\frac{5}{8}\right)=-\frac{3}{7}$

$\frac{5}{4}\div b=-\frac{15}{2}$이므로

$b=\frac{5}{4}\div\left(-\frac{15}{2}\right)=\frac{5}{4}\times\left(-\frac{2}{15}\right)=-\frac{1}{6}$

$\therefore a\times b=-\frac{3}{7}\times\left(-\frac{1}{6}\right)=\frac{1}{14}$

5 $x=\left(-\frac{5}{4}\right)\div\frac{15}{2}\div\left(-\frac{10}{3}\right)$

$=\left(-\frac{5}{4}\right)\times\frac{2}{15}\times\left(-\frac{3}{10}\right)=+\frac{1}{20}$

$y=(-2)^3\times\frac{6}{5}\div\left(-\frac{4}{5}\right)^2$

$=(-8)\times\frac{6}{5}\times\left(+\frac{25}{16}\right)=-15$

$\therefore x\times y=\frac{1}{20}\times(-15)=-\frac{3}{4}$

6 $a=(-2)^2\times\frac{3}{8}\div\left(-\frac{3}{4}\right)^2$

$=(+4)\times\frac{3}{8}\times\left(+\frac{16}{9}\right)=+\frac{8}{3}$

$b=\left(-\frac{7}{6}\right)\times\frac{3}{14}\div\left(-\frac{9}{8}\right)$

$=\left(-\frac{7}{6}\right)\times\frac{3}{14}\times\left(-\frac{8}{9}\right)=+\frac{2}{9}$

$\therefore a\div b=\left(+\frac{8}{3}\right)\div\left(+\frac{2}{9}\right)$

$=\left(+\frac{8}{3}\right)\times\left(+\frac{9}{2}\right)=12$

27 덧셈, 뺄셈, 곱셈, 나눗셈의 혼합 계산 - 괄호가 없는 계산, 소괄호가 있는 계산

A 괄호가 없는 혼합 계산 1 — 171쪽

1 6 / 4	2 −14	3 13	4 −22
5 −18	6 25	7 6 / −9	8 19
9 −17	10 −15	11 −36	12 −17

1 $10-2\times3=10-6=4$

2 $-12\times2+10=-24+10=-14$

3 $15-4\div2=15-2=13$

4 $-8-2\times7=-8-14=-22$

5 $-24\div3-10=-8-10=-18$

6 $9\times2+7=18+7=25$

7 $-15+12\div2=-15+6=-9$

8 $3\times12-17=36-17=19$

9 $-20\div4-12=-5-12=-17$

10 $-10\times3+15=-30+15=-15$

11 $-14-2\times11=-14-22=-36$

12 $-13-24\div6=-13-4=-17$

B 괄호가 없는 혼합 계산 2 — 172쪽

1 −9	2 −1	3 12	4 $\frac{1}{3}$
5 44	6 20	7 −17	8 0

1 $-15\div5-3\times2=-3-6=-9$

2 $-12\div4+18\div9=-3+2=-1$

3 $6\times\frac{5}{2}-2\div\frac{2}{3}=15-3=12$

4 $-\frac{5}{21}\div\frac{15}{7}+\frac{2}{5}\times\frac{10}{9}=-\frac{5}{21}\times\frac{7}{15}+\frac{2}{5}\times\frac{10}{9}$

$=-\frac{1}{9}+\frac{4}{9}=\frac{3}{9}=\frac{1}{3}$

5 $13\times4-2\times24\div6=52-8=44$

6 $3\times12-14\times8\div7=36-16=20$

7 $-9\times7\div3+36\div9=-21+4=-17$

8 $\frac{8}{9}\div\frac{2}{27}\div\frac{2}{3}-\frac{2}{3}\times27=\frac{8}{9}\times\frac{27}{2}\times\frac{3}{2}-\frac{2}{3}\times27$

$=18-18=0$

C 소괄호가 있는 혼합 계산 1 — 173쪽

1 11	2 −5	3 −14	4 0
5 $\frac{23}{4}$	6 $\frac{5}{2}$	7 $\frac{6}{5}$	8 $-\frac{15}{2}$

1 $-6\div(5-7)+8=-6\div(-2)+8=11$

2 $21\div(7-4)-12=21\div3-12=-5$

3 $9\div(-15+2\times6)-11=9\div(-15+12)-11$

$=9\div(-3)-11$

$=-3-11=-14$

4 $-2-(4+3\times2)\div(-5)=-2-(4+6)\div(-5)$

$=-2-(-2)=0$

5 $15\div(-3+5)-7\div4=\frac{15}{2}-\frac{7}{4}$

$=\frac{30}{4}-\frac{7}{4}=\frac{23}{4}$

6 $14\div4-(12-9)\div3=\frac{7}{2}-1=\frac{5}{2}$

7 $(-14-20)\div5+2\times4=\left(-\frac{34}{5}\right)+8=\frac{6}{5}$

8 $15\div2-5\times(-5+8)=\frac{15}{2}-15$
$=\frac{15}{2}-\frac{30}{2}=-\frac{15}{2}$

D 소괄호가 있는 혼합 계산 2 174쪽

1 $\frac{1}{3}$ / -2　2 $\frac{13}{3}$　3 $\frac{25}{4}$　4 $\frac{9}{10}$
5 $\frac{13}{20}$　6 $-\frac{11}{6}$　7 $-\frac{1}{2}$　8 $\frac{2}{3}$

1 $-\frac{3}{2}\div\left(2-\frac{5}{3}\right)+\frac{5}{2}=-\frac{3}{2}\times3+\frac{5}{2}=-\frac{4}{2}=-2$

2 $(-2+7)\times\frac{6}{5}-\frac{5}{3}=5\times\frac{6}{5}-\frac{5}{3}=6-\frac{5}{3}=\frac{13}{3}$

3 $2\div\left(\frac{3}{2}-\frac{4}{3}\right)-\frac{23}{4}=2\div\left(\frac{9}{6}-\frac{8}{6}\right)-\frac{23}{4}=2\div\frac{1}{6}-\frac{23}{4}$
$=2\times6-\frac{23}{4}$
$=\frac{48}{4}-\frac{23}{4}=\frac{25}{4}$

4 $\frac{15}{4}\div\frac{5}{2}-\frac{3}{10}\times(-8+10)=\frac{15}{4}\times\frac{2}{5}-\frac{3}{10}\times2$
$=\frac{3}{2}-\frac{3}{5}$
$=\frac{15}{10}-\frac{6}{10}=\frac{9}{10}$

5 $\frac{12}{5}-\left(\frac{5}{2}\times3-\frac{23}{4}\right)=\frac{12}{5}-\left(\frac{15}{2}-\frac{23}{4}\right)$
$=\frac{12}{5}-\frac{7}{4}$
$=\frac{48}{20}-\frac{35}{20}=\frac{13}{20}$

6 $\left(\frac{7}{3}-\frac{5}{4}\times2\right)\div\frac{1}{6}-3\times\frac{5}{18}=\left(\frac{7}{3}-\frac{5}{2}\right)\times6-\frac{5}{6}$
$=\left(\frac{14}{6}-\frac{15}{6}\right)\times6-\frac{5}{6}$
$=-1-\frac{5}{6}=-\frac{11}{6}$

7 $\frac{5}{16}\div\left(-8+\frac{7}{12}\times3\right)-\frac{9}{20}=\frac{5}{16}\div\left(-8+\frac{7}{4}\right)-\frac{9}{20}$
$=\frac{5}{16}\div\left(-\frac{25}{4}\right)-\frac{9}{20}$
$=\frac{5}{16}\times\left(-\frac{4}{25}\right)-\frac{9}{20}$
$=-\frac{1}{20}-\frac{9}{20}=-\frac{1}{2}$

8 $2+\left(\frac{7}{6}+3\times\frac{5}{9}\right)\div\left(-\frac{17}{8}\right)=2+\left(\frac{7}{6}+\frac{5}{3}\right)\times\left(-\frac{8}{17}\right)$
$=2+\frac{17}{6}\times\left(-\frac{8}{17}\right)$
$=2-\frac{4}{3}=\frac{2}{3}$

거저먹는 시험 문제 175쪽

1 ②　2 $\frac{7}{15}$　3 ①　4 ⑤
5 $\frac{1}{3}$　6 $\frac{1}{4}$

1 $a=6-(3-7)\div2=6+2=8$
$b=10\div(5\times4)-1=10\times\frac{1}{20}-1=-\frac{1}{2}$
$\therefore a\times b=8\times\left(-\frac{1}{2}\right)=-4$

2 $-\frac{3}{2}\div\frac{21}{4}\div\frac{6}{7}+\frac{5}{4}\times\frac{16}{25}=-\frac{3}{2}\times\frac{4}{21}\times\frac{7}{6}+\frac{4}{5}$
$=-\frac{1}{3}+\frac{4}{5}$
$=-\frac{5}{15}+\frac{12}{15}$
$=\frac{7}{15}$

3 ① $15\div3-5\times(-5+8)=5-15=-10$
② $10\div(-6+2\times2)-4=10\div(-2)-4$
$=-5-4=-9$
③ $3\times4-2\times6\div4=12-3=9$
④ $(-10+8)\times(-4)-6=8-6=2$
⑤ $-7-(-6\div2+2)=-7-(-1)=-6$
따라서 계산 결과가 가장 작은 것은 ①이다.

4 ① $(-3+11)\times\frac{3}{4}-\frac{13}{2}=8\times\frac{3}{4}-\frac{13}{2}$
$=6-\frac{13}{2}=-\frac{1}{2}$
② $\frac{3}{10}\div\left(-2+\frac{4}{5}\right)-\frac{3}{2}=\frac{3}{10}\times\left(-\frac{5}{6}\right)-\frac{3}{2}$
$=-\frac{1}{4}-\frac{3}{2}=-\frac{7}{4}$
③ $\left(\frac{4}{3}-1\right)\div2\times\left(-\frac{1}{5}\right)=\frac{1}{3}\times\frac{1}{2}\times\left(-\frac{1}{5}\right)=-\frac{1}{30}$
④ $\left(-\frac{2}{3}+1\right)\div\frac{5}{3}-4\times\frac{1}{8}=\frac{1}{3}\times\frac{3}{5}-\frac{1}{2}$
$=\frac{1}{5}-\frac{1}{2}=-\frac{3}{10}$
⑤ $-2\times\left(\frac{1}{2}-\frac{2}{3}\right)+3=-2\times\left(-\frac{1}{6}\right)+3$
$=\frac{1}{3}+3=\frac{10}{3}$
따라서 계산 결과가 옳지 않은 것은 ⑤이다.

5 $\left(-\frac{5}{2}+2\times\frac{7}{4}\right)\div\frac{3}{5}-2\times\frac{2}{3}=\left(-\frac{5}{2}+\frac{7}{2}\right)\div\frac{3}{5}-2\times\frac{2}{3}$
$=1\times\frac{5}{3}-\frac{4}{3}$
$=\frac{5}{3}-\frac{4}{3}=\frac{1}{3}$

6 $\frac{5}{2}\div\left(-1+\frac{3}{2}\times4\right)-\frac{1}{4}=\frac{5}{2}\div(-1+6)-\frac{1}{4}$
$=\frac{5}{2}\times\frac{1}{5}-\frac{1}{4}$
$=\frac{2}{4}-\frac{1}{4}=\frac{1}{4}$

28 덧셈, 뺄셈, 곱셈, 나눗셈의 혼합 계산 - 거듭제곱, 소괄호, 중괄호, 대괄호가 있는 계산

A 거듭제곱과 소괄호가 있는 혼합 계산 177쪽

1 -28　　2 -5　　3 -4　　4 7

5 $-\frac{3}{4}$　　6 $\frac{5}{3}$　　7 $\frac{1}{18}$　　8 $-\frac{2}{9}$

1 $(-2)^3\times3-(-1)^2\times4=(-8)\times3-(+1)\times4$
$=-24-4=-28$

2 $16\div(-2)^2+(-3)^3\div3=16\div4+(-27)\div3$
$=4-9=-5$

3 $-5^2\times(-2)-3^3\times2=-25\times(-2)-27\times2$
$=50-54=-4$

4 $6^2\div3-20\div(-2)^2=36\div3-20\div4$
$=12-5=7$

5 $-2^2\times\frac{5}{16}-\left(\frac{17}{2}-3^2\right)=-4\times\frac{5}{16}-\left(\frac{17}{2}-9\right)$
$=-\frac{5}{4}+\frac{1}{2}$
$=-\frac{5}{4}+\frac{2}{4}=-\frac{3}{4}$

6 $\frac{7}{16}\times2^5-\left(3^2+\frac{10}{3}\right)=\frac{7}{16}\times32-\left(9+\frac{10}{3}\right)$
$=14-\frac{37}{3}$
$=\frac{42}{3}-\frac{37}{3}=\frac{5}{3}$

7 $\left(\frac{5}{6}-\frac{3}{4}\right)\times(-3)^2-\left(-\frac{5}{6}\right)^2$
$=\left(\frac{10}{12}-\frac{9}{12}\right)\times9-\left(+\frac{25}{36}\right)$
$=\frac{1}{12}\times9-\left(+\frac{25}{36}\right)=\frac{27}{36}-\frac{25}{36}=\frac{1}{18}$

8 $\left(-\frac{2}{3}\right)^4\times3^2-\left(\frac{5}{4}+\frac{4}{3}\right)\div\frac{31}{24}$
$=\frac{16}{81}\times9-\left(\frac{15}{12}+\frac{16}{12}\right)\times\frac{24}{31}$
$=\frac{16}{9}-\frac{31}{12}\times\frac{24}{31}=\frac{16}{9}-2=-\frac{2}{9}$

B 거듭제곱, 소괄호, 중괄호가 있는 혼합 계산 178쪽

1 0　　2 $-1,\ 8\ /\ -7$　　3 -9　　4 8

5 $-4\ /\ \frac{13}{5}$　　6 -4　　7 -9　　8 $\frac{7}{2}$

1 $1-\{(-3^2+5)\times(-2)-7\}$
$=1-\{(-9+5)\times(-2)-7\}$
$=1-\{-4\times(-2)-7\}$
$=1-(8-7)=0$

2 $-\{(-1^2-2^3)\times5+30\}-22$
$=-\{(-1-8)\times5+30\}-22$
$=-(-45+30)-22=-7$

3 $-9-\{(-2)^4+4\times(1-5)\}$
$=-9-\{16+4\times(-4)\}$
$=-9-0=-9$

4 $3\times\{-2\times(3^2-5)+7\}+11$
$=3\times\{-2\times(9-5)+7\}+11$
$=3\times(-8+7)+11$
$=-3+11=8$

5 $\frac{3}{5}-\left\{(-2^2-4)\times\frac{5}{2}+18\right\}=\frac{3}{5}-\left\{(-4-4)\times\frac{5}{2}+18\right\}$
$=\frac{3}{5}-(-20+18)$
$=\frac{3}{5}-(-2)=\frac{13}{5}$

6 $-\frac{5}{4}-\left\{\left(-\frac{3}{2}\right)^2+\frac{1}{6}\times(10-7)\right\}=-\frac{5}{4}-\left(\frac{9}{4}+\frac{1}{6}\times3\right)$
$=-\frac{5}{4}-\left(\frac{9}{4}+\frac{2}{4}\right)$
$=-\frac{5}{4}-\frac{11}{4}=-4$

7 $\left\{(3^2-10)\times\left(-\frac{4}{5}\right)-2\right\}\div\frac{3}{5}-7$
$=\left\{(9-10)\times\left(-\frac{4}{5}\right)-2\right\}\div\frac{3}{5}-7$
$=\left(\frac{4}{5}-2\right)\div\frac{3}{5}-7$
$=\left(-\frac{6}{5}\right)\times\frac{5}{3}-7=-9$

8 $(-4)^2\times\frac{3}{8}-\left\{(-2^3+7)\times2+\frac{9}{2}\right\}$
$=16\times\frac{3}{8}-\left\{(-8+7)\times2+\frac{9}{2}\right\}$
$=6-\left(-2+\frac{9}{2}\right)$
$=6-\left(+\frac{5}{2}\right)=\frac{7}{2}$

C 거듭제곱, 소괄호, 중괄호, 대괄호가 있는 혼합 계산 179쪽

1 3　　2 -4　　3 5　　4 10

5 $-\frac{7}{16}$　　6 7　　7 $\frac{2}{11}$　　8 $\frac{9}{8}$

1 $10-[-12-\{(-3^2+6)\times7+2\}]$
$=10-[-12-\{(-9+6)\times7+2\}]$
$=10-\{-12-(-21+2)\}$
$=10-7=3$

2 $-[(-4)^2-\{(7-3)\div2-2\}]+12$
$=-[16-\{(7-3)\div2-2\}]+12$
$=-\{16-(2-2)\}+12$
$=-16+12=-4$

3 $7-[8-\{2^2-(-3+1)\}]=7-[8-\{4-(-3+1)\}]$
$=7-\{8-(4+2)\}$
$=7-(8-6)=5$

4 $-[-\{(5-1)\times3^2-30\}+4]+8$
$=-[-\{(5-1)\times9-30\}+4]+8$
$=-\{-(36-30)+4\}+8$
$=-(-6+4)+8=10$

5 $\left(-\frac{1}{4}\right)^2-\left[-\frac{3}{2}-\left\{(1-7)\times\frac{2}{3}+2\right\}\right]$
$=\frac{1}{16}-\left\{-\frac{3}{2}-\left(-6\times\frac{2}{3}+2\right)\right\}$
$=\frac{1}{16}-\left\{-\frac{3}{2}-(-4+2)\right\}$
$=\frac{1}{16}-\left(-\frac{3}{2}+\frac{4}{2}\right)=\frac{1}{16}-\frac{8}{16}=-\frac{7}{16}$

6 $-\left[-2^2+4\times\left\{(10-4)\div\frac{4}{5}-7\right\}\right]+5$
$=-\left[-4+4\times\left\{(10-4)\div\frac{4}{5}-7\right\}\right]+5$
$=-\left\{-4+4\times\left(6\times\frac{5}{4}-7\right)\right\}+5$
$=-\left(-4+4\times\frac{1}{2}\right)+5=+2+5=7$

7 $\frac{1}{4}\times\left[-\left\{\left(2-\frac{9}{5}\right)\times5^2-7\right\}+2\right]-\frac{9}{11}$
$=\frac{1}{4}\times\left[-\left\{\left(2-\frac{9}{5}\right)\times25-7\right\}+2\right]-\frac{9}{11}$
$=\frac{1}{4}\times\left\{-\left(\frac{1}{5}\times25-7\right)+2\right\}-\frac{9}{11}$
$=\frac{1}{4}\times(2+2)-\frac{9}{11}=\frac{2}{11}$

8 $-\left(-\frac{1}{2}\right)^3-\left[\frac{5}{4}-\left\{(8-3)\times\frac{9}{20}\right\}\right]$
$=-\left(-\frac{1}{8}\right)-\left[\frac{5}{4}-\left\{(8-3)\times\frac{9}{20}\right\}\right]$
$=-\left(-\frac{1}{8}\right)-\left(\frac{5}{4}-\frac{9}{4}\right)=\frac{1}{8}-(-1)=\frac{9}{8}$

거저먹는 시험 문제 180쪽

1 ㉣ − ㉤ − ㉢ − ㉡ − ㉠
2 ㉢ − ㉣ − ㉤ − ㉡ − ㉠ − ㉥
3 ② 4 ③ 5 4 6 18

3 ① $6-\{(1-2)\times3-2\}=6-(-3-2)$
$=6+5=11$
② $-\{(2^2-3)\times3^2-11\}-6=-\{(4-3)\times9-11\}-6$
$=-(9-11)-6=-4$
③ $-3+2\times\{-1^2-(-2+1)\}=-3+2\times(-1+1)$
$=-3$
④ $(-3)^2+(-5)\times\{(5-3)^2\div2-1\}$
$=9+(-5)\times(2^2\div2-1)=9+(-5)\times(2-1)=4$
⑤ $10-\{(-2^3-2)\times3+20\}=10-\{(-8-2)\times3+20\}$
$=10-(-30+20)=20$
따라서 계산 결과가 가장 작은 것은 ②이다.

4 ① $7-\{(-3)^2-(4-10)\}=7-(9+6)$
$=7-15=-8$
② $(-2)^3-\{(7-5)\times3-4\}=-8-\{(7-5)\times3-4\}$
$=-8-(6-4)=-10$
③ $10-\{(-3^2+4)\times5+20\}=10-\{(-9+4)\times5+20\}$
$=10-(-25+20)=15$
④ $-16-\{(2^3-7)\times2-3^3\}=-16-\{(8-7)\times2-27\}$
$=-16-(2-27)=9$
⑤ $2\times\{(9-7)\times3^2-20\}-2=2\times\{(9-7)\times9-20\}-2$
$=2\times(18-20)-2=-6$
따라서 계산 결과가 가장 큰 것은 ③이다.

5 $-(-2)^3\div4-\left[-\frac{5}{3}-\left\{(-1)^5\times\frac{5}{3}+2\right\}\right]$
$=(+8)\div4-\left[-\frac{5}{3}-\left\{(-1)\times\frac{5}{3}+2\right\}\right]$
$=(+8)\div4-\left(-\frac{5}{3}-\frac{1}{3}\right)$
$=(+2)-(-2)=4$

6 $-\left[3\times\left\{\left(-\frac{5}{6}+\frac{4}{3}\right)\times3^2-\frac{11}{6}\right\}-(-2)^4\right]+10$
$=-\left[3\times\left\{\left(-\frac{5}{6}+\frac{4}{3}\right)\times9-\frac{11}{6}\right\}-16\right]+10$
$=-\left[3\times\left\{\left(-\frac{5}{6}+\frac{8}{6}\right)\times9-\frac{11}{6}\right\}-16\right]+10$
$=-\left\{3\times\left(\frac{9}{2}-\frac{11}{6}\right)-16\right\}+10$
$=-\left\{3\times\left(\frac{27}{6}-\frac{11}{6}\right)-16\right\}+10$
$=-\left(3\times\frac{16}{6}-16\right)+10$
$=-(8-16)+10$
$=8+10=18$

《바쁜 중1을 위한 빠른 중학연산》
효과적으로 보는 방법

'바빠 중학연산·도형' 시리즈는 1학기 과정이 '바빠 중학연산' 두 권으로,
2학기 과정이 '바빠 중학도형' 한 권으로 구성되어 있습니다.

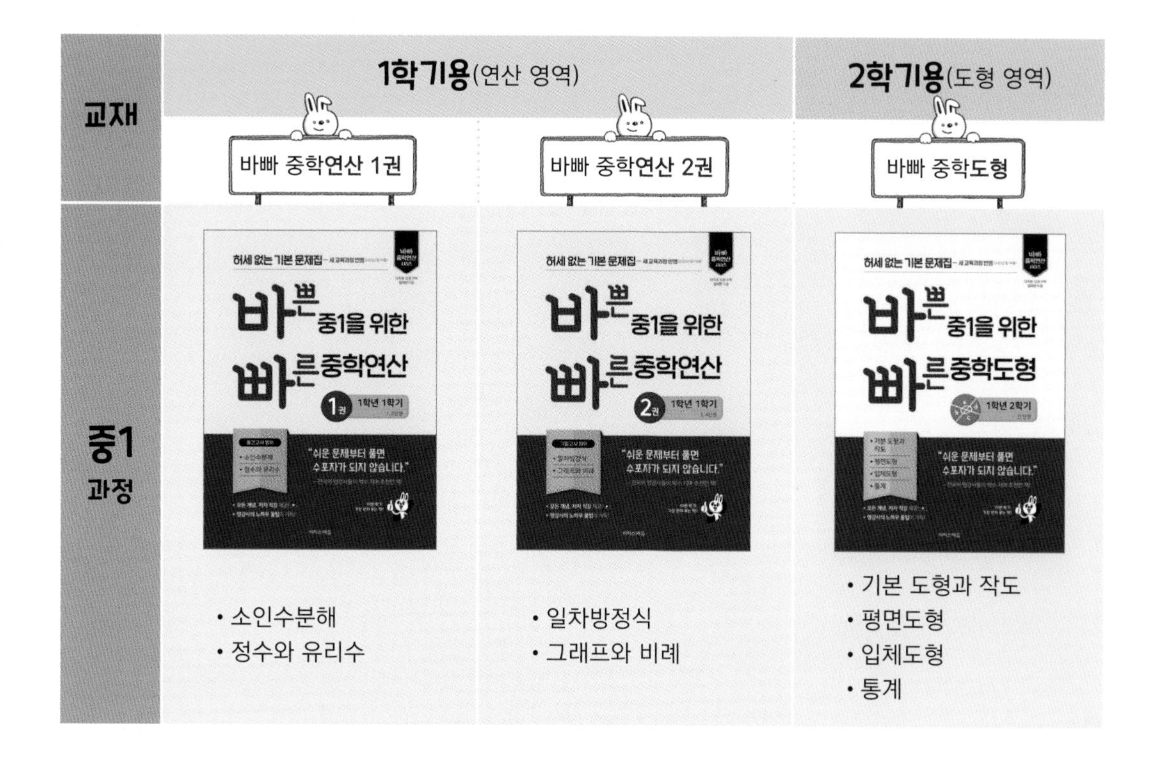

교재	1학기용(연산 영역)		2학기용(도형 영역)
	바빠 중학연산 1권	바빠 중학연산 2권	바빠 중학도형
중1 과정	• 소인수분해 • 정수와 유리수	• 일차방정식 • 그래프와 비례	• 기본 도형과 작도 • 평면도형 • 입체도형 • 통계

1. 취약한 영역만 보강하려면? — 3권 중 한 권만 선택하세요!

중1 과정 중에서도 소인수분해나 정수와 유리수가 어렵다면 중학연산 1권 <소인수분해, 정수와 유리수 영역>을, 일차방정식이나 그래프와 비례가 어렵다면 중학연산 2권 <일차방정식, 그래프와 비례 영역>을, 도형이 어렵다면 중학도형 <기본 도형과 작도, 평면도형, 입체도형, 통계>를 선택하여 정리해 보세요. 중1뿐아니라 중2라도 자신이 취약한 영역을 집중적으로 공부하여 학습 결손을 빠르게 보충하세요.

2. 중1이지만 수학이 약하거나, 중학수학을 준비하는 예비 중1이라면?

중학수학 진도에 맞게 [중학연산 1권 → 중학연산 2권 → 중학도형] 순서로 공부하세요.
기본 문제부터 풀 수 있어서, 중학수학의 기초를 탄탄히 다질 수 있습니다.

3. 학원이나 공부방 선생님이라면?

1) 기초가 부족한 학생에게는 개념을 간단히 설명한 후 자습용 교재로 이용하세요.
2) 개념을 익힌 학생에게는 과제용 교재로 이용하세요.
3) 가벼운 선행 학습과 학습 결손을 보강하기 위한 방학용 초단기 교재로 적합합니다.

★ 바빠 중1 연산 1권은 28단계, 2권은 25단계로 구성되어 있고, 단계마다 1시간 안에 풀 수 있습니다.

✔ 특강용 취약한 부분만 빠르게 보강하는 **'영역별 강화 문제집'**

바빠 중학 일차방정식
일차방정식 | 특강용 1권

바빠 중학 일차함수
일차함수 | 특강용 1권

✔ 총정리용 고등수학으로 연결되는 것만 빠르게 끝내는 **'총정리 문제집'**

바빠 중학수학 총정리
중학 3개년 전 영역 총정리

바빠 중학도형 총정리
중학 3개년 도형 영역 총정리

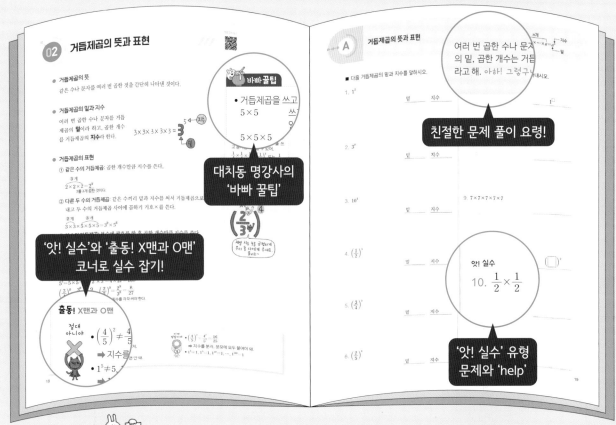